PLANNING AND DESIGN OF LUXURY HOTELS & RESORTS

精品度假酒店 规划与设计

陈一峰　著

清华大学出版社
北京

内 容 简 介

精品酒店是一种注重品味、体验及感受的建筑类型。作者陈一峰（中国建筑设计研究院总建筑师）以设计师和旅行者的双重身份，将亲历体验的全球具有代表意义的200余座精品酒店予以解析，梳理了精品酒店从概念、策划、选址、定位、规划布局到建筑设计的全过程并总结出相应的要点，是国内第一部精品酒店规划设计的理论书籍，书中诠释了从地理环境、功能布局、空间序列、场所营造、个性情感等维度全方位打造一个度假天堂的方法和策略。本书包含大量精美照片，其中绝大多数为作者亲自拍摄，以及由作者团队绘制的技术图纸。本书既可以作为开发者和设计师把项目做到"精、独、特"的指导，也可以作为酒店爱好者的品鉴指南。

图书在版编目（CIP）数据

精品度假酒店规划与设计 / 陈一峰著. — 北京：清华大学出版社, 2019
ISBN 978-7-302-53074-9

Ⅰ.①精⋯　Ⅱ.①陈⋯　Ⅲ.①饭店－建筑设计　Ⅳ.①TU247.4

中国版本图书馆CIP数据核字(2019)第098421号

责任编辑：刘一琳
装帧设计：陈国熙
责任校对：王淑云
责任印制：李红英

出版发行：清华大学出版社
　　　　　网　址：http://www.tup.com.cn，http://www.wqbook.com
　　　　　地　址：北京清华大学学研大厦 A 座　　　　　　邮　编：100084
　　　　　社 总 机：010-62770175　　　　　　　　　　邮　购：010-62786544
　　　　　投稿与读者服务：010-62776969，c-service@tup.tsinghua.edu.cn
　　　　　质量反馈：010-62772015，zhiliang@tup.tsinghua.edu.cn
印 装 者：北京雅昌艺术印刷有限公司
经　　销：全国新华书店
开　　本：230mm×300mm　　　　　印　张：23　　　　　字　数：991 千字
版　　次：2019 年 12 月第 1 版　　　印　次：2019 年 12 月第 1 次印刷
定　　价：498.00 元

产品编号：081500-01

致　谢

参与编写者　　　　刘晶撰写了前言及第一章"概念综述"的主要部分，对第六章"精髓提炼"做出补充完善，并参与了其他章节中部分内容的撰写及修改，和书稿图片的整理及图纸绘制工作。

　　　　杨晓东负责本书编写的内部组织工作、整体设计控制以及图纸绘制的组织工作，并参与部分案例的撰写、修改以及书稿的图片整理、图纸绘制工作。

　　　　黄政民参与部分案例的撰写及部分书稿图片整理及图纸绘制工作。刘晶、杨晓东、黄政民也为本书提供部分摄影图片。武昕在作者单位工作期间对第一章的研究内容提供许多思路。周佳悦、陈欣、王倩、南宇川、陈方琪、李奕昂、朱逾晗、胡景慧参与部分书稿图片整理及图纸绘制工作。魏文倩、龚洺、杜菁、徐杨、乔岩、赵屹、李飞、冯晓军、田女、李超、谭雯、张昱超、赵俊、杨硕、段建军、孙嘉楠、侯成鑫、童菲、陈伯颉、王嘉玥、宋鹏、甘超、韩笑、路桉、耿丽媛、王海月、钱雨佳、赵一帆、石蔼伦、任亚森、孙丹昀、吴项鑫、周琦、马格文心、许欣参与图纸的绘制工作。

其他提供帮助者　　　　刘尔明、刘燕、徐丽业、金莉、张翼、张璇、李小平、黄汉民、李芳悦、杨英、杨光、杨阳、李铭、张恒岩、舒赫、尚佳为本书提供部分摄影图片，弥补作者所缺失的角度。康忠学、杜小光提供云南部分酒店的设计图纸。

　　　　许懋彦、王丽方、金卫钧、刘燕辉、张波、谢晓英、金莉、李志强、陈方舟、汪诗原、周文勇、李明轩在书稿编辑过程中提出了许多宝贵的修改意见。

以下机构提供了部分酒店照片的版权

1. 普吉岛帕瑞莎度假村（Paresa Resort Phuket）

2. 立鼎世成员巴厘岛苏瑞酒店（Soori Bali）

3. 阿丽拉阳朔糖舍酒店（Alila YangShuo, GuiLin）

4. 安缦 AMAN 度假酒店（Aman Resorts, Hotels & Residences）

5. 巴厘岛山妍四季度假酒店（Four Seasons Resort Bali at Sayan）

6. 大溪地洲际酒店（InterContinental Resort Tahiti）

7. 巴厘岛曼达帕丽思卡尔顿度假酒店 (Mandapa, A Ritz-Carlton Reserve, Bali)

8. 青城山六善酒店 (Six Senses Qing Cheng Mountain)

9. 上海外滩水舍酒店 (The Waterhouse At South Bund)

10. 立鼎世成员南非凡考特度假酒店（Fancourt）

11. 立鼎世成员卡萨迪坎普酒店 (Casa de Campo Resort & Villas)

12. 布宜诺斯艾利斯柏悦酒店（Palacio Duhau-Park Hyatt Buenos Aires）

13. 既下山·大理古城 SUNYATA 度假酒店

14. 巴厘岛贝勒酒店（The Bale Nusa Dua, Bali）

15. 柬埔寨暹粒柏悦酒店（Park Hyatt Siem Reap）

卷首语

缘起

1999 年夏季，我前往迪拜参加卓美亚集团旗下的酒店推广活动，体验了几个当时在世界范围内引起广泛关注的豪华酒店，其中有两晚入住了建于沙漠里的巴卜阿尔沙姆斯度假酒店。一走进这个静谧的小酒店大家就被迷住了，虽然是第一次来迪拜，但同行的大多数人毅然放弃了白天去参观那些新潮的现代建筑的行程，选择整日泡在酒店，这应该就是今天大家所说的"酒店控"吧。这是我第一次深入体验精品酒店，感觉完全不同于主流建筑学所推崇的建筑趣味与模式，这座生土度假村对我的吸引力是那些潮流建筑不曾有过的。而且仅通过照片和平面图完全无法领略其中的奥妙，有点像中国的传统园林，只有身临其境才能感受其中的奥妙，是真正的体验式建筑。

写作过程

自此我便对精品酒店产生了浓厚的兴趣，早些年国内同类型酒店极少，我们利用出国考察和旅行的机会，特意选择沿途的精品酒店去体验，有时小住一晚，有时去用餐借机一窥究竟。在考察过程中也渐渐了解到精品酒店有着不同于主流建筑的设计美学标准。十几年下来在世界各地考察了二百多个案例，其中不乏屡获殊荣的世界知名精品酒店。很多朋友建议我把所体验的酒店出书分享，说忙碌的专业人士很难有这样的经历，我也预感精品酒店在中国面临爆发之势。2013 年去普吉岛度假挑选酒店时，发现仅泰国这一地区的类似安缦或悦榕庄级别的精品酒店数量就超过了中国全国的总和。由此深感其在中国巨大的发展空间。果然近些年精品酒店开始在国内遍地开花，并成为媒体关注的热点。但有关这类建筑的出版物除了画册以外，在设计理论上完全是空白。在国内外网站上均未检索到有关精品酒店设计的理论书籍，对于这种体验型建筑来说，没有亲历根本无法道出它的玄机。比如我们在选择酒店时常遇到两个资源及硬件相当，且从网页照片上看都很漂亮的酒店，但每晚的房价竟有上千元的差别，设计上究竟有哪方面的原因影响了它们的价格？这些也只有亲身体验才能得出结论。在朋友们的鼓励下我于四年前开始着手研究这个课题，但写起来方知艰难，要为这种体验型建筑梳理出一套理论体系，没有任何前人的范本可以参考，而且之前并没有写作的计划，考察时都是用手机拍摄，缺乏针对性的资料收集和高质量的图片。好在我有一群忠实的旅友，他们及时补充了部分照片。此外作为一名建筑师，平日忙于大量紧迫的工程项目，经常影响写作，但这些不利因素也恰恰为此研究带来有益的一面。比如在漫长的写作过程中我又不断地去体验新的精品酒店，而且有了更明确的方向，更有针对性的调研。另外，虽然我们不是专门的研究人员但作为实践中的建筑师更了解开发商和设计师的真实需求，也使本书有更强的针对性和实用性。

关于书名

首先要说明一下精品酒店这个名称的来由，它来源于国外的概念，最早是用 Boutique Hotel 这个词，它特指非标准化的，有鲜明文化理念、个性化服务和特色硬件的奢华而精致的小酒店。随着这类酒店的快速发展，Small Luxury Hotel 的概念被推出，特别是国际连锁品牌介入这一领域，酒店的规模已不局限于小酒店。因此 Luxury 这个词被广泛采用，但在中国按照习惯不使用"奢华"一词，在网络平台和媒体上普遍将奢华的、有特色的酒店纳入"精品酒店"这一范畴，因此本书也沿袭国内已经约定俗成的这一名称。

论述范围

酒店是一个非常宽泛的课题，鉴于本书篇幅所限，我们只着重于酒店规划与建筑设计宏观层面的阐述。至于酒店详细的技术要求，包括各种功能流线和技术细节，每个酒店管理集团都有厚厚的设计手册。而精品酒店最重要的特质就是以客人体验为中心的非标准化，因此本书不再沿用以往建筑规划设计指南偏重于流程、规范和技术要求细节等资料集成写法，略写酒店的后勤部分，重点探讨客人能接触到的场所。我们认为对身临其境感受的解析是最重要的，这是仅凭网上的信息和图片无法获得的体验，而这恰恰是营造优秀精品酒店的灵魂，也是情感和体验式建筑的重中之重。

限于篇幅，本书不对室内、配饰以及景观设计展开论述，虽然都是酒店设计非常重要的方面，甚至有些人认为它们比建筑设计更重要，被业内推崇的酒店设计大师大多来自于室内设计专业。但从专业的角度我们认为前期的规划与建筑设计才是打造一个度假天堂的重要基石。

鉴于精品酒店类型繁多，且很大一部分为城市中偏重室内设计的既有建筑改造，因此本书论述集中在以建筑规划设计为重点的度假酒店。

内容和特点

本书所列举的二百余个案例绝大多数是我亲历体验的，少量为我的旅友及参与编写本书的同事提供，这些案例中不乏世界著名的精品酒店，但也有少数几个案例不属于精品酒店类型，只因其局部很好地诠释了精品酒店的某些特质所以也被选用其中。全书分六章。第一章概述了精品酒店的概念及在国外和国内的发展。第二章结合我们考察的案例及精品酒店网站的分类法，将精品酒店分为 8 类，并分别阐述了各类型酒店在选址、规划和设计上的原则和要点，让开发者和设计者对自己要打造的酒店类型有一个初步的定位和方向。第三章和第四章参考建筑模式语言的方法拆解酒店的各个部分，通过对每部分多样化的设计手法进行分析归纳来全面展示精品酒店各环节的设计对策。第三章我们将考察过的酒店作了静态拆分和归类，详细论述了诸如大堂、餐厅、图书室、泳池等精品酒店特色空间的不同规划设计模式及适用范围。第四章则将酒店空间路径做了动态的拆分，从接近酒店、进入酒店大门、再从大堂到客房的全路径作分类解读，来阐述如何打造一个进入世外桃源的空间序列的全过程。这些不同模式的空间组织会给我们的项目规划和设计带来很多启示，帮助我们确立酒店的独一无二的特色。第五章从体验性出发来论述如何打造建筑的价值感、奢华感、隐秘感、趣味性、独特性，通过这些要素赋予精品酒店独特的氛围与气质，这也是精品酒店是否成立的关键。最后一章总结提炼整个研究的设计原则。

适用性

从上文的介绍可以看出，本书通过对精品酒店的规划与设计进行了梳理和系统论述，为项目选址、立项、策划、定位、规划、建筑方案设计提供了全过程的理论指导，是国内第一部关于精品酒店设计的理论书籍。

首先，本书的编写格式十分契合开发企业的项目负责人，参考本书的目录，就可以了解一个产品从前期定位到后期落实的所有要点，为项目策划者提供了一个标准大纲，并可以用于督导项目的整个过程。

其次，本书也是规划建筑师的一个指导性手册，本书对二百余个案例进行的静态和动态拆解、归类和分析，不仅可以成为设计中每一个环节非常实用的参考，也是灵感与启发的来源。

最后，本书对普通旅游者及"酒店控"来说也是一部精品酒店的品鉴指南。

后续

作为中国第一本精品酒店研究的专著，我们希望将这一研究延续下去，随着搜集的案例越来越多，其理论框架也会越来越完整、合理。最后再次感谢参与编写此书的同事、随我共同考察的旅友，以及为本书提供资料和意见的朋友，当然还有我的工作单位中国建筑设计研究院的大力支持，你们的贡献使得此书能够顺利面世。

中国建筑设计研究院 总建筑师

2019 年 9 月于北京

前　言

满足精神需求的新型酒店

酒店行业的起源很早，很多是伴随着贸易的产生而出现的副产品，为过往的商队提供可供休憩的居所。在罗马、埃及、波斯等历史悠久且尚还保留了不少历史遗存的地区，我们仍然能看到作为酒店前身的商队旅馆建筑。历史经济活动的持续性高涨也见证了酒店业蓬勃发展的历程。在这个过程中我们能看到，几乎每一次酒店发展的瓶颈都促使着行业内努力突破现行发展短板，实现跨越式发展。如普通住宿型向商务型、度假型的跨越，经济型向高端型的跨越，城市型向郊区型的跨越等。目前酒店业的发展瓶颈则在于近几十年来此等林林总总的酒店类型逐渐形成了公式化的同质发展模式，同一类型的酒店好像在全球都能找到。因此，强调与众不同和不可复制的精品酒店脱颖而出。精品酒店作为一种新兴的酒店类型，不同于大众熟知的星级酒店，目前属酒店行业里独树一帜的类型。它是反标准化的产品，代表的是一种与主流酒店的标准化、雷同化相对的个性化产品。它不像星级酒店更多地将目光投射在功能性的物质追求上，而将主要精力放在如何让住客在精神上获得满足与独一无二的享受。精品酒店最早出现在 20 世纪 80 年代的欧美，对于国内酒店业来说，精品酒店属于舶来品，相较国外落后了 20 多年的时间。中国这类酒店的数量与国外相比还是有巨大的差距。在本书开始撰写的 2015 年，不说欧美，仅泰国普吉岛一地的精品酒店数量就比当时全国范围内加起来的还要多。

国内消费结构升级

精品酒店的产生依靠稳定成熟的经济基础和长期积淀的文化底蕴。从地域和时间维度上观察，精品酒店发展早期主要集中在美国和欧洲的大都市；随后北美、南美、大洋洲和亚洲等区域的城市均有所跟进；近些年亚洲城市及旅游热门景点，精品酒店的数量也出现了较大的增长，且出现了城市向乡村自然过渡的现象。依托于经济和文化叠加的新型消费模式是精品酒店得以发生、发展的温床，这种模式立足于由 GDP 主导休闲时代的来临以及经济发展带来的消费结构升级（体验经济）。体验经济消费升级，在消费结构上出现了一批富有阶层，其消费态度在关注产品和服务质量的同时对产品和服务个性化需求的比重增加。因为体验经济的最大特征是在生活与情境中，用感官体验和思维认同吸引消费者的注意力，改变消费行为。美国在 20 世纪 60 年代进入休闲时代，欧洲在 70 年代，日本在 80 年代，而中国则在 2012 年才正式宣告进入休闲时代。随着国内经济的不断发展，特别是 2012 年后，酒店业也深感经济型酒店的黄金十年已经过去。国内的精品酒店逐渐增多，在国内各大旅游酒店类的媒体平台上，它已经成为了关注的焦点，凡是涉及酒店方面的，绝大多数都是有关精品酒店的信息。在我们接触到的项目中也能察觉到，许多传统的地产开发商都在尝试向旅游度假方面的业务转型。因此，我们可以感受和预见到，中国目前的经济发展状态已经进入了精品酒店消费的阶段，且将出现爆发性的增长。

投资收益可观

精品酒店的经营不同于全服务型星级酒店,属于有限服务的类型,将主要的精力投在客房经营上。一般来说,精品酒店的营业毛利高于传统星级酒店,它的收益中客房占比最大,其次才是餐饮等其他内容。而传统的星级酒店关注的内容更广、投资较大,利润的来源根据酒店主营的内容而有所差别:主营温泉水疗的酒店,利润占比最大的就是温泉SPA等内容;主营宴会的商务型酒店,餐饮及会议的占比就会有所提升,而它们客房的收入盈利往往占比较少。这是精品酒店和传统酒店在客房收益上的主要差别。近些年我们看到全球,特别是发达国家的开发商,不断调整投资策略,渐渐地向精品酒店上倾斜,也是看到了精品酒店客房收益的高占比。我们以美国的相关研究为例,早在2003年就有数据指出,"虽然精品酒店的客房数量只占到整个酒店行业的1%,但是营业总收入占到了整个行业的3%"。研究结论里还提到:"精品酒店67.1%的入住率高于一般酒店65.9%的入住率",并且举例"高端酒店如五星级酒店的投资额通常在5亿元以上,回收投资额需10~15年,而相比之下每家精品酒店的投资额在1~3亿元,6~8年内便可收回投资。"截止到本书成稿,CBRE酒店美洲研究

的信息服务总监罗伯特·曼德尔鲍姆在《住宿》杂志2018年11月上的文章《精品酒店:高端性能影响流通》里表明了精品酒店高收益和高入住率的情况仍然在继续,并提供了几组数据:2017年时,美国精品酒店数量占美国酒店总量的3.2%,比例较上一年有所提升。至2018年6月,精品酒店项目占到美国在建客房总数的17.8%,酒店开发商对其的青睐有增无减。接着,此研究根据美国1281处精品酒店的数据取样,得出了精品酒店入住率(OCC)为70.5%,平均房间收益(ADR)为208.52美元,相比于美国酒店行业整体的情况,精品酒店实现了6.9%的入住溢价和64.7%的平均房间收益溢价(图0-1)。

回归到国内视角,麦肯锡2016年6月发布的《重塑全球消费格局的中国力量》报告中指出:中国消费结构与发达国家日益接近,未来15年,中国将贡献全球消费增量的30%。因此也可推测,精品酒店在中国现在及未来15年都将具有比较好的投资收益率,势必会引发国内的投资热潮。目前国内的精品酒店占比仅为0.1%,有巨大的发展空间,根据前瞻产业研究院发布的《2018-2023年中国精品酒店行业发展前景预测与投资战略规划分析报告》,经过2008-2011年的高速发展,近年增长速度放缓,但精品酒店客房数量的年增长率仍在两位数。且根据预测,至2020年,中国精品酒店年复合增长率可达34.8%。

现行研究较少且有局限

国内外在专著方面,冠以精品酒店名称的书籍多为画集,有供酒店经营管理者参考的案例、供相关专业学习的某优秀酒店的介绍、有面向旅行者的旅行手册以及关于精品酒店的市场分析报告。但在学术研究方面,国内外均没有针对精品酒店的理论论著,文章则多以期刊论文的形式出现。国外在1984—1994年与精品酒店相关的文献是31篇,1995—2005年是373篇,2006—2017是3620篇。国内最早有这个标题的文章出现在2008年,随后逐渐增多,特别是在2012年无论是学术论文还是期刊论文都出现了爆发式的增长,正好与2012年我国全面进入休闲时代的GDP发展数据相对应。以2012年为分水岭,2012年以前基本以描述单个或若干个精品酒店的期刊文献为主,还有个别论述精品酒店的运营模式,2013年开始出现了客房设计、项目策划、软装陈设、建筑设计、体验营销、体验空间、地域文化等更专业的学术论文。论文的研究方向主要集中在以下方面:① 针对亲身体验的某(若干)处国内国外酒店做出的详细论述;② 对自行设计的精品酒店做设计说明;③ 关于精品酒店的媒体报道;④ 简要介绍研究精品酒店的综合性论述;⑤ 从不同设计角度观察精品酒店,如建筑设计、立面设计、空间设计、室内设计、客房设计等内容;⑥ 从地域文化的视角观察精品酒店的整体打造;⑦ 精品酒店服务运营模式简要的分析。整体上看,文献虽然在逐渐增多,关注的内容也在逐渐扩展,但是整体数量还是有限,关注点较为局限,对比多处成功的精品酒店的文章只出现了一篇,主要类比的是国内的精品酒店案例,以发展成熟的国外精品酒店为案例的研究较少。因此面对越来越多关注精品酒店的群体,亟须一本理论性著作填补市场空白。

全美精品酒店 VS 全美酒店
2017年收益对比

图0-1 信息来源于 *CBRE Hotels' Americas Research*

CONTENTS
目 录

老挝琅勃拉邦阿瓦尼臻选酒店

背景   定义   判定标准

第一章
概念综述
解读精品酒店的内涵与外延

规模　　　　经营方式　　　　精品酒店联盟　　　　网络知名度

具体说来，精品酒店最早的雏形是 1981 年出现的伦敦南肯辛顿 (South Kensington) 的 Blakes 酒店和旧金山联合广场的 Bedford 酒店[1]。精品酒店（Boutique hotel）一词最早由 Steve Rubell[2] 于 1984 年提出，源于他和合伙人 Ian Schrager[3] 一同创建的美国 Morgans 酒店。得益于他们早期经营纽约知名夜总会 STUDIO54 的经验，他们以独特的视角敏锐地觉察到，将流行文化的情绪和感觉注入酒店可为酒店行业输入新的血液。也因此，Morgans 酒店以"脉动（on the pulse）"的概念横空出世，取得了空前的成功，并向世界展示了精品酒店这种独特的酒店类型。

精品酒店发展到 20 世纪 90 年代，开始呈现出多元化的发展趋势，在名称、选址、经营模式、规模、品牌、设计、建设模式等方面都不断进行新的尝试和突破。对于国外来说，从概念的出现到现在所呈现出的多元发展状态只经历了 30 多年的时间，发展历史并不长。对于国内精品酒店业来说，相较于国外落后了 20 多年的时间，在数量上就更少了。但是我们也要看到，伴随着国内消费结构的升级，近年来精品酒店的发展态势迅猛，总体水平都在向国际上的精品酒店靠拢，并发展出了许多中国特色型的精品酒店。

国内最早在 21 世纪初始开始出现酒店名称冠以"精品酒店"的字眼，据目前相关资料显示，新加坡酒店管理集团于 2005 年在云南创建的仁安悦榕庄，被认定为国内首个真正意义上的精品酒店。这一开端为国内的酒店业陆续迎来了更多的国外精品酒店品牌的入驻（表 1-1），特别是 2008 年北京奥运会和 2010 年上海世界博览会都为精品酒店的实质性落地提供了良好的契机。

国外品牌的进入一方面为国内酒店业提供了新的标杆；另一方面，也让更多的国内业界人士认识到这种新的类型，促进他们踏出国门，向更多、更丰富的精品酒店取经。在国外品牌的带动和业已成熟的国内大环境下，出现了许多国内外联姻的精品酒店品牌，如安麓（首旅集团和吉和睦的联姻产物）、诺金（首旅集团和传奇酒店世家凯宾斯基的联姻产物）、钓鱼台美高梅（钓鱼台国宾馆和美国娱乐酒店巨头 MGM 的结合）、安珀（铂涛集团和法国巴黎酒店集团的结合）、安岚（首旅集团、吉和睦酒店和锦江集团的结合）等。

在近 10 年的发展中国内也出现了数家经营多年，并取得良好口碑的本土精品酒店品牌，如松赞（图 1-1）、青普、既下山、柏联等。此外，近年国内异军突起的"民宿"[4]，从某些角度看来，一些精品民宿已经具备了精品酒店的特征，可以算作是精品酒店中靠近乡村的一类。它们远离城市，坐落于偏远的山村中，房间数较少，规模不大。

---

1. 本观点来源于 Lucienne Anhar . The Definition of Boutique Hotels .HVS International

2. Steve Rubell（1943.12.02-1989.07.25），美国企业家，纽约夜总会 STUDIO54 的老板之一，与 Ian Schrager 一起创建 Morgans 酒店。

3. Ian Schrager（1946.07.19-），美国企业家，酒店及房地产开发商，纽约迪斯科 STUDIO54 的老板之一。是 Steve Rubell 最亲密的商业合作伙伴，在 Steve Rubell 1989 年去世后，继续在精品酒店发展的道路上贯彻"hotel as lifestyle"的精神。

4. "民宿"的叫法最早源自日本，指的是将闲置的房屋结合当地的人文、自然景观、生态、环境等，以家庭经营的方式为旅客提供住处，这个风潮后来传到了中国台湾。

图 1-1　松赞奔子栏酒店

1-1

首先，Steve Rubell 和 Ian Schrager 最早提出了精品酒店的概念，将法语单词 boutique（时尚买手经营特色的服装饰品店）与 Hotel 结合，意指整体经过精心设计与经营的特色酒店类型。随着精品酒店的多元化发展，在这之后业内再也没有一个公认的定义，有精品生活方式酒店、精选服务式酒店等提法。但是，从早期的定义上就能看出精品酒店如同时尚买手店所展示出的特色商品一般，具备有别于普通且高于普通的特质，传达了一种个体的、特色的、极致的价值观。所以精品酒店并不仅仅是个概念，而是一种精神、一种态度。它们是有魅力的个体，均以一种独立、有思想、不平凡的存在方式向世人传递它们的卓尔不群。我们可以称呼其为：具有精品态度的酒店。

其次，从类型学的角度来理解，精品酒店可以看作脱胎于传统酒店的一种偏向感官体验的升级类型，是行业内蒸馏出的更高端产品（图 1-2）。这就不难理解，站在现如今已如此眼花缭乱的酒店类型前，对以感官体验为前提的精品酒店下定义时表现出的无法名状和力不从心。当每个人都站在自己捕捉到的点上去描述精品酒店当然会百花齐放、各执一词。它不能简单地理解为奢华，因为奢华代表着是物质刺激；它也不能简单的归为度假型，因为客人可能只是得到了一次深刻文化碰撞后便立马转战下一段旅途；也不能一定说它是有限的服务型酒店，因为它也可能提供更多的体验。

说到这，暂且用"具有精品态度的高端酒店"来理解吧！

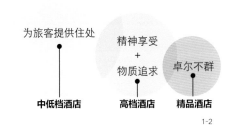

1-2

图 1-2 精品酒店类型解读

表 1-1 国外精品酒店品牌的入驻时间表　　图表时间以开业时间为准，统计可能由于资讯的局限并不完全，仅做图示参考

	2005	2006	2007	2008	2009	2010	2011	2012	2013	2014	2015	2016	2017	2018
上海		雅阁璞邸	柏悦		璞丽 朗廷扬子		华尔道夫	衡山路 12 号 悦榕庄			文华东方		安缦养云 嘉佩乐	素凯泰 宝格丽 镛舍
北京			安缦颐和 瑜舍 柏悦								华尔道夫 瑰丽		宝格丽 半岛王府	
三亚			悦榕庄	文华东方					豪华精选 安纳塔拉		柏悦		瑰丽	嘉佩乐
杭州						四季 安缦法云 悦榕庄					柏悦			
丽江		悦榕庄									安缦大研 金茂君悦			
成都											博舍 青城山六善		华尔道夫	
阳朔								悦榕庄				阿丽拉		
香格里拉	悦榕庄				美憬阁									
广州									文华东方		柏悦			
安吉												阿丽拉		悦榕庄
南京			香樟华苹											
拉萨					瑞吉									
宁波								柏悦						
天津											悦榕庄			
重庆											悦榕庄			
腾冲											悦榕庄			
西安											索菲特传奇			
西双版纳											安纳塔拉			
黄山											悦榕庄			
贵阳													安纳塔拉	
九寨沟														悦榕庄

三．判定标准

由于精品酒店的特质更多激发的是感官上的触动，而非只是物质性的量化。让人接收到独特难忘的"脉动（on the pluse）"，并非只是高端奢华的硬件，而是其中某种不可名状的心灵感触。在判断标准上也是众口难调，很难给出像星级酒店那般的具体的软硬件评判标准[1]。

难道精品就完全无法判断了么？纵观当今全球冠以精品标签[2]的酒店，如何去判断它是否真的属于具有精品态度的高端酒店？

从最初的定义出发，最核心的标准应该是卓尔不群。非标准化、非同质化，就像一个人展现出的迷人个性一般，必然有某处让人称赞的东西，如巴厘岛安缦达瑞酒店，时刻透露出的静谧气息中又带有一种家的亲切感，从大堂到客房，从到达到离开，处处有惊喜。当然达到这一效果的方式有很多，但是基本上遵循了以下原则。

首先，它必须是有设计感、有品质的，从选址到规划、建筑、客房、景观、室内、细节（材料的处理、家具的选择、细节的刻画、艺术品的选择）都应该是特别设计、精心挑选、不重样的。因此，精品酒店需要由专业（或有独特观点）的设计师来把控，他们善于将客人从整体到细节的感官体验与高品质的酒店格调建立关系。

其次是亲人的，做到这点主要注意两个方面：合适的尺度和良好的服务。一个合适的、较小的尺度可以让人有很好的包裹感，较小的尺度也能让酒店提供的个人服务处在有效的掌控范围之内。所以精品酒店的尺度不宜贪大，而是"精在体宜"，让人在第一时间接触到酒店尺度时便倍感亲切；另外，必须提供良好的个人服务，尽可能的提供管家式服务，建立酒店客人和服务人员之间的良好联系，管家、司机、向导、厨师都应按照客人比例来配置，比如安缦的顾客、员工比可以做到1∶5，而普通的五星级酒店一般只能做到1∶2。

与上一条直接对应的结果就是不大的规模。因为规模要与客人和服务人员的比例挂钩，客房数就不能太多，以免超出服务和经营的能力范围。对于具体的客房数，业内众说纷纭，从前人的研究和对酒店的观察来看：最少的只有3间，最多的有200多间。但是，我们认为这个规模不宜定量，能够将客人和服务人员比例控制在1∶3～1∶6，且在酒店可掌控的经营能力内便可。

然后是地理位置独特。独特是指不常见的，人们心向往之的目的地。比如海岸、沙滩、岛屿、河畔、湖畔或溪边、山间、田园、森林、自然保护区、闹市、村庄、葡萄园、高尔夫球场、城堡、庄园、温泉等。

最后是地域性的。一家好的精品酒店理应传达强烈的地方感，时刻提醒客人身处何处，能强烈地感受到地方文化带来的心灵洗涤。

以上是必须具备的条件，缺一不可。要让精品酒店更加迷人和有个性，需要的是更多的加分项，提升软性服务的内容和质量，为客人提供惊喜。因为"精品"二字背后包含了信赖，这个信赖里除了对品质的要求，还有对酒店探索之旅的一些小期许。有些酒店会有特殊的欢迎仪式，有些会提供独一无二的食物，有些开始使用人工智能和机器人来执行酒店服务，有些会提供相应的旅行套餐，还有的提供为本酒店专供的纯手工产品。在服务质量上，要注重对员工举止、谈吐的培养，要让员工具有预先服务的意识，并让员工有归属感，因为喜欢自己酒店的员工才能为客人提供更好的服务。

它的客人注定是独特的。作为高端的酒店类型，精品酒店多针对的是具有文化修养的高端个人旅行者。因为酒店本身并不大众，它们努力做到独一无二、拥有独立的态度，必然会有与酒店精神相匹配的特定客人群体，他们是酒店的粉丝，热爱酒店传达出的特质，他们对特定的精品酒店的喜爱，就像爱慕一个具有独特魅力的人。

---

1. 现今世界各地对于酒店、宾馆、饭店等有许多独立的评级制度：① 国家评级标准，如中国、澳大利亚、奥地利、比利时、英国、法国、希腊、印尼、意大利、墨西哥、荷兰、新西兰、西班牙及瑞士等；② AAA钻石评级，主要在美国和加拿大应用；③ 美孚（Mobil）旅游指南星级服务评定，只适用于美国；④ The Official Hotel Guide（OHG-权威酒店指南），主要是为业内人士专门雇用独立评级人员将酒店分成豪华、一等和旅客级；⑤ Zagat's（齐格指南）是较新的消费者指南，但评定结果目前存在争议，至今尚未普及全球。

2. 此处不用名称，而用标签的提法，因为并不是带有"boutique"字眼的酒店就是我们所描述的精品酒店。

精品酒店的规模可分为三类，不同的规模是依据土地属性及环境容量、规划控制以及酒店的市场运营模式而确定的，将世界范围内比较知名的精品酒店按规模大小来分类：20 间客房以下的为小型，20~100 间客房为中型，100 间以上为大型。其中 40~80 间客房的中型精品酒店是许多高端精品酒店的选择。

1）大型精品酒店

大型精品酒店一般拥有 100 间以上的客房，有比较齐全的设施和各种类型的房间，严格来讲这类酒店不属于早期精品酒店的范畴。但随着精品酒店越来越受欢迎，其外延和规模也在不断扩大，特别是国际著名酒店管理公司旗下精品酒店的子品牌往往规模较大，有的甚至超过 200 间客房。比如安纳塔拉在许多地方的奢华度假酒店规模都比较大，如著名的阿布扎比安纳塔拉凯瑟尔艾尔萨拉沙漠度假酒店（图 1-3）有 206 间客房，含独立式皇家别墅客房区、双拼的奢华客房区以及联排的聚落式客房区；四季酒店集团则将酒店的客房数量定为 200~250 间，这类大型的度假酒店除了规模超大，其他方面都是按照精品酒店的规则来设计打造的，推广渠道也是走精品酒店的路子，因而被行业和公众归为精品酒店范畴。

大型精品酒店多位于广阔的大自然中，占地宽敞，常见于许多著名的滨海旅游城市热闹的海滩以及著名的风景区，比如有 200 间客房的黄金海岸范思哲豪华度假酒店所在的游艇码头区，这样热闹的区域比较适合大型的酒店而不是精致的小酒店。但有些远离传统风景名胜区的大型酒店本身就是旅游的目的地，这多见于主题酒店，比如南非的太阳城度假区内的迷失城宫殿酒店（图 1-4）就是在约翰内斯堡远郊的太阳城建造的一处主题酒店，它占地广阔，将赌场、游乐场等设施结合在一起，并在酒店周围打造了热带森林和高尔夫球场。此外还有城市中心区的高层度假型酒店，建在市中心或历史街区中，比如定义为"都会桃园"的上海璞丽酒店就有 229 间客房，这座 26 层楼的大型精品酒店位于上海繁华的静安区的核心区，交通、购物都很便利（图 2-6-3）。

可以看出，大型精品酒店的选址大多是旅游目的地的中心地区，如果是偏远地区的酒店其本身一定是一个主题鲜明、富有吸引力的目的地，要在环境营造和建筑特色上下很大的功夫，比如上面提到的南非的太阳城度假区迷失城宫殿酒店和阿布扎比沙漠深处的安纳塔拉凯瑟尔艾尔萨拉沙漠度假酒店，酒店不仅有各种齐全的设施满足度假客人需求，而且酒店建筑本身就是一处迷人的景致，梦幻的设计会令人终日迷恋、沉醉其中。

图 1-3 阿布扎比安纳塔拉凯瑟尔艾尔萨拉沙漠度假酒店
图 1-4 南非的太阳城度假区迷失城宫殿酒店

1-3

1-4

2）中型精品酒店

我们把 20~100 间客房的酒店归为中型精品酒店，此类型占精品酒店的绝大多数，多见于近年来新建的酒店。这样的规模有足够的空间来营造一个度假天堂，同时又能体现"精"和"静"。许多最奢华的度假村客房大都在 50 间左右，比如安缦的酒店客房数大多控制在 30~60 间，六善、阿丽拉等也大致如此。这类酒店的客人数量平均保持在 80 人以下，在酒店的园区、餐厅、大堂等区域均能保持静雅和清幽的环境，满足了其目标客户对度假村品质及私密感的需求。这类酒店很多位于风景区，比如巴厘岛宝格丽度假酒店（图 1-6）、塞舌尔莱佛士酒店（图 1-5），其有节制的规模有利于保护自然和历史遗产，满足保护区的各种环境控制指标。

也有些中型酒店是由遗产建筑改造而成，比如印度拉贾斯坦的德为伽赫古堡酒店（图 1-7）由一栋 18 世纪城堡宫殿改造而成，39 间客房大多原本就是原古堡内的房间，在古堡外新建了部分标准客房，使酒店保持了合适的规模，便于经营管理。

我们熟悉的多数知名酒店品牌均以中型规模为主打。由于它们的高品质和高溢价，知名品牌的引入往往会提升整个地区的格调和水准，国内许多传统的风景旅游区及新的文旅项目都热衷于引进知名品牌来提升规格和知名度，而新品牌的树立则要在文化内涵和酒店空间环境特色上下更大的功夫。由于中型精品酒店多为新建，本书所阐述的规划设计原则就以此类的酒店为主。

3）小型精品酒店

将少于 20 间的客房划归为小型精品酒店，有些甚至不到 10 间客房，它精巧别致，最符合精品酒店最初始的"boutique"的含义。此类酒店虽然设施不是很齐全，但亲切安静、私密性好，具有家的氛围，因此深受一部分人的偏爱，有自己的固定客户群体。

小型精品酒店多为老建筑改造，常见于古城历史街区和乡村农舍。在这样的位置可以借用周边的服务资源从而降低小型酒店的配套负担，有历史价值的老建筑本身就是精品酒店最好的载体，而没有历史价值的老建筑则可以在改造中尽情发挥，以设计感博取价值。目前网络上的精品民宿非常活跃，之中有很多就是小型酒店，二者的定义区分就在于是由专业团队经营管理，还是业主自主管理。

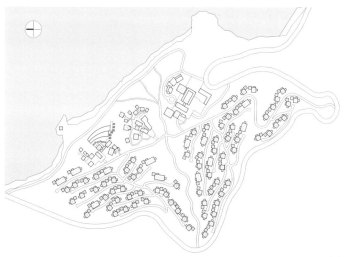

1-5

1-6

1-7

此外也有一些新建的别墅式酒店，在精品酒店预订网站上有一种专门的别墅产品，一般是风景旅游区内的一栋奢华别墅，小的有五六间客房，大的有十来间客房，它通常会整栋租给一个特定的客户而不是按照房间来预定的。别墅提供管家、司机和厨师等服务人员，此类运营模式的度假别墅产品目前在国内很少见到，因为在土地私有制的国家会有许多占据良好景观资源的私人领地，业主可以建造这样的别墅。而中国几乎没有这样的私人庄园，只有政府或个别企业有这样的资源。笔者 2009 年设计的北极村度假木屋宾馆就是这类建筑：一个 2000m² 的、当时国内最大规模的全木质建筑，含有室内 SPA、餐厅、影音室、健身房、会议室以及 6 间客房的大型别墅，作为高端小型宾馆，只接待小团体的客人（图 1-8）。

国内类似规模的私人的精品酒店受限于国家的土地政策往往是在农民或牧民的宅基地上新建，比如云南松赞山居系列精品酒店的大多数都属此类，酒店实际上就是一个十来间客房的小楼，内部空间则是按照接待散客的模式布局，与国外的别墅型精品酒店完全不同（图 1-1）。

此外在大自然中有一种被叫做"Lodge"的野奢酒店，在一些野生动植物保护区由几栋独立的茅草小屋或帐篷组成的袖珍型精品酒店，让客人可以全方位地与大自然接触，但室内却配以讲究的软装配饰和极其周到的服务，比如印度的潘那自然保护区帕山伽赫客栈（图 3-1-21）。非洲的动物保护区内也有许多这样的酒店，如非洲著名的野奢酒店 & 超越（&Beyond）的大多数酒店都属于这个类型，另外还有泰国金三角四季华莲酒店以及中国甘南的诺尔丹营地。荣获 2018 年世界旅游大奖的印度终极旅行营地的帐篷度假村，会随着季节的变化整体搬迁于几个不同的营地（图 1-14）。

小型精品酒店在投资来源、建造周期等方面都相对简单，是目前国内比较热门的酒店类型。高端的野奢型精品酒店，为保证客人在大自然中的奢华感受，往往要有很高的员工、客人比，许多酒店都超过了 4 : 1，还有严格的硬件要求，高成本、高价格才能达到"野"而"奢"。

小型酒店除了建筑也可以是其他形式，比如在尼罗河、印度喀拉拉邦的水乡、喀什米尔达尔湖上的那些船屋（图 1-9），有的设施及装修达到了精品酒店的水准，住在上面可以欣赏着沿岸的美景，度过一段轻松悠闲的时光。

图 1-5 塞舌尔莱佛士酒店总图
图 1-6 巴厘岛宝格丽度假酒店
图 1-7 印度拉贾斯坦德为伽赫古堡酒店
图 1-8 漠河北极村度假木屋宾馆
图 1-9 印度喀拉拉邦水乡的船屋

1-8

1-9

五．经营方式

精品酒店的经营方式根据所属经营者的不同，分为独立系、专业系、集团系、品牌系和跨界系五个类型。这样的分类背后暗含着一条时间轴，一般来说独立系是精品酒店最初的形式，待成规模后发展为专业系，之后的集团系、品牌系和跨界系均在它们的基础上发展。这里还需特殊说明的是，五种类型之间绝非各自为营，它们相互之间依据其规模、理念及品牌收购合并等内容会产生相应的融合、借鉴和交叉，在不同时期会在分类上产生转换。因此，本分类方式旨在理清不同系别所表现出的经营特点，以便于理解繁芜复杂的精品酒店经营方式。

1）独立系

独立系为个人或企业独立经营的酒店类型，由开发商独立投资、建设、运营及管理，没有其他分支，非连锁，数量较少，或只有一处。这个类型在国外总量庞大，比如在美国，几乎50%的高端酒店都是独立酒店。在我们的酒店案例中，摩洛哥的拉苏丹娜就属于独立系精品酒店，目前只有两家，均在摩洛哥，一座是拉苏丹娜沃利迪耶酒店，另一座是拉苏丹娜精品酒店。还有巴厘岛的绿色度假村、马拉喀什的塔马多特堡酒店、皇帝岛的拉查酒店（图1-10）等。相对来说，目前在国内独立系的数量少于专业系，如南京的花迹酒店、杭州湖边邨酒店、北京的皇家驿站酒店、甘南的诺尔丹营地等都属于这个类型。从历史的发展来看，这个类型算是精品酒店的起源，可以看作是专业系的前身。

2）专业系

专业系主要指的是由专业从事精品酒店产品开发的酒店集团来经营的类型。精品酒店是它们的主要业务类型，以连锁的方式呈现，它们深谙精品酒店的真谛，经过多年的探索，有一套属于本品牌自身独一无二的特质。此类酒店多根植于品牌发源地，在酒店选址上也多具有地域性特质。待成熟发展后，才开始展开区域性的扩张。

如专业系标杆的安缦（AMAN），品牌布点多在亚洲，至本书成稿，已在21个国家中布局了34家酒店，安缦出自梵语，表达和平与安静，是安缦品牌文化中的核心主旨，通过低调奢华的气质呈现，并提倡极致的"在地文化"，使得客人在享受宁静的同时，时刻知晓自己身处何处。

同样多布局在亚洲的品牌科莫（COMO）则呈现出另一种气质，名字来源于创始人Christina Ong和女儿Melissa Ong的首字母组合，品牌所传达的核心主旨则是关注艺术、设计、避世和时尚。酒店至本书成稿，全球布局14处，酒店致力于为住客营造一种新的生活方式，它们不仅提供艺术感十足的独特体验，同时将对健康和饮食的理解也融入其中。

远在大洋彼岸的非洲顶尖野奢品牌&超越（&Beyond）则以完全另类的方式经营，酒店主要布点在非洲、南美及印度的国家公园和野生动物保护区，它们以游猎（Safari）的方式来诠释酒店的独特性，酒店虽多以帐篷的形式出现，但设施配备上均做到了顶级。至本书成稿，全球布局29处，房间数主要为10间上下。酒店不但有绝无仅有的原始自然风景，还提供探险、越野、观看动物大迁徙等属于动物保护区特有的旅行资源。

多次摘得世界最佳酒店殊荣的印度欧贝罗伊（Oberoi）依托印度深厚的历史文化，主打印度宫殿式酒店，让客人体验王公般的待遇。不但在宫殿风格的建筑上做足文章，还将奢华运用于极致的服务和独特的环境上。至本书成稿，全球布局共23家，其中，印度13家，埃及3家，印度尼西亚和阿拉伯联合酋长国各2家，毛里求斯、摩洛哥和沙特阿拉伯各1家。

其他知名的高端专业系精品酒店还有新加坡的阿丽拉（Alila）和悦榕庄（Banyan Tree）、马尔代夫的索尼娃（Soneva）和第六感（Six Senses）、泰国的安纳塔拉（Anantara）和阿瓦尼（Avani）（图1-11）、巴厘岛的香樟华苹（Kayumanis）、斯里兰卡的遗产酒店系列以及"天堂之路"品牌包含的精品酒店、咖啡、工艺品等。有以海岛度假为主的唯逸（One & Only）等品牌，它们都是目前精品酒店专业系中的翘楚。

国内在专业系上做得最出众的品牌是松赞，主要布局在云南和西藏，创始人白玛先生是出生在香格里拉的藏族人，以传播地域文化为使命，将松赞的主旨定义为远方的家。酒店不但提供舒适的居住环境，还为客人提供远足观景、传统工艺品制作、藏家歌舞等与藏族文化息息相关的活动，至本书成稿，共布局有8家。

1-10

1-11

3）集团系

集团系主要是指知名的大型国际连锁酒店集团旗下的精品酒店品牌，会在全球布点。他们多是酒店行业的大亨，在此领域积累多年，旗下品牌多元，涵盖各类酒店。他们进入精品酒店的领域稍晚，多是在看到独立系和专业系的巨大市场潜力后，通过自身资源组织起来的新品牌，如希尔顿旗下的华尔道夫、丽思卡尔顿旗下的Reserve系列、雅高旗下的美憬阁、东方快车酒店旗下的贝尔蒙德、喜达屋旗下的豪华精选、星野集团旗下的虹夕诺雅、卓美亚集团的卓美亚品牌等。还有一类集团系则通过大资本的运作收购专业系精品酒店，扩充集团产品线。如凯悦2018年收购了阿丽拉的母公司，将阿丽拉收入囊中。另外，集团间也会因资本发生收购或合作，被收购的集团系精品酒店也跟着易主，比如万豪吞并喜达屋，雅高收购坐拥费尔蒙德和莱佛士（图1-13）两大品牌的FRHI，因此本书提到的集团系精品酒店的归属以成稿时为准。

与独立系和专业系比对来说，集团系规模较大，多在200间客房左右，也有个别，如丽思卡尔顿旗下的Reserve（截止本书成稿，全球仅有5家）。集团系因依托于母品牌或源品牌，虽在品牌营建上有独特的经营理念，但仍然会继续沿袭母品牌的特质，它的定位首先是舒缓生活压力，在隐世的同时又可体验不同的文化与冒险；其次沿袭母品牌的特点，在选择客人直接可接触的用材（材料和艺术品等）上极显华丽，我们可以不断的感受到乡野与华丽的反差共存，酒店整体既质朴、又有质感。

4）品牌系

品牌系的发展时间较早于专业系，主要布局在城市中，主打高端商务。精品酒店出现后，受其影响，在不同的地段和时段出现了精品化倾向的一个类型。

根据酒店的归属，品牌系的酒店大致可以归纳为两类。第一类与专业系类似，都以"高端酒店"为经营出发点，由独立专业的奢华酒店集团经营、管理和打造，如半岛、四季、文华东方瑰丽酒店等。以四季酒店为例（图1-12），布局在度假风景区的酒店，多具备了精品酒店的特征，规模不大，层数不高，有优秀的客房服务。客房数从10~200间不等，如泰国苏梅岛四季度假酒店、巴厘岛山妍四季度假酒店、杭州西子湖四季酒店。

另一类为集团系旗下的品牌系，由于资本的介入，酒店间的收购合并，一些品牌系酒店就纳入到了集团系的旗下，虽然名头变化，但品牌系所表现出的特征却没有太大的变化，还是呈现以商务为主，但是酒店根据具体情况出现精品化倾向的特征。如喜达屋的瑞吉、凯悦的柏悦等。瑞吉酒店在国内的十多处布局中，除了拉萨瑞吉以外，其他均偏向于商务奢华型，多占据中心城市商务区位较好的地段。还有诸如柏悦、璞丽等酒店，多以高端商务为主，布局在城市中区位极佳的位置，但是融入了精品酒店中常用的地域文化、避世理念等内容，从而具有了精品态度，国内近几年开业的柏悦在室内设计上加入了新中式的概念。每每建成都有大批粉丝慕名而至；还有，璞丽酒店除了新中式的设计外，还提出了与东京虹夕诺雅一样的"都会桃源"的理念，不断的丰富品

牌系酒店的精品内涵。

5）跨界系

跨界系指的是非酒店专业的集团或时尚设计师主持操刀的精品酒店品牌，多为时尚界与酒店业的跨界。如宝格丽、菲格拉姆、范思哲、阿玛尼和LVHM。此类酒店专门列为一类是因为它们利用品牌自身的影响力来彰显酒店的精品感，时间发展上虽与集团系和品牌系一样，均出现在独立系和专业系之后，但品牌效应上又和前四者有所不同，是其他类型酒店所不能企及的。比如巴厘岛宝格丽的精品商店会专门出售宝格丽的首饰皮具等；黄金海岸范思哲豪华度假酒店的服务员的工作服都是范思哲品牌时装；迪拜阿玛尼酒店的每项设计都由Giorgio Armani本人亲自构思。

由于这类奢华品牌的全球知名度，不但明星大腕喜爱光顾，普通大众也会因此熟知，并列入梦想下榻的精品酒店名单中。比如巴厘岛宝格丽度假酒店（图5-1-7），由于承接了许多国内明星的婚礼，目前70%的住客为中国客人。

图1-10 独立系（泰国皇帝岛拉查酒店）
图1-11 专业系（老挝阿瓦尼臻选酒店）
图1-12 品牌系（法国费拉角四季酒店）
图1-13 品牌系（塞舌尔莱佛士酒店）

1-12

1-13

六.精品酒店联盟

精品酒店的营销方式与普通酒店有所不同，后者的客户群多为当地人，受众有限；而精品酒店则面向世界范围。因此要从成千上万的酒店中脱颖而出，除了拥有自己的官方网站，还需要辅助一些其他的酒店营销方式，因此精品酒店联盟的形式应运而生。

专业系、集团系、品牌系和跨界系多依靠早已成熟的品牌和知名度，容易迅速被大众熟知。但是独立系精品酒店的传播速度相对较慢、力量较单薄。精品酒店联盟是为宣传独立系精品酒店而出现的。它建立起一系列复杂的准入制度，甄选全球范围内的独立精品酒店，并审查是否将其纳入旗下，并定时对旗下的酒店进行多方位的质量检查，如匿名调查酒店从预订到入住的各方面，考核几百项指标，确保为宾客奉上卓越的入住体验，这样才能保证联盟整体处于高水准的状态。独立系精品酒店则可以借助联盟的影响力向高端客人宣传自己、扩展知名度。目前国际上精品酒店联盟很多，比较知名的有：立鼎世全球酒店联盟™（LHW）[1]、全球奢华精品酒店联盟™（SLH）[2]、罗莱夏朵精品酒店联盟™（RELAIS & CHATEAUX）[3]、璞富腾酒店联盟™（Preferred）[4]、设计酒店联盟™（DH）[5]等。当然这些酒店联盟也并不是完全将目标锁定在独立系。对于精品酒店来说，可以借助联盟的平台扩大影响力，何乐而不为呢？另外，像罗莱夏朵，不只是甄选酒店的联盟机构，还涵盖了美食餐厅的甄选，是相对综合的一个联盟。其他地区级的精品酒店联盟还有英国的PRIDE OF BRITAIN和日本的THE RYOKAN COLLECTION等。国内目前还没有自己成熟的精品酒店联盟品牌，因此未来的国内市场潜力巨大。

精品酒店联盟的巨大市场也引来了不少大型酒店集团的青睐，实力雄厚的它们并不用加入，而是选择成立自己的酒店联盟。现在几乎每一家全球酒店企业都拥有自己的酒店联盟品牌，截至本书成稿，它们发展至今已有10多年的历史可追溯（表1-2）。最早由精选国际酒店集团（Choice Hotels International）在2008年推出的阿桑德精选（Ascend Collection）被认为是大型酒店集团成立的第一个自己的酒店联盟。接着万豪酒店集团在2009年成立傲途格精选（Autograph Collection）。2014年丽笙酒店集团推出以"了解现代奢华的独立酒店"为概念，向世界推广的丽笙精选（Radisson Collection）。同年希尔顿酒店集团成立了希尔顿格芮精选（Curio Collection by Hilton）作为其第一个酒店联盟类品牌，之后希尔顿酒店集团在2017年推出第二个联盟品牌系列（Tapestry Collection）。最佳西方酒店集团在2014年成立的最佳西方高级精选（BW Premier Collection）也主攻的是这个方向，并在2016年成立第二个品牌（SureStay Collection）。而喜达屋在2015年收获两项战绩：一方面，成立了自己的酒店联盟，也是集团第十大品牌臻选（Tribute Portfolio），致力于甄选四星级以上的独立酒店；另一方面，收购了设计酒店联盟（DH）成为其旗下的第十一个品牌。法国雅高集团虽然没有成立自己的精品酒店联盟，但是它在2015年开放自己的网络平台，向用户提供数千家独立精品酒店的选择也被认为有同样的目的，不过这个项目在开展两年后终止。凯悦酒店集团在2016年新成立了凯悦甄选（The Unbound Collection）。2017年温德姆酒店集团也推出其酒店联盟品牌（Trademark Collection）。

我们看到随着大型集团的加入，营销传播也分为了专业系和集团系两大类型。精品酒店联盟以相应的推广、传播和消费模式来向客人展示联盟内具有卓越品质的精品酒店，客人也信赖联盟对酒店的选择，开启一段非凡卓越的旅程。

---

1. 立鼎世全球酒店联盟（LHW），英文名 The Leading Hotels Of The World，是全球最大的独立奢华酒店集团联盟，由欧洲极具影响力的酒店业主发起成立于1928年，有400余间成员酒店分布于80多个国家和地区，集团总部位于纽约。以年费会员的形式入住。初级会籍年费为150美金，高级会籍年费为1200美金。目前国内仅有5家入选。网站：http://www.lhw.com/

2. 全球奢华精品酒店联盟（SLH），英文名 Small Luxury Hotels Of The World，是在英国注册，总部在伦敦的精品酒店联盟，成立于1989年，总体分布上比 LHW 要广，目前在全球80多个国家和地区拥有520多家独立经营的豪华酒店，目前中国有11家入选。网站：http://www.slh.com/

3. 罗兰夏朵精品酒店联盟（RELAIS & CHATEAUX），于1954年在法国创建。迄今为止，集团在全球60个国家和地区，已严格甄选520家富有独特创意的顶级特色酒店以及美食家餐厅加盟。目前中国有5家酒店，1家餐厅加盟。网站：https://www.relaischateaux.com/

4. 璞富腾酒店及度假村，英文名 Preferred Hotels & Resorts，是由12位来自北美洲的独立酒店经营者创立的机构，成立于1968年，目前在全球85多个国家和地区拥有700多家酒店、度假村、公寓以及独特的酒店集团，中国目前共有35家入选（包括台湾和香港）。网站：http://www.preferredhotels.cn/

5. 设计酒店联盟（DH），英文名 Design Hotels，由克劳斯森德林格（Claus Sendlinger）于1993年在加州创立。目前全球在50个国家和地区有260家酒店。

除了通过精品酒店联盟来宣传外，依靠网络来提升精品酒店的知名度也是一种非常直接有效的方式。而网络知名度需要从深度和广度两个维度来加持。

深度主要指的是对精品酒店品质的认可，多通过两方面来体现：一方面依靠酒店的专业系、品牌系、集团系背景，或所属的精品酒店联盟。它们自身的光环即代表了卓越，是酒店传播的金字招牌；另一方面是相应权威媒体的年度评选，这些评选昭示着酒店在世界范围内的影响力。精品酒店若能在评选中拔得头筹，一定会在酒店网站和酒店前台极力宣传、展示。国际上知名的酒店评选媒体，如福布斯旅游指南（Forbes TRAVEL GUIDE）的全球最佳酒店、餐厅和水疗排行，参考的客观评分标准多达900余项，是行业内最严格的；美国《漫旅》杂志（*Travel+Leisure*）每年的"全球最佳酒店品牌"评选都是精品酒店业的盛典；还有被誉为旅游业的奥斯卡的世界旅游奖（World Travel Awards）每年都举办最佳奢华度假酒店的评选；《悦游 Traveler》是康泰纳仕集团旗下的高端旅游杂志*Cond é Nast Traveler*中国版，由杂志编辑部主办的每年一度的"热榜"（Hot List）已成为旅游行业的全球性权威名单。其他的媒体还有Travel Leaders Group、

Luxury Travel Magazine等，他们每年都会举办具有国际影响力的排行评选。

在广度的传播上，以高端旅行业的媒体推介软文为主，它们以酒店所具备的深度招牌为依据，站在行业咨讯的前沿，以最快的速度搜罗全世界范围内最新最好的高端酒店，它们会推出贴合消费者的软文，冠以十足的噱头，如"全球最值得体验的十大酒店""一生必体验一次的全球十大水疗酒店""全球仅此一家的浪漫酒店"等标题，使得这些精品酒店迅速在网络上传播，成为脍炙人口的网红酒店。在此背后是高端定制的旅行网站与这些酒店建立了合作，并积极的组织相关路线定制来组建自己的客户群。国外有影响力的高端旅行网站，如XO Private、Scott Dunn、Signature Travel Network等都在网页上专项提供精品酒店的定制选项。目前国内做的不错的，带有高端精品酒店定制的旅行预订网站有八大洲（8continents）、耀悦（SparkleTour）、赞那度（ZANADU）等，它们专门介绍国内外优秀的高端精品酒店，并提供高端旅行线路定制。

图1-14 印度终极旅行营地

1-14

表1-2 大型精品酒店集团旗下的精品酒店联盟发展时间轴

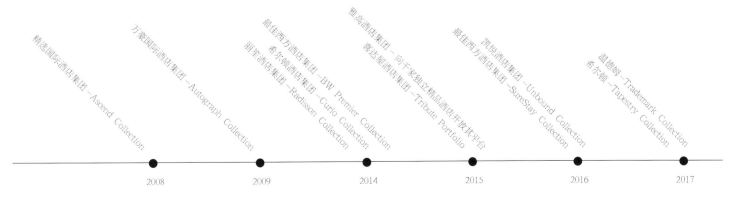

精选国际酒店集团 –Ascend Collection

万豪国际酒店集团 –Autograph Collection

丽笙酒店集团 –Radisson Collection

希尔顿酒店集团 –Curio Collection

最佳西方酒店集团 –BW Premier Collection

雅高酒店集团 –向于家独立精品酒店开放其平台

喜达屋酒店集团 –Tribute Portfolio

最佳西方酒店集团 –SureStay Collection

凯悦酒店集团 –Unbound Collection

温德姆 –Trademark Collection

希尔顿 –Tapestry Collection

2008　2009　2014　2015　2016　2017

松赞梅里酒店

水景
酒店

水岸平坡酒店
水岸斜坡酒店
水岸陡坡酒店
水岸悬崖酒店
不同地形的组合
规划选址与技术要素

山景
酒店

山下酒店
山谷酒店
山上酒店
悬崖酒店
规划选址与技术要素

奇异地貌
酒店

沙漠酒店
洞穴酒店

历史遗产
建筑酒店

整体遗产建筑酒店
局部遗产建筑酒店
聚落式遗产建筑酒店
规划选址与技术要素

第二章

场地类型

确立项目的资源特征与定位

人类有多少种休闲度假模式就能衍生出多少种精品度假酒店类型，在世界各地我们看到许多千差万别的酒店满足着不同的度假需求，虽然类型多样，但通过共性的归纳能发现，精品酒店往往都占据或挖掘了独特的资源，为了更有利于对精品酒店的理解，我们通过其所利用的不同资源将酒店划分为四类——风景资源、历史资源、城市资源、附加资源。其中风景资源包括水景、山景、特殊地貌；历史资源则有历史遗产建筑和历史遗产景观；城市资源则强调大城市的旅游中转集散中心的作用，及其本身的城市魅力。附加资源多以主题酒店的形式出现，可分为历史主题、文化主题、生态主题、自然主题和运动主题等，强调的是人文体验感；特色资源有温泉、酒庄、种植园（咖啡、茶、葡萄等）、自然保护区、避世酒店等，强调的是自然的体验感。四大类的阵营又不是绝对的，它们相互交叉、相互融合。四大类的关系从层级划分上理解：风景、历史、城市是平行关系，它们自身便具备不可比拟的优势，分别为自然优势、文化优势、区位优势，因此内容上可相互组合，如语言类型中的名词；而附加资源则有所不同，它与前三者的关系更像是形容词，可通过叠加的方式与前三者结合。当我们着手一个精品度假酒店项目时，首先需明确酒店的资源类型，并加以利用和挖掘，这是区别于其他酒店的关键。

历史遗产 **景观酒店**	**城市度假** **酒店**	**主题特色** **酒店**	**特色资源** **酒店**
以文化遗产作为景观	位于城市中心	历史主题	温泉水疗酒店
置身于文化遗产之中	位于城市特色地段	文化主题	种植园酒店
规划选址与技术要素	位于城市边缘	生态及环保主题	自然保护区酒店
	规划选址与技术要素	设计主题	避世酒店
		运动主题	

图 2-1-0 巴厘岛乌鲁瓦图阿丽拉别墅酒店

WATERSCAPE HOTEL

水景酒店

水岸平坡酒店

水岸斜坡酒店

水岸陡坡酒店

水岸悬崖酒店

不同地形的组合

规划选址与技术要素

亲水酒店　　水岸平坡酒店　　水岸斜坡酒店　　水岸陡坡酒店　　水岸悬崖酒店

图 2-1-1 依据坡度分类的水景酒店类型

　　以广阔的水面为景观资源的酒店被归类为水景酒店，水景包括海景、湖景、江景，设计这类酒店都是以便于居高临下地赏水和亲密地触水为目标，因此其营造的要点及规律基本相同。我们依据水岸的坡度将这类酒店分为：亲水酒店、水岸平坡酒店、水岸斜坡酒店、水岸陡坡酒店、水岸悬崖酒店（悬崖+平缓地段，悬崖+坡地）、不同地形组合（图2-1-1），六种酒店选址受用地条件限制，它们的平面布局和空间组织以及营造手法各有不同。当然坡度的变化并不仅限于上面几种，还存在许多复杂的情况，但基地与水景的视线关系永远是规划中最重点的考虑因素。

　　酒店的部分或全部建筑浸在水中，这类酒店叫亲水酒店，比如著名的乌代浦尔的泰河宫，是一座16世纪建于皮丘拉湖中心的水中宫殿，如今成为了世界闻名的奢华酒店。马尔代夫与大溪地这类浅滩岛岸大部分酒店的客房都直接伸入海中（图2-1-2），但中国浅滩海岸不多，因此这类酒店在国内几乎看不到。

图 2-1-2 大溪地波拉波拉洲际度假酒店
〔图片来源：大溪地波拉波拉洲际度假酒店提供〕

2-1-2

15

1. 水岸平坡酒店

坡度在 10°以下的水景酒店，一般都会有便利的外部及内部交通，这样的地形施工方便，内部功能流线的组织基本不受地形地貌的影响，方便布局。但度假村内除了临水的一排建筑以外，大部分区域的观海视点不佳，因此这类酒店采用多层建筑会更有优势，多层建筑内的房间大都可以获得更好的景观视野。斯里兰卡西南海岸线上巴瓦设计的酒店多数都属于这种类型。如本托塔沙滩酒店（图 2-1-3、图 2-1-4）就将建筑的主体坐落在一个高台上，使得大堂、餐厅及客房等主要功能用房的视线都能越过海岸的树木望向海面。三亚亚龙湾和海棠湾的许多酒店也都是这种类型。但随着精品酒店业的

发展，如今这些酒店很多已经不能算作奢华或精品酒店了。新建的多层水景精品酒店会在客房的设计上更用心，比如青岛涵碧楼的客房（图 3-6-26），有面对着海的大面宽、有更宽大的户外休闲阳台等。

但奢华酒店更适合采用独栋或联排客房，如果用地有较宽的沿水面，就要将主要的功能用房尽量集中在一线海景，比如巴厘岛苏瑞酒店（图 2-1-5），只将入口公共区的大堂和精品店安排在远离海岸的入口侧，其余的客房、餐厅等沿沙滩一字排开，出门即可到达沙滩。如果用地条件受限，大多数客房不能沿水岸分布，则园区内部需要营造更大规模的人造景观来提

升酒店的环境以弥补视线的不足，比如阿曼马斯喀特佛塔酒店（图 2-1-6），由于地势平坦，客房很难眺望到海景，因此酒店规划就突出园区空间和情景的营造，将客房组织成具有阿拉伯传统特色的水院。类似的案例还有印度库玛拉孔湖畔酒店，将客房组织成趣味盎然的水巷（图 3-6-0）。

图 2-1-3 斯里兰卡本托塔沙滩酒店剖面图
图 2-1-4 斯里兰卡本托塔沙滩酒店
图 2-1-5 巴厘岛苏瑞酒店水岸平坡酒店的单间客房尽量沿海岸线展开
图 2-1-6 阿曼马斯喀特佛塔酒店的客房组成几何形水院。在较多客房无法看到水景的情况下一般配合景观组成各种有情景的客房空间来提高价值感

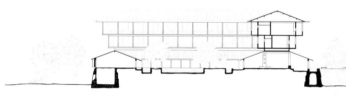

2-1-3

2-1-4

2-1-6

2-1-5

2. 水岸斜坡酒店

10°~30°是高端水景酒店的理想坡度，不论是观水还是亲水都有优势，此类酒店常采用分散式独立客房，依据独栋客房基地 8m 左右的进深，平均层高 3.6m 来计算，如规划设计得当，酒店的大部分客房都可以看得到水景，而且这样的坡度也适于房屋和道路的施工建设，园区内交通方便，电瓶车能方便地到达每栋建筑的入口，方便各年龄层的客户入住，适于建设中等规模的度假酒店，比如塞舌尔的莱佛士酒店（图 2-1-7）、泰国阁瑶岛的六善酒店（图 2-1-8、图 2-1-9）都是属于这一坡度范围，建筑掩映在树木之中，园区内高高低低，空间感受丰富。从海上远观整

个酒店仿佛是一个依山就势的原住民村落。

这种地形的交通规划模式就是让主要道路沿水岸等高线走向，步行道垂直于水面，每栋建筑要通过精心的排布，来保证尽可能多的客房都享有海景。相较于平坡酒店，坡地水景酒店的景观优势更为明显，突出水景景观应为设计的首要目标，因此我们看到大多数这类酒店园区内部的建筑和景观设计均比较节制，很少过度设计，尽可能地强调自然景观并保护基地的原生态。

图 2-1-7 塞舌尔莱佛士酒店
图 2-1-8 泰国阁瑶岛六善酒店总图
图 2-1-9 泰国阁瑶岛六善酒店

2-1-7

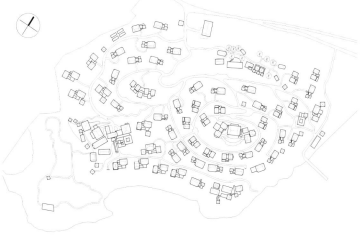

2-1-8

2-1-9

3. 水岸陡坡酒店

平均坡度大于30°的可划为水岸陡坡酒店，这样的地势可享受居高临下的无敌水景，陡峭的地形和原生态的环境，使之具有遗世孤立的意境，因此最适合打造避世酒店。有些悬崖远离水岸及沙滩，但居高临下的无敌海景弥补了这一缺失，是许多精品酒店的热门选址。世界各地的很多海岸都具有这样的特征，比如意大利西海岸的阿玛尔菲陡峭的海岸被誉为世界最美的海岸线，山上那些如童话般的小镇里就有许多精品酒店。法国蔚蓝海岸的艾泽小镇中就有两家著名的精品酒店，分别是世界小型奢华酒店联盟的艾泽城堡酒店和罗莱夏朵旗下的金羊酒店，在近千米海拔的高处眺望大海，画面无比震撼（图2-1-10）。

新建的酒店在陡坡区开山修路会对环境地貌造成比较大的破坏，需要反复回转来达到行车的坡度要求，从而加大了道路面积。因此许多酒店为减少车行道路占地过大的问题，大量使用架空的木栈道，甚至采用自动扶梯和电梯的方式，有些电瓶车不能到达的客房，还需步行一段台阶，极不适于老年人居住，也不满足无障碍要求。鉴于复杂的地貌和避世酒店的特点，这类型的酒店一般规模都不是很大。

普吉岛的帕瑞莎度假村（图2-1-11、图2-1-12）将独立式客房排布在用地的陡坡区域，以便每栋都能获得不被遮挡的海景，用地内原生树木众多，许多客房都需经过架空的木栈道才可以到达，而独栋客房建筑本身也会做架空处理，最大限度地保留了原生的地貌和植被，园区内古木参天，道路、建筑都被绿植包裹，再加上陡峭的地形使得每栋客房和泳池都有能直面安达曼海的视域，塑造了一处隐世天堂。

图 2-1-10 法国艾泽城堡酒店
图 2-1-11 普吉岛帕瑞莎度假村总图
图 2-1-12 普吉岛帕瑞莎度假村

2-1-12

2-1-11

2-1-10

另一种典型的选址是在悬崖之上,巴厘岛新一轮高端酒店扎堆选址在努沙杜瓦南岸的悬崖高地之上,虽然距离沙滩较远甚至无法步行到达,但视野更佳,比如宝格丽和阿丽拉这样的奢华酒店都在海岸悬崖之上。另外,悬崖上的地形也有平、斜、陡坡之分。

1）悬崖和平坡的组合

酒店临水一带是陡坡或悬崖,而建筑基址大部分在平缓的地段,这样的选址既有居高临下的水景,又方便建设。其规划方式往往是平坡和陡坡布局方式的结合,一般首先会把公共区域放在悬崖附近能看到海的位置,然后再考虑客房的海景。最典型的案例是巴厘岛的乌鲁瓦图阿丽拉别墅酒店(图 2-1-0、图 2-1-13、图 2-1-14),酒店的公共区靠近悬崖侧布置,无边泳池与悬崖上的发呆亭面向壮阔海景,构成了酒店最具特色的区域。除少量悬崖边的客

房可看到海景外,其他客房都在后面的缓坡上布置开来。由于地势平坦,这个区域没有较好的海景,因而以极强的设计感和丰富变化的现代园林空间来弥补,这与水岸平地酒店的设计理念一致。享誉世界的印度欧贝罗伊乌代维拉酒店也是在临湖一线布置湖景餐厅、SPA,在后排无海景的缓坡地块客房群落则以精心布置的宫苑园林来弥补湖景的缺失(图 4-5-8~图 4-5-12)。下面一节将讲到的遗产酒店印度阿喜亚城堡,由历史上的一座王宫改造成精品酒店后,也特别重视沿河空间利用。

同水岸缓坡酒店一样,多层建筑同样具有景观优势。比如巴瓦设计的斯里兰卡坎达拉玛遗产酒店(图 2-1-15),将户外空间、无边泳池等设在居高临下的湖岸坡顶,和周围的风景组成了一幅绝佳的画面,采用多层建筑的形式,使退后的主体建筑中的厅堂和客房都能享有美妙湖景。

2）悬崖与坡地的组合

从景观上来说,这是一个高端度假村更理想的地形。能够让用地内大部分区域看得到水景,如果在海边,则地势越高俯瞰的海景越震撼。巴厘岛宝格丽度假酒店(图 2-1-16、图 3-0-1)就是建造在这样的地势之上。同样依山就势地将独立客房临着海岸悬崖平行排布,在高处客房可略过低处鳞次栉比的棕榈草屋顶眺望海景,内部道路亦顺着等高线蜿蜒而上,方便电瓶车将客人送达各自的房间。不论是酒店大堂、餐厅、泳池还是客房,几乎都享有无敌海景,甚至行走在道路上也能观海,仿佛酒店拥有整片海域。悬崖下的海滩只能通过酒店的缆车到达,成为酒店专属的"领地"。

图 2-1-13 巴厘岛乌鲁瓦图阿丽拉别墅酒店总图
图 2-1-14 巴厘岛乌鲁瓦图阿丽拉别墅酒店剖面图
图 2-1-15 斯里兰卡坎达拉玛遗产酒店
图 2-1-16 巴厘岛宝格丽度假酒店

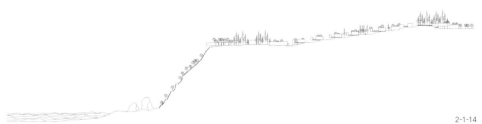

2-1-14

2-1-13

2-1-15

2-1-16

5. 不同地形的组合

以上这几种地形往往是组合在一起出现的，这就需要依据不同的坡度来灵活处理、精心布局了。如巴厘岛阿雅娜（图 2-1-17）这类的大型度假村，既有平缓地段又有坡地，还有悬崖，规划上沿海岸线安排餐饮等各种公共设施，在平缓的地段布置多层客房，在悬崖及坡地布置别墅客房，并通过加大客房之间的距离使每栋别墅都能享有海景。别墅客房成了一个相对独立的精品酒店区域，大堂及公共设施相对独立。

不同地形的酒店在空间序列的组织和客房的设计手法均有很大的不同，在后面的章节中会有详细的论述和讲解。

图 2-1-17 巴厘岛阿雅娜度假村总图

2-1-17

如何更好地观赏或体验水景是此类酒店设计的关键；而地形的坡度会直接影响到酒店的规模、观景的方式和交通组织，是此类酒店设计要考虑的首要问题；其次还需分析用地的资源特征、基础设施、交通条件、环境状况及保护方式；最后总结出酒店的优劣势，扬长避短，确定建筑的基本布局和设计原则（表2-1-1）。

1）资源特征

水景酒店选址地段的坡度直接影响酒店组织视线的方式和交通流线，是需首要考虑的，其次景观资源和水岸条件也十分重要。景观资源主要是指所能望见的水面展现出的诗情画意的感觉，涉及观水的视域、水的质量、色彩、气质等，能够眺望到最大的水域面积的位置视域最广、选址最佳。同时隔水有岛、有山等对景比一望无际的水面更加分，比如泰国南部的海景酒店一眼望去都不会是一望无际的海平面，而是有漂亮的海中岛屿和山，最典型的是普吉岛的六善酒店与普拉湾丽思卡尔顿（图2-1-18），不仅面对着大海，海中还有一片奇异的山石，景色无比震撼。洲际大溪地的波拉波拉中心是远古形成的高大火山，外围是一圈环礁，综合考虑环礁内的海浪和景观因素，所有的酒店都

选择面向中心火山的海景（图2-1-22）。

不常见的湛蓝色海水或湖水也能为酒店提供更不一样的景观享受，如泰国皇帝岛拉查酒店、洲际大溪地度假酒店。

水岸资源则是指沙滩的质量、岸边的植被或水岸的线形或礁石、海浪等自然资源以及是否可以提供游艇码头，如巴厘岛苏瑞酒店紧靠的黑沙滩（图2-1-19）、皇帝岛拉查酒店的白沙滩、巴厘岛乌鲁瓦图阿丽拉别墅酒店悬崖下的海浪、塞舌尔莱佛士酒店岸边的礁石（图2-1-20）、以及斯里兰卡碧水酒店岸边的树木（图2-1-21）都是酒店的独特的风景资源，还要考虑这些优质资源是否可以结合一些水上活动，如冲浪、潜水以及提供培训等，来吸引一部分特定的客人。如皇帝岛拉查酒店就设有潜水中心，接待全世界范围内的潜水爱好者。其他的资源包括用地内的植被、潟湖，是否有温泉等可利用的资源。

不利的景观元素及其被改造利用的可能性：比如高架桥、铁路、烟囱、被破坏的山体，噪声和不良的气味等，以及是否具有改造的可能性。如遇到滩涂或其他不适于游憩的水岸，则要创造远观的海景和大规模的人造水景来弥补，比如摩洛哥沃利迪耶的拉苏丹娜精品酒店（图6-4-14、图6-4-18）邻近海岸的潟

湖滩涂地段，水质不佳，但岸形层次丰富，因此酒店的客房就选择远离海岸、远观海景。而黄金海岸的范思哲豪华度假酒店（图2-1-23、图2-1-24）选址在无沙滩的码头，它自身的海景稍有欠缺，但设计上让整个酒店几乎坐落在人工水池之上，让近水、远水在视觉上相接。而斯里兰卡本托塔天堂之路别墅，则将穿过海滩的铁路作为酒店的特色一景，化不利为有利，突然疾驶而过的海岸小火车让客人有一种穿越时空的感觉。

图2-1-18 甲米丽思卡尔顿酒店面对的海中景观
图2-1-19 巴厘岛苏瑞酒店的黑沙滩
图2-1-20 塞舌尔莱佛士度假酒店海岸的白沙滩与礁石
图2-1-21 斯里兰卡碧水酒店海岸椰林
图2-1-22 大溪地波拉波拉洲际度假酒店选择面向中心火山海景
（图片来源：大溪地波拉波拉洲际度假酒店提供）

表 2-1-1

选址条件	规模	规划特点
水岸平坡 坡度小于10	大型	多层客房布局更具观景优势，但需提升客房设计 独栋/联排的分散式布局需判断公共区和客房区谁优先靠近水景 需对无法观看水景的区域进行特殊营造
水岸斜坡 坡度 10~30		理想的中型精品酒店选址坡度 分散式独栋布局更具观景优势
水岸陡坡 坡度大于30		更适合打造避世精品酒店 交通上需减少车行，以木栈道、自动扶梯、电梯的方式解决交通
悬崖	小型	酒店交通受限，塑造了更高端精品酒店理想选址

2-1-18

2-1-19   2-1-20

2-1-21

2）基础设施及交通

要尽可能详细地了解当地基础设施的信息，比如用地产权、可用能源、公用事业、可用的专业布草洗涤公司、垃圾收集、通电通讯。随着现代交通方式越来越便捷、多样化，目前精品酒店在选址时对于交通的考虑更加开放且多元。最常见的交通方式是汽车，只要汽车可达，无论酒店多么偏远都已经不是问题；有些不通车的地区则可以通过游艇或私人飞机等方式进入酒店。如皇帝岛的拉查酒店就在查龙码头设置接待室（相当于提前办理入住登记），然后由私人游艇将游客送至酒店。还有泰国的索尼娃奇瑞酒店，到曼谷机场后，乘坐1小时私人飞机后海上着陆，再换快艇到达一个人迹罕至的小岛，摇摇晃晃上岸，着白衣的私人管家早已等在那里。在高山阻隔的阿曼杰格希湾的六善酒店更有乘坐滑翔伞空降的到达方式！

3）环境评估及环境保护

首先要对选址做环境评估，从土质、地质、水质到自然风险的评估（洪水、地震、火山活动、特殊气候等），然后要认真研究选址的环境保护政策。只要是利用景观资源作为酒店亮点，就必须建立起环境保护的意识。环境是酒店的基石，没有好的环境，酒店便无法吸引游客。坐落在优美水景处的精品酒店，大多远离人群密集的场所。抛开视觉要素，是否适宜酒店开发是首先要明确的内容，因此需要对环境进行评估。地区的土质、地质、水质是否可以被利用，以及区域内是否会受洪水、地震、火山等极端自然现象的影响。项目开展前要与水利、地质和气象等部门进行沟通合作，了解在历史上，项目选址地区的极端现象的发生情况，并知晓项目在进行过程中如何解决相应的环境问题。其次，要认真研究好环境保护的政策和方式。

只要是利用景观资源作为酒店亮点，就必须建立起环境保护意识。预先知道与环境保护相关的政府批文和手续，提前规划好需要采取的环境保护措施。对基地内可保留的植物、石头等自然要素进行调研，并了解项目在雨水收集、垃圾处理、植被保护、生态运转等方面可采用的手段，提倡以最小介入的策略对环境进行改造。

4）设计原则

综合以上调研结果并结合前文总结的不同水岸坡度设计策略，可初步构思建筑布局、方位的各种可能性。

主体建筑的朝向和进入酒店需要营造的氛围都是应首要考虑的问题，许多经典的案例与我们习惯将建筑与道路按端正的轴线序列排布的思维定势相去甚远。比如高端奢华的黄金海

2-1-22

一、水景酒店

岸范思哲豪华度假酒店（图2-1-23、图2-1-24），建筑的主体没有面向风高浪急适于冲浪的东太平洋，而是面向可以停靠游艇码头的内海，为了获得最佳海景，酒店的方位也没有采用常规做法与海岸线或道路垂直，而是与海岸线和道路成45°，使得它朝向潟湖的纵深方向，同时也为入口留出了过渡空间。而宫苑风格的欧贝罗伊乌代维拉也是以建筑与对景的关系来安排建筑布局的，我们看到度假村的大门竟然对着建筑群最不重要的一个角落（图4-2-27）。在总平面图中这种不同寻常的方位与动线实际上是经过精心考量的，我们在第四章空间序列及第五章气氛的营造中将会展开讨论。

在勘察基地时要注意道路的标高与酒店的进入方式，水岸酒店一般从高处进入的情况比较多，走进酒店大堂后就能眺望到壮丽的水景，这符合大多数客人的预期，是一线水景的最佳选择。但由于用地和已有道路关系的限制，或需要从水路到达酒店。也有许多是从低处进入，因而要采用一些特别的手段，这部分内容将会在空间序列一章中予以阐述。

还要注意的一点是建筑与景观的方位，水面是在基地的南面、北面还是东西面，基地内每天从早到晚变化的日照和景观对规划布局和设施安排影响很大。比如在西海岸的度假村中，落日就是一个要深挖的题材，以及山坡下背阴的场地都是设计要重点考虑的因素。

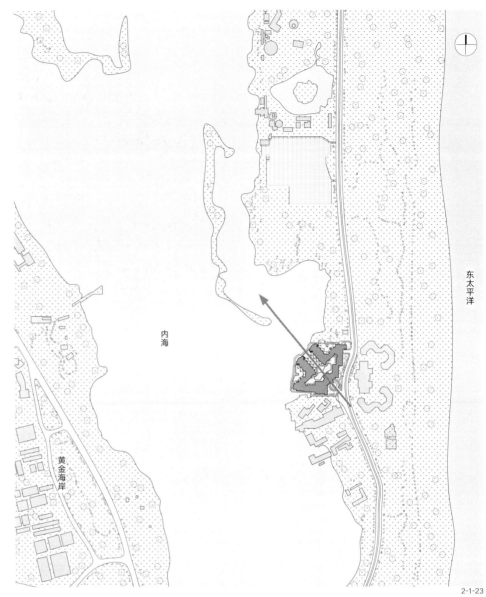

2-1-23

2-1-24

图2-1-23 澳大利亚范思哲豪华度假酒店方位图
图2-1-24 澳大利亚范思哲豪华度假酒店内部水景营造

23

图 2-2-0 阿曼绿山阿丽拉酒店的山景

MOUNTVIEW HOTEL

山景酒店

山下酒店
山谷酒店
山上酒店
悬崖酒店
规划选址与技术要素

| 山下酒店 | 山谷酒店 | 山上酒店 | 悬崖酒店 |

图 2-2-1 依据位置分类的山景酒店类型图

山景酒店是以观山和体验山间的特色环境为目标的酒店。和水景酒店一样，景观视线同样是决定山景酒店分类及规划原则最重要的因素，二者的主要区别在视点，水景以俯视为主，山景则是以仰视为主外加平视。对于俯视山景的情况，其组织规律与水景酒店基本相同。如果按照坡度来划分，其划分原则可参考水景酒店（图2-2-1）。

看与被看是山景酒店地形上的特点，两个视点在规划设计中同样重要。如果酒店在高处，人们从山下很多地方仰望便可看到它，自然也成为了山上的一景。如果酒店在低处，可以从周围的山上俯视它，其第五立面凸显，因此其建筑形态就格外重要。山景酒店的选址千变万化，在这里我们将山景酒店归纳为以下几类。

图 2-2-2 映衬在玉龙雪山下的丽江悦榕庄酒店

2-2-2

1. 山下酒店

　　山下酒店仰望山景，山是酒店的对景，如果是名山则要将山景作为酒店关键部位的对景，做到抬头见山，突出酒店选址的价值。山下酒店多位于平原与山区接壤的地区。许多名山周边渐渐发展成了旅游度假城市，因此新建的酒店多处于度假区或城区的边缘，这类酒店的山景往往是单向的，视线组织也是单向的。比如丽江悦榕庄（图2-2-2）以玉龙雪山为主景，酒店以入口轴线及每个客房能望到雪山为原则来组织布局，同时建筑形体体现了古城的传统特色，具有浓厚的纳西聚落意象。青城山六善（图2-2-3）的选址位于青城山脚下，可远观秀美的青城山景致，酒店的布局组织与景观视线均围绕此景展开，大堂、餐厅、客房莫不是以能望到青城山景为原则来布局的。相比上面的两个案例，与富士山隔湖相望的日本星野虹夕诺雅富士度假酒店面对的富士山景更为著名，因而建筑设计也更加简单明了，没有多余的风情及装饰手法，所有的建筑都像一个个老式相机的摄像头，面向富士山张开一扇扇窗口，从而让客人全方位地欣赏动人的山景（图3-6-61）。

　　北方长城宾馆（图2-2-4）在北京近郊昌平，项目位于地势较为平坦的山脚下，西北可以看到连绵壮阔的群山，虽然采用院落围合式的布局，但面向山的方向建筑低矮，根据山景组织公共空间的视线。

　　从上述案例可看出，山下酒店布局时关键的要素为观山的视线，这是最能体现酒店价值及特色的元素。比如在阳朔这四处皆是山岩的地方，往往能看到远处群峰的位置是最佳的。在阳朔悦榕庄中，我们偶然在一个屋顶平台上观赏到这样的最佳美景（图3-6-1），而园区大部分地区只能感受到山的近景。因此设计伊始就一定要认真分析基地内山的景观视线，找到最佳的视线方向，并在规划设计中充分考虑。

2-2-3

2-2-4

2-2-5

图2-2-3　坐落在青城山脚下的六善酒店
图2-2-4　北京北方长城宾馆三号楼

2. 山谷酒店

位于山间谷地的酒店往往深入风景区的内部，可多方向仰视山景，由于地势较低，因而交通可达性好，山谷内往往有河谷或溪流，景色更加秀丽。山谷的地形特点决定了酒店景观视点丰富，取舍也更为复杂，需要仔细地分析环境和视线来确定酒店的布局及建筑各个部分的朝向。同时由于四周环山，山上可以俯视酒店，因而酒店的轮廓体型也十分重要，需形态得体，与环境相和谐。腾冲的石头纪温泉度假酒店（图 2-2-5）位于一个四面环山的谷地，抬头就是郁郁葱葱的秀美山峰，因而酒店以一层的建筑为主，尽量减少对山景的视线遮挡，山峦的秀美尽览无遗，但从周围山上看酒店，过于整齐的平顶建筑却如大地上的伤痕，毫无美感可言，因此山下或谷底酒店在建筑形体的设计上要更加谨慎。

山谷酒店依据地形地貌的不同有多种布置模式，可以分为三类：谷底平坦地形、谷侧坡地地形、跨越谷底地形。

1）谷底平地

这一类地形四面环山，景观视点丰富，应仔细分析周边山峦的特征，将不同的功能用房面向不同的山景，让酒店充分利用景观资源。阿尔卑斯山谷中的奥地利辛格运动水疗酒店就坐落在一个仙境般的山谷，酒店的泳池、SPA、客房等就以周围秀丽的山峰为背景，每个角度都是一副精美的油画（图 5-5-30）。秘鲁乌鲁班巴的喜达屋豪华精选酒店，建在贴近溪谷一侧的平地上，伸展的平面使客房一面对着溪谷森林，窗外是林中秘境，另一面则对着远处的群山，各自呈现出完全不同的意境（图 5-1-23）。

2）谷侧坡地

整个酒店坐落在山谷一侧的坡地上，居高临下可看到山谷和溪流，这类的酒店的视线组织方式和水景坡地酒店的原理相同。比如巴厘岛乌布曼达帕丽思卡尔顿度假酒店（图 2-2-6）的别墅客房区、SPA 和地中海的竹屋餐厅均位

于山谷坡地之上，谷底的梯田和溪流是酒店的主要景观。但往往除了观赏谷底的景致外，山谷对面的山峦也同样是重要的景观。比如本书中列举的巴厘岛乌布阿漾河谷一侧的酒店，由于地势和植被等原因，酒店的部分场所并不能看到谷底的河流，因此都十分重视对面的山景。

3）跨越谷底

酒店跨越溪谷的两侧，中间以凌空的廊桥相连，两侧结合复杂多变的地形更突显山谷的特征和趣味，典型的案例是康提的艾特肯斯彭斯酒店（图 2-2-7、图 2-2-9）和长白山的在之禾度假酒店（图 2-2-8、图 2-2-10）。两个酒店的建筑分布在山谷两侧，前者所选谷地并无溪水，因此设计了一个泳池来营造山谷清潭的意象，并以一个开敞的廊桥连接两个区域；后者则用一座封闭的玻璃廊桥连接，底下是潺潺的溪水，将山谷的野趣融入到了酒店之中。乌布丽思卡尔顿也是将酒店的一些功能布置在溪谷的另一侧，使酒店和山谷的地形有机的融合。

2-2-7

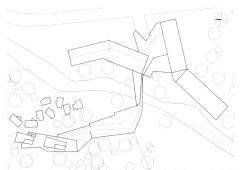

2-2-8

图 2-2-5 谷底平坦地形的云南腾冲石头纪温泉酒店
图 2-2-6 谷侧坡地的巴厘岛乌布丽思卡尔顿度假酒店
图 2-2-7 斯里兰卡康提艾特肯斯彭斯酒店总图
图 2-2-8 长白山在之禾度假酒店总图
图 2-2-9 山谷中的斯里兰卡康提艾特肯斯彭斯酒店
图 2-2-10 长白山在之禾度假酒店的山谷溪上连廊餐厅

2-2-6

2-2-9

2-2-10

3. 山上酒店

山上酒店具有开阔的视野，如果用坡度划分可参考水景酒店的设计原则，但山上酒店也不完全只是俯瞰的视线，可以看山下的景色，也可以看对面的山峰。

1）坐山观山

这样的酒店具有多角度的观景视点，既可看远山、也可俯视山下。因此建筑的布局也需依据最佳的景观视线展开。比如德国贝希特斯加登凯宾斯基酒店（图 2-2-12），在阿尔卑斯

山群峰环抱的一座小山上，向上可观险峻的群峰，那里有"二战"时希特勒的鹰巢；向下可俯视山谷田园中那些美丽的小村庄。酒店各部分均以观山为组织原则，环形的酒店客房刚好可观四面风景，酒店的大堂及泳池以近处的高山为背景，而餐厅则可以远眺山下的田园和乡镇。

单向视线景观的酒店如日本富士河口湖拉维斯塔酒店（图 2-2-11），可远眺富士山及山下的河口湖与城镇。这样的情况视线组织相对简单，争取将所有的房间面向主景观即可。靠近名

山的酒店多有这样的特点，比如梅里雪山一侧的松赞梅里酒店不仅客房、餐厅都对着雪山，而且还设置了许多平台和露台为观山提供更加开阔的视点（图 2-2-13）。即使选址非名山大川，但在群山中也总会有一处最壮丽的山景，规划时要找到这个关键的视线点作为对景，比如希腊阿里斯缇山区度假酒店是一组依山而建的石头屋，所有的房间都对着远方壮丽的山岩，高低错落的建筑群恰如当地的小山村（图 6-1-16）。

让我们印象最深的是斯洛伐克高塔特拉山国家公园的凯宾斯基大酒店，它在半山一字排

2-2-11

2-2-14

2-2-12

2-2-13

二、山景酒店

开，双面客房一面可观山下美丽的田园、村庄、远山；另一面临着秀美的高山湖泊眺望壮丽的高塔特拉山，虽然建筑的品味一般，但绝佳的选址和布局令这座豪华大酒店具有非凡的价值（图2-2-14）。

2）坐山观城

处于城市边缘的山顶或半山的酒店，可一边享受着山间沁人肺腑的空气，一边远远俯瞰着城市的轮廓线，这种向下视点的基地选址和水景酒店的地形分类相同，比如苏黎世的多尔德酒店（图2-2-15）和奥斯陆的斯堪的克霍门科伦公园酒店（图2-2-16）都可在城市边缘的山地上远眺河湖交织的城市美景。摩洛哥菲斯的萨莱伊酒店（图2-2-17），则在古城菲斯旁的高地上远远望望着古城和远处的山峦。德国埃赫施塔特古城附近山上的美景健康酒店也是坐山观古城。酒店建在一个陡峭的小山坡上，从泳池、餐厅、客房都能居高临下俯瞰群山环抱中的古城（图3-6-37）。鉴于此类型酒店所观赏的市镇多为旅游景点的文化名城，坐落在附近山上的酒店也会暴露在城镇的视线中，因此其建筑的形体与色彩处理要格外慎重，当与环境协调、避免突兀。

图 2-2-11 远眺富士山的日本富士河口湖拉维斯塔酒店
图 2-2-12 德国贝希特斯加登凯宾斯基酒店
图 2-2-13 云南松赞梅里酒店
图 2-2-14 斯洛伐克凯宾斯基高塔特拉山大酒店
图 2-2-15 瑞士苏黎世多尔德酒店剖面图
图 2-2-16 奥斯陆斯堪的克霍门科伦公园酒店
图 2-2-17 摩洛哥菲斯萨莱伊酒店

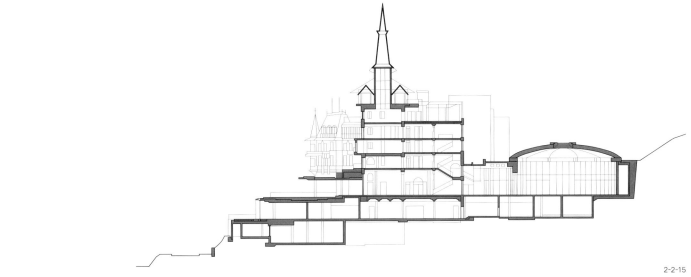

2-2-15

2-2-16

2-2-17

4. 悬崖酒店

悬崖酒店多位于峡谷的顶端，设计时应考虑悬崖的陡峭程度，评估可能的地质灾害对建筑的影响。在崖顶的大型酒店由于考虑安全因素会选择退后建设，从而影响眺望、俯瞰峡谷的视线，因此往往会临崖设置观景设施。从远处看，崖顶上高耸的酒店显露无遗，应注意使之与环境融为一体。比如阿曼绿山上的两座悬崖酒店，虽然提高建筑的层数会带来更好的观景体验，但仍然只做了两层，安纳塔拉采用连续的两层水平线条的建筑元素，远看与山崖的断层相呼应（图6-1-17）。阿丽拉同样也是两层建筑，但切分成了若干个体块的小楼，与用地凸凹块状的山岩肌理和谐统一（图2-2-0）。

悬崖面对峡谷时往往比面对水景视线更为复杂，规划设计要利用峡谷中各种变化的隘口成为酒店的对景。在这方面安纳塔拉绿山度假酒店的设计就不是很成功，突出的悬崖实际上有许多绝佳的观景位置，但整个度假村只有一个伸出的平台面对着一个峡谷隘口，成为客人的聚集地，而其他更为壮观的景色皆被建筑遮挡，只有爬到屋面上才能看到，酒店重要的公共空间无一正对最佳的景观（图3-1-23、图3-7-65）。

小型酒店则可以依崖而建，向下俯瞰峡谷壮丽的景观，或本身就是一景，如同空中楼阁，中国衡山的悬空寺和不丹的虎穴寺那类建筑形式也被许多酒店借鉴，其建筑本身的奇与险就构成了酒店最大的噱头。如斯里兰卡的橡树雷查布什酒店（图2-2-18~图2-2-21），建筑不仅临崖垂直而建，而且还设计了许多大跨度的悬挑来突出建筑的险。而崖对面的一注飞瀑则在险峻之中增加了些许诗情画意。南非弗努尔瑞小屋旅馆（图2-8-17）也是由一组传统风格的建筑临崖而立，营造出的一处海市蜃楼。如果酒店位于自然遗产和风景名胜区则不宜采用地标性建筑的手法，而应以保护现有的环境为重，采用"隐"的手法。

2-2-18

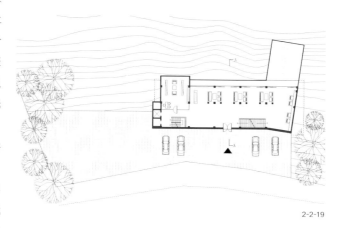

2-2-19

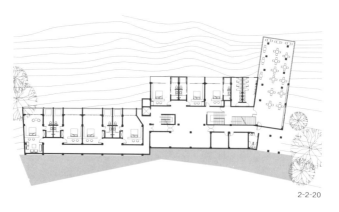

2-2-20

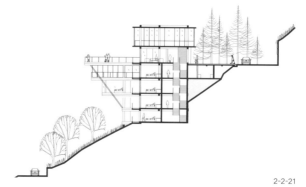

2-2-21

图 2-2-18 斯里兰卡橡树雷查布什酒店
图 2-2-19 斯里兰卡橡树雷查布什酒店首层平面图
图 2-2-20 斯里兰卡橡树雷查布什酒店负一层平面图
图 2-2-21 斯里兰卡橡树雷查布什酒店剖面图
图 2-2-22 乌布科莫香巴拉酒店架在林地上的客房

和水景酒店的设计原则一样，山景酒店的规划选址首先要分析用地资源的优势、劣势、可利用性。然后根据资源特征来决定建筑的基本布局及设计原则（表 2-2-1）。

1）资源特征

景观资源和基地条件是山景酒店选址最核心的两大要素。景观资源酒店基地内最具特色的景观，涉及观景的视域，山的层次、形状、色彩和质地等。要特别扩大调研范围，看看周边是否有组织游客徒步、登山、滑翔、森林浴的条件。

基地条件是指植被、坡度、冲沟、山石、溪流、温泉等。

不利的景观元素减少其被改造利用的可能性，比如高压线、通信塔、被破坏的山体，以及附近是否有开矿或污染企业。

2）基础设施及交通

要尽可能详细地了解当地的基础设施信息，具体内容与水景酒店阐述的内容一致，另外还要调研清楚场地的受限情况，如道路使用权利、地块产权等。

3）环境评估及环境保护

以山景资源为主的选址，尤其需要注意保护环境，首先要对选址做环境评估，从土质、地质、水质到自然风险评估。例如洪水、地震、滑坡、泥石流、火山活动、气候、风向、风力、日照时间、山的阴影等山区比较特殊的且对酒店环境影响比较大的因素，然后要认真研究选址的环境保护政策，以及酒店的垃圾及污水的处理条件。

4）设计原则

综合以上调研结果并结合前边归纳的山景酒店的设计要素，初步构思建筑的布局及方位各种可能性。

注意建筑形式与环境的关系，在诸如国家公园、自然遗产、风景名胜区应尽量削弱建筑对环境的影响，也有一些山景酒店建筑本身会成为山中的一景。许多历史遗产酒店，比如那些由古堡改造的酒店就有这种特征，欧洲有许多传统的古堡和村镇建于山顶，本身就是一道独特的风景，有些酒店依托于原有的村落或古建筑改建。不论位置如何，山上的酒店多为错落式的小体量建筑或独栋式建筑的集合，这样的组合既可以适应复杂的坡地地形、化整为零的体量也可以与环境很好的融合。新建的酒店如果体量较大又想做成地标性建筑的话，需要仔细评估其对环境的影响，应避开传统风景名胜区，同时甄选善于处理自然和人工关系的设计师。

建筑设计与山景融合，具体做法一般有两种：一种是采用最小介入理念，尽量减少对现有植被的破坏，保护当地一草一木，最大限度减小土方，保持现有地形地貌，尊重自然现场，比如巴厘岛科莫香巴拉酒店（图 2-2-22）的客房及一些休闲建筑就以架空的方式组织在植被茂密的山体上。另一种方式是在选址的时候，采用场地修复的设计理念，选择基地上条件最差的地段建设，比如巴厘岛安缦达瑞将一块遭砍伐的用地修复成植物丰富、树种繁多的场地，一方面为酒店营造了良好的居住环境，另一方面又保护了生态。

山上的酒店规划要充分发挥视野开阔的优势，如果是古建筑改造，受限于原建筑的立面形制，周围要设置宽阔的观景空间来弥补建筑内部的观景视线不足。比如斯里兰卡的茶厂遗产酒店在建筑周围设置了宽阔的花园和草坪，可眺望层峦叠嶂的远山和山中的云雾。同时尽可能地利用建筑的屋顶阁楼等，形成更多的观景空间。比如印度拉贾斯坦的德为伽赫古堡酒店充分利用了各屋顶花园，让客人能登高远眺，而且屋顶上那些古旧的亭阁花窗还形成了画框，将拉贾斯坦的山峦美景嵌入画中。

表 2-2-1

分类	视角	视线	位置	规划特点
山下酒店	仰视	单向观山	多位于平原地区/与山体接壤区	
山谷酒店	多视角	多向观山/谷	多位于风景区内部	建筑本身易被多角度观察 从体型体量上注重建筑与环境的融合 特别注意建筑第五立面的设计
山上酒店	平视/俯视	多向观山/谷	多位于峡谷顶端	可参考水景酒店的规划设计 多注意分析酒店与山峰/隘口的关系 或化整为零，或独具特色，但体量与环境需和谐

2-2-22

阿联酋凯瑟尔艾尔萨拉沙漠度假酒店

UNIQUE LANDFORM HOTEL

奇异地貌酒店

沙漠酒店
洞穴酒店

　　旅行的目的之一就是获得不同于日常生活的全新体验，因此除了美丽的山水及文化古迹之外，对各种奇异环境的观光和体验也广受旅行者的喜爱，比如沙漠、冰原、水下、洞穴等。这类精品酒店设计要遵循两个要点：首先要充分体现奇异环境的特色，全方位的展示其与我们日常所见绝然不同的特质。比如沙漠酒店要体现沙漠的生态特征，北极冰屋酒店要展现冰雪世界，水下酒店则采用全透明客房让客人与海底世界近距离接触。其次要通过更严格、更舒适的硬件来获得身心的享受。沙漠和洞穴在世界各地广泛存在，是两种最常见的选址。

2-3-1

图 2-3-1　迪拜巴卜阿尔沙姆斯度假酒店

1. 沙漠酒店

沙漠环境相对严酷，除了日出、日落的惊艳瞬间，平日延绵无尽的沙丘毕竟不能和生机盎然的秀丽景色相比，因此沙漠酒店一般会用建筑营造一个主题，并打造出美轮美奂的局部环境，使度假村本身就具备旅游观光的功能，即使整天待在酒店也是一种享受。比如2009年我们入住迪拜附近沙漠里的巴卜阿尔沙姆斯度假酒店时，这座度假酒店的魅力竟让我们大多数人都放弃了原本安排好的市区游览和购物，选择整日待在酒店里。

沙漠酒店的营造方法类似于主题酒店，只不过带有鲜明的沙漠特点。世界各地的沙漠酒店主要可以分为以下几种类型：

1）神秘部落

沙漠环境变幻莫测，而居住在沙漠中的部落给人以神秘感，因此许多沙漠度假村以营造沙漠部落的场景为首选。比如前面提到的迪拜巴卜阿尔沙姆斯度假酒店（图2-3-1、图2-3-2）就完美地诠释了中东地区的神秘部落。客人如同住进了古村落，而且经过设计师提炼的建筑空间比原始的古村落更加丰富动人。在遥远的南美秘鲁的伊卡，在离人类历史未解之谜纳斯卡大地图腾不远的沙漠中，有一个叫拉斯登纳斯（图2-3-3）的酒店，设计成如同迷宫一般的中世纪古城，与迪拜的沙漠酒店异曲同工。

2）帐篷酒店

沙漠是游牧民族主要的栖居地之一，因此许多酒店运用了游牧民族的帐篷元素，将独立客房做成帐篷的形式，以体现野奢的趣味。将土著沙漠文化与探险旅程融为一体，较早的有与澳大利亚中部沙漠里与乌鲁鲁（艾尔斯岩）比邻的豪华帐篷东经131酒店，也有奢华的迪拜阿玛哈豪华精选沙漠水疗度假酒店（图2-3-4），49间独立式客房以贝都因风格的豪华帐篷结合现代奢华的格调，每户都带有恒温的私家泳池。为达到舒适性对帐篷进行了一定的改良，通常是现代材料建造的四壁配以帐篷的屋顶，外观看来是原始的沙漠风情，内部则现代、舒适。帐篷客房由于建造简易、适应性强也被许多非沙漠酒店采用。

3）沙漠奇幻

在大漠中营造一个天外来客般的奇幻世界，是一种另辟蹊径的将精品酒店作为度假地的思路。鄂尔多斯的莲花酒店就被塑造成了一个UFO般的建筑，这个荒漠中的标志性建筑足以吸引人们的眼球，在没有深厚传统建筑文化积淀的地区未尝不是一个好方法，但内部的空间的趣味性、丰富性，以及值得仔细品味的细部一定要跟上，方能让游客不会止于第一眼的惊艳。

2-3-4

2-3-3

2-3-2

4）酋长宫殿

相比迪拜巴卜阿尔沙姆斯度假酒店，阿联酋安纳塔拉凯瑟尔艾尔萨拉沙漠度假酒店（图2-3-5、图2-3-6）更具史诗般的恢弘，远远望去度假村像是一座巍峨宫殿，矗立在金色沙海，走进这座宏伟的建筑群，阿拉伯风情在你面前徐徐展开。酒店建筑如海市蜃楼般与沙漠融于一体。这座豪华的酒店不仅有宫殿，还有村落和花园，其本身就是一处大型的旅行目的地，许多游客专程来此度假。

图 2-3-2 迪拜巴卜阿尔沙姆斯度假酒店客房
图 2-3-3 秘鲁拉斯登纳斯酒店
图 2-3-4 迪拜的帐篷酒店阿玛哈豪华精选沙漠水疗度假村客房
图 2-3-5 阿联酋安纳塔拉凯瑟尔艾尔萨拉沙漠度假酒店总图
图 2-3-6 阿联酋安纳塔拉凯瑟尔艾尔萨拉沙漠度假酒店

2-3-5

2-3-6

2-3-7

5）沙漠酒店的选址

沙漠看似无处不在，但作为奢华酒店的选址也颇为讲究，对地理位置、沙质、沙丘的形态、水源等因素要有全面的考量。比如阿联酋安纳塔拉凯瑟尔艾尔萨拉沙漠度假酒店（图2-3-8）在世界最大的原生态沙漠中挑选了一个有水源的位置，有水就有绿色，更特别的是由于局部相对湿润的气候，冬季会出现奇妙的沙漠云雾，其周围沙丘起伏的形态也比其他地方更美。此外它的地理位置距离阿布扎比国际机场200公里，在两小时的车程以内。汽车在枯燥沙漠中的行驶，超出两小时就是旅客难以接受的范围了。迪拜的巴卜阿尔沙姆斯度假酒店和阿玛哈豪华精选沙漠水疗度假酒店距离市区都在45分钟的车程以内。在其他沙漠酒店的选址上，我们也看到了对独特资源的选择和利用。比如秘鲁伊卡的拉斯登纳斯酒店紧邻秘鲁最大的沙丘和如明信片般袖珍的沙漠绿洲（图2-3-7）。而鄂尔多斯的莲花酒店则选址在库布奇沙漠的响沙湾，因弯月状的沙丘形成了一个巨大的回音壁而得名，这本身就是一处有待开发的优质旅游资源。

沙漠中水资源的获取通常是此类酒店面临的最大问题，如果没有足够的可利用的地下蓄水层，就需要高价从别处取水。因此收集雨水、保护现有生态，以及局部恢复、改善绿化环境都是此类酒店所要考虑的问题。如果确定在沙漠选址，一方面要积极学习当地传统建筑的营造方式及生态建筑的实现手段；另一方面要组织专业团队研究能源、水资源、植物资源更高效的获取及使用方式以满足酒店的基本需求。

2. 洞穴酒店

有些旅游景点以洞穴为特色，千百年来当地居民栖身于洞穴之中，形成了独特的洞穴民居景观。其中最为著名的就是土耳其的卡帕多奇亚地区，几千年来这里的居民在砂岩地貌上挖出了数平方公里的地下城。随着地貌的风化，大地形成了许多奇特的石笋状地形，有些原来深埋在地下的岩洞暴露在石笋表面，如同太湖石的孔洞。今天的居民利用这些孔洞在外搭建新的建筑，当地的众多酒店也大多沿用了这种做法。土耳其阿纳托利安邸（图2-3-9）就是典型的案例，建筑的各个厅室都处于洞穴之中，只是用砂岩砌筑了门脸，和当地的民宅一样，建筑和山体天衣无缝地结合在一起。同样的洞穴酒店我们在意大利的马泰拉的古城（图2-3-10、图2-3-11）中也可以看到。这里的山体是更坚硬的花岗岩，老城的大部分建筑基本上也是在

山体上开凿的，形成了一处处洞穴居所，这样的洞穴古城不仅在意大利半岛非常独特，在整个欧洲也绝无仅有，沧桑的景象令这里成为了一些电影的外景地，因此老城也成了一个旅游观光点，如今老城的居民基本上都搬到了新城，这些洞穴被改建成了酒店及餐厅。

洞穴酒店满足了游客的猎奇心理，在洞中睡觉、洗浴、吃饭，在与日常生活极大的反差中获得惊喜。其设计以突出洞穴的特征为主旨，墙面裸露着岩洞本身的材质，让住客时刻意识到正身处洞穴中，但又用精美的配饰和舒适的床具来缓冲人体对粗糙岩壁的排斥，局部设计异常温馨。

由于洞穴酒店大多使用原来的民居改造而成，房间彼此依靠室外交通联系，因此只适于做小型精品酒店。在选址时除了具备一般的条

件之外，交通、基础设施、房间的上下水和设备管道改造铺设的容易程度，以及增加附属设施的可能性和对环境的影响等都是需要考虑的因素。

图2-3-7 拉斯登纳斯酒店位于秘鲁最大的沙丘旁
图2-3-8 阿联酋安纳塔拉凯瑟尔艾尔萨拉沙漠度假酒店早晨的云雾
图2-3-9 土耳其卡帕多奇亚阿纳托利安邸
图2-3-10 意大利的马泰拉的拉迪莫拉石头酒店外观
图2-3-11 意大利的马泰拉的拉迪莫拉石头酒店内景

2-3-8

2-3-9

2-3-10

2-3-11

克伦贝格城堡酒店

探访历史古迹及文化遗产是观光旅游的重要目的，因此以历史文化遗产建筑为载体的酒店自然有很高的价值。依据被改造建筑本身的性质及改造程度划分为：整体遗产建筑酒店、局部遗产建筑酒店、聚落式遗产建筑酒店。

HISTORIC HERITAGE HOTEL

四

历史遗产建筑酒店

整体遗产建筑酒店
局部遗产建筑酒店
聚落式遗产建筑酒店
规划选址与技术要素

酒店本身就是一处有历史价值和观赏价值的老建筑，这样的酒店建筑是一个值得参观的目的地。有宫苑王府、古堡庄园、名人宅邸这样的具有历史价值的建筑，也有工业建筑和其他类型的公用或民用建筑，它们的共同点是具有很强的代入感，能让客人全身心地沉浸在历史氛围中。

图 2-4-1 印度乌麦·巴哈旺皇宫酒店

2-4-1

1. 整体遗产建筑酒店

1）宫苑王府

昔日的王宫或皇家居所是酒店最响亮的招牌，从当今许多新建的酒店仍喜欢用 Palace、Imperial 这类词命名就可见一斑。如能将这样的建筑改造成精品酒店，体验皇家的奢华生活令许多客人趋之若鹜。历史上王国众多的印度就有许多用旧王宫改造的酒店，以下三个酒店给我留下了较深的印象。

焦特普尔的乌麦·巴哈旺皇宫酒店（图 2-4-1）是一栋建于 20 世纪 20 年代的宏伟建筑，原是焦特普尔国王的私人宫殿，也是世界上规模最大的私人住宅。这座建筑由英国建筑师设计，以严谨的古典主义构图加上印度风格的局部装饰语汇使之成为殖民地时代印度的四大经典建筑之一。如今将部分建筑改成了奢华酒店，是一座既能体验昔日皇家生活又能观赏壮丽王宫的奢华酒店，多次荣登世界各种奢华酒店排行的前列。

建于 20 世纪初的比卡内尔的拉克西米尼沃斯宫（图 2-4-2）是由英国建筑师设计的印度撒拉逊风格建筑，全部用精雕细刻的红砂岩筑成，是一座高贵而精美的建筑，如今作为酒店经营。这座华丽的宫殿本身就可游览一整天，只可惜酒店软件尚未达到精品酒店标准。由此可见遗产酒店要想达到高端水准，其室内配饰、服务等都是非常重要的。

印度马赫什瓦阿喜亚城堡酒店（图 2-4-3）曾是印多尔皇朝贵族的官邸，建于 1766 年，印多尔最后一任王子 Richard Holkar，将宫殿改造成历史酒店，以昔日的皇室礼遇款待远来之客。阿喜亚城堡宫殿位于要塞之上，在雄伟城池的环抱之下俯瞰着纳尔马达河，它在古代一直是朝圣者沐浴的河流，有着和瓦拉纳西恒河一样壮美的景色，但河水无比清澈，是一处绝佳的精品酒店选址，虽然建筑质量与上述两座宫殿无法相比，但通过精心的室内配置以及令人难忘的服务，使之受到世界各大时尚杂志推荐，曾经一度归在罗莱夏朵旗下管理。

2-4-2

2-4-3

图 2-4-2 印度拉克西米尼沃斯宫
图 2-4-3 印度马赫什瓦阿喜亚城堡酒店
图 2-4-4 印度拉贾斯坦的德为伽赫古堡酒店
图 2-4-5 德国法兰克福伦贝格城堡酒店平面图
图 2-4-6 德国法兰克福郊外的克伦贝格城堡酒店
图 2-4-7 摩洛哥的塔马多特堡平面图
图 2-4-8 摩洛哥的塔马多特堡

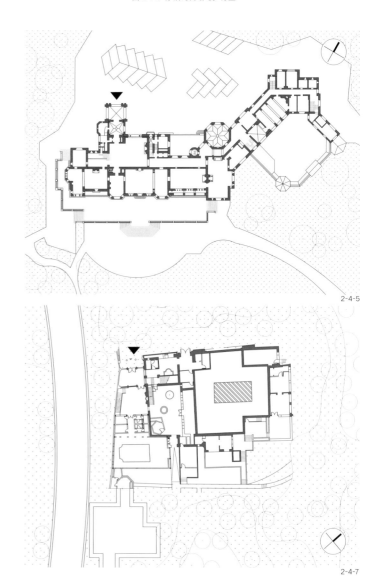

2-4-5

2-4-7

2-4-4

2-4-6

2-4-8

2）古堡庄园

很多历史悠久的古堡或庄园不仅周边景色秀丽，而且建筑精美，再加上岁月风霜的浸淫和深厚的文化积淀，其本身就是一处难得的观光资源。有些酒店甚至成为了旅游景点，吸引客人专程来此度假。印度有许多这种类型的酒店，比如拉贾斯坦的德为伽赫古堡酒店（图 2-4-4）就是将一座宏大的 16 世纪古堡改建成的精品酒店，这座高大的城堡矗立在高山上，可以眺望四周美丽的群山，而城堡内部在改造时也保留了华丽的厅堂作为各种休闲空间，还在一旁增设了泳池和泡池，大型纪录片《亚洲天堂》中专门有一集讲述了这座精彩绝伦的酒店。印度由于历史上王国众多，类似这样由古堡改造的酒店还有很多，这些精心打造的古堡酒店成为了高档的度假胜地。

在历史悠久的欧洲地区古堡酒店尤为常见，如世界十大古堡酒店之一的德国法兰克福郊外的克伦贝格城堡（图 2-4-5、图 2-4-6），这里曾是维多利亚皇后的行宫，1950 年改为精品酒店，目前是世界小型奢华酒店联盟的成员。城堡里保留了当初的皇家古玩、绘画以及大幅的挂毯，走入其中厚重而华贵的古韵扑面而来。古堡周围森林环抱，参天古树旁的高尔夫草坪为酒店平添了优雅而休闲的氛围，这座酒店被公认为城堡改造酒店的典范。

另一个蜚声世界的古堡酒店是摩洛哥的塔马多特堡（图 2-4-7、图 2-4-8），英国维珍公司老板理查德·布兰森爵士在一次热气球之旅中发现并买下了它。酒店位于阿特拉斯山下的一个河谷，四周景色壮观，历经十多年的打磨，展现在客人面前的是一座布满珍稀古董及豪华装饰的古堡，拥有果园、玫瑰园、仙人掌花园、网球场和巨大无边泳池的庄园，使得这里成为了一处可体验异域风情及奢华享受的休闲胜地，在世界上获奖无数，吸引许多名流来此度假。

古堡酒店重在凸显建筑的历史价值和氛围，能将客人代入古老的场景中。鉴于此类酒店多拥有秀美的风景，在规划设计中应注重建筑和周边风景的融合与互动。

3）古城老宅

在有历史价值的古城古村落中，将老建筑改造成酒店客栈的情况非常普遍，而精品酒店往往会选取那些形制更完备、空间更丰富、更有历史底蕴的老院子，以区别于普通的民宿。这类酒店大多会在原有建筑的底子上翻修提升，在设计上注重历史价值与生活体验。

比如秘鲁库斯科古城中心的贝尔蒙德修道院酒店（图2-4-9），建筑本身是殖民地时期文艺复兴风格的代表，被列入库斯科文物，也是秘鲁的历史地标。酒店庭院中的古老喷泉、300年树龄的雪松、庭园里古典的石头回廊以及一扇扇厚重的木质大门都传递着古老的历史信息，也彰显着酒店的崇高地位，使之能够位于库斯科古城众多老宅院酒店的顶端。相隔不远的另一座规模较小的院落因卡特拉卡斯纳酒店（图2-4-10），则是将这个拥有四百多年历史的豪宅翻新并原汁原味地再现了古代的风韵，成为古城炙手可热的精品酒店。这种以院落民居为主构成的古城广泛存在于中国、印度、中东、

欧洲阿尔卑斯山以南的地中海周边和受西班牙殖民文化影响的南美洲，这些地区也是古代人类文明的中心。院落彰显出私密、高尚、尊贵的生活品质。规格极高形制完备的庭院民居因占地广阔，且有内部花园和层层递进的庭院空间，更适合于打造高端精品酒店。在摩洛哥的古城中有一大批这种老庭院改造的精品酒店，比如马拉喀什的拉苏丹娜精品酒店（图2-4-11），这座世界小型豪华酒店联盟的成员将五个精致的庭院串联在一起改造而成，每个庭院都是经典的摩洛哥利雅得风格但又各具特色，不同的院落被赋予客房、SPA、公共休闲等不同的功能，构成了一个功能完备的精品酒店。菲斯古城中罗莱夏朵旗下的里亚德菲斯酒店也是拥有五个庭院的精品酒店，庭院中的华丽雕饰尽显皇宫般的气质（图2-4-37~图2-4-39）。印度法国殖民地蓬迪切里古城的马埃宫酒店（图2-4-12）则是一座带内院的上百年老宅，混合了南亚和法式建筑的克罗尼亚风情，在斯里兰卡也有许多南亚风格的院落酒店，比如根据著名建筑师巴瓦旧宅改造的酒店（图2-4-13），是一座非

常具有东方风情的庭院。伊朗的萨拉依阿麦里哈酒店（图2-4-14）位于卡尚的老城核心，前身是执政官府邸，是当地最大的宅院，因其历史悠久，保存完好，此宅已被列入伊朗国家级保护单位。目前作为酒店开放的空间仅占宅院1/4的面积，未开放的部分还在继续修复。老宅院每一个入口皆曲径通幽，如同迷宫一般，正面的庭院是一处水池花园，酒店内部装饰高雅迷人，每个细节都充满了波斯风情。行走在其中的游客可以瞬时转换身份、穿越历史，体会当地的文化，这也是此类酒店最吸引游客的地方。而中国的古城更是少不了深宅大院。近年来掀起了一股老院子改造的风潮，也出现了一些口碑不错的本土酒店品牌，比如隐庐和花间堂在创始初期就专注于将古城中的老院子改造为精品酒店。

古城院落酒店的规划、设计重点是要在现存的院落空间中梳理出一条动线，这条动线要全面考虑空间序列的气氛渲染、内外流线的清晰独立以及保障客房的私密性。将古代为一户人家建造的宅院服务于众多客人时，仍然能够

2-4-11

四、历史遗产建筑酒店

寻找到那份尊贵感。同时要注意充分挖掘院落
的空间特质，营造大隐于市的休闲感。最后是
上下拓展，往上利用屋顶空间可以突破院落空
间的局限获得更好的景观视野，往下利用地下
空间可以完善功能流线。这几点解决周全了，
一个精品酒店的雏形也就具备了，比如用北京
四合院改造的一些精品酒店就充分挖掘了地下
空间，同时利用屋顶创造出可以远眺的空间。
笔者在巍山古城中将白族民居的状元府改造为
精品酒店的设计中，吸取了一些大型院落精品
酒店的成功经验，精心规划出一条层层递进，
曲径通幽的流线，充分发掘屋顶空间，同时注
重营造酒店的私密性和价值感（图6-4-2）。

2-4-9

2-4-10

图 2-4-9 秘鲁库斯科的贝尔蒙德修道院酒店内院
图 2-4-10 秘鲁库斯科的因卡特拉卡斯纳酒店
图 2-4-11 马拉喀什的拉苏丹娜精品酒店
图 2-4-12 蓬迪切里古城的马埃宫酒店
图 2-4-13 斯里兰卡本托塔天堂之路别墅
图 2-4-14 伊朗卡尚老城内的萨拉依阿麦里哈酒店

2-4-12

2-4-13

2-4-14

1.房间 2.浴室 3.更衣室 4.储藏间 5.疏散通道 6.视听室
2-4-19

在世界各地的城镇中也有许多由非院落住宅改造而成的精品酒店。这种不带户外庭院的小型精品酒店要注重内部空间特质的挖掘和提升，并需要在内装设计上下更大的工夫方能达到精品酒店的要求。马略卡帕尔马老城中心的非凡桑特弗兰西斯可酒店就是一个典型的欧洲老城古宅精品酒店（图 2-4-15），酒店为世界小型奢华酒店联盟成员。欧洲相对严格的古建保护条例有时也会限制酒店做过多的改造。所以一般要在酒店的硬件和软件配置上下功夫，同时注意突出建筑的自身价值。比如德国丁克尔斯比尔德意志豪斯酒店（图 2-4-18、图 2-4-19）在古城的中心，紧邻大教堂，在中世纪时曾是红酒市场，已有 600 年的历史，酒店本身也是该小镇的地标建筑，建筑内部的装饰沿袭了古旧的风貌并配上一些老式家具，同时在室内保留并彰显那些古老的空间构造特征，从而唤起建筑的历史价值。摩洛哥蓝色山城舍夫沙万的丽娜莱德 SPA 酒店（图 2-4-16、图 2-4-17）在内部空间设计上注重呈现山地建筑的特点，错综复杂

的楼梯和标高使内部空间摆脱了普通建筑的平凡感，内天井和水疗一体增加了内部空间的趣味性。

而德国奥格斯堡德尔莫赫勒施泰根博阁酒店也是一座拥有数百年历史的老建筑，经历了数次改建，特别是"二战"之后的改建已经失去了建筑本身的文物价值，但是作为该市有历史意义的地标性建筑，经历并见证了城市的历史，因而是一座非常有历史意义的建筑，酒店还专门出版了一本关于酒店历史的画册放在每间客房里。这些酒店虽然都是所在古城里历史悠久的老建筑，但仅仅依靠建筑的自身价值还是不够的，按照精品酒店的标准来衡量，还需要更多的附加值，我们将在后面几章详细阐述另一些改造老建筑的成功案例。

图 2-4-15　马略卡帕尔马非凡桑特弗兰西斯可酒店
图 2-4-16　摩洛哥蓝色山城的舍夫沙万的丽娜莱德 SPA 酒店中庭
图 2-4-17　摩洛哥蓝色山城的舍夫沙万的丽娜莱德 SPA 酒店楼梯
图 2-4-18　德国丁克尔斯比尔德意志豪斯酒店客房
图 2-4-19　德国丁克尔斯比尔德意志豪斯酒店平面图

2-4-15

2-4-16

2-4-17

2-4-18

4）别墅名邸

有丰厚底蕴的名邸公馆也是精品酒店的热门选址。坐落在德国法兰克福的罗斯柴尔德家族别墅（图2-4-20、图2-4-21）曾作为家族消夏避暑的夏宫，在德国近代史上扮演了极为重要的角色。别墅一建成，就成为上流社会热门的社交之地，威尔士亲王及维多利亚女王都曾是这里的座上宾。1947年，几位德国政治家在此签署了战后德国基本权利法案，因此被誉为德意志共和国的摇篮。如今归凯宾斯基集团管理，作为精品酒店经营，建筑坐落在风景秀丽的陶努斯山的山坡上，环绕着美丽的公园，能够远眺法兰克福城市的风光，是德国最好的精品酒店之一。

在亚洲也有许多这样的名邸，比如斯里兰卡著名建筑师巴瓦的几处住宅都被改造成精品酒店，每年有许多人从世界各地来考察、体验巴瓦的建筑，在这些加入了时尚配饰的精品酒店中，能感受这位贵族建筑师的生活及精神品味，同时也能体验斯里兰卡的文化与风情（图2-4-13、图5-2-19）。

隔海相望的南印度切提那度在19世纪初曾富商辈出，这些在东南亚名声显赫的实业家们在家乡盖起无数豪宅，一战后衰落了近百年，而后有人重新发现了这里的价值，如今村庄里一些破败的豪宅被改为精品酒店。当我们走进维萨拉姆酒店（图2-4-22），这座百年前用世界各地进口的名贵建材装饰的别墅历久弥新，令人赞叹，每一处细部都值得品味，而女主人的故事更令人唏嘘，不禁感叹岁月蹉跎、历史变迁。这个酒店除了拥有宽大舒适的客房外，还精心布置了许多美丽的花园及室外泳池，客人还可以在19世纪的老式厨房里学习烹调。

印度北部拉贾斯坦邦的罗拉纳莱酒店（图2-4-23）坐落在焦特普尔皇室家族乡村的巨大山岩之下，18世纪曾作为招待贵族的狩猎屋，如今高墙内花团锦簇、环境宜人，客房内百年前壁画、门窗，诉说着古老的历史，成为了拉贾斯坦乡村一处迷人的度假地。许多这类酒店远离旅游热点地区，客人往往将其作为休闲的目的地，专门来此度假，因此更要注重内涵价值和附加价值的挖掘与开发，凸显酒店的历史人文价值，将其打造成一本生动的历史读物，同时注意开发新的度假休闲项目及满足度假客人需求的设施和场所。

2-4-20

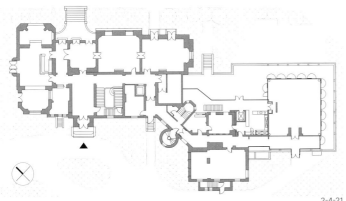

图 2-4-20 德国法兰克福的罗斯柴尔德凯宾斯基别墅酒店

图 2-4-21 德国法兰克福的罗斯柴尔德凯宾斯基别墅酒店平面图

图 2-4-22 印度维萨拉姆别墅酒店

图 2-4-23 印度拉贾斯坦罗拉纳莱酒店

2-4-21

2-4-22

2-4-23

5）历史酒店

在城市中那些经历了岁月洗礼的地标性建筑如今也有很多被改造成了奢华酒店，有些建筑本身就是历史悠久的酒店。在20世纪，大都市中的顶级酒店多是名流聚会、社交、洽谈的重要场所，因此在酒店发生了许多有重要历史意义的事件。比如著名的印度孟买泰姬宫酒店（图2-4-24），当年印度民族实业家塔塔在仅限于白人进入的俱乐部受阻，民族自尊心驱使他于1903年在"印度的门户"建造了世界级的豪华酒店。百年来，这座酒店接待了无数名流政要，也见证了许多重大事件，和它旁边的印度门一起成为了孟买的城市地标。如今酒店历经扩建，西翼老楼的底下几层作为公共部分，上面的客房区则是相对独立的豪华酒店，雄伟

的建筑集印度伊斯兰与文艺复兴风格于一身，内部仍保留了19世纪晚期的华丽装饰风格，陈列着各个历史时期重要事件的图片，是一座具有深厚历史底蕴的酒店建筑，成为高端客人在孟买住宿的首选。在精品酒店业态迅猛发展的今天，世界各国的重要城市中还有很多类似这样有着辉煌历史的酒店都已经按照豪华酒店的标准进行了重新改造和装修，比如见证上海外滩百年历史风云的和平宾馆。

有些酒店设计出自世界著名建筑师，并且其设计在理论与实践上都具有代表性，在若干年后也被列为遗产酒店。比如享誉世界的斯里兰卡建筑大师巴瓦设计的许多酒店都被列入遗产酒店，由于建造年代大多为20世纪七八十年代，与精品酒店概念兴起之后出现的许多酒店在奢华程度上不能相比，但是由于他是建筑潮

流的先行者及开创者，对后来的设计产生了广泛的影响，因此将他设计的一些代表作列为遗产酒店并不为过。其中最为经典的就是坎达拉玛遗产酒店（图2-4-25、图2-4-26），其建筑与自然融合的生态建筑理念在今天看来仍令人惊叹。

历史酒店在历史的进程中一般都会经历数次的改扩建，使之不断地适应时代变化的需求，如今仍能算得上地标的大多数奢华酒店都有新建的部分，在下一节中会提到这种新旧建筑并列的模式。历史酒店的改造重在记录建筑的历史信息，无论更新改造的力度有多大，那些使其成为传奇的印记必须突出与强化。

图 2-4-24　印度泰姬宫酒店
图 2-4-25　斯里兰卡坎达拉玛遗产酒店平面图
图 2-4-26　斯里兰卡坎达拉玛遗产酒店

2-4-24

2-4-25

2-4-26

6）其他建筑

除了上述有重大历史意义的建筑之外，也有众多其他类型的有特殊意义的历史建筑甚至是工业建筑被改造为精品酒店，经过精心改造设计后，其承载的历史温度会掩盖工业建筑的冰冷，成为有魅力的酒店建筑。比如斯里兰卡高山茶园的茶厂遗产酒店（图2-8-11），选址为一处老旧的英国茶园工厂，这一片区有许多历史悠久的茶厂，随着时代的变迁和工艺的改变，许多老茶厂不再发挥作用，此酒店将当地典型的老茶厂进行改造，无论是酒店的外观还是内部或是花园都保留了老茶厂原始工业建筑的风貌，许多工业设备也被重新利用当作酒店的家具和装饰，再配上舒适的设施，将历史的怀旧与现代的时尚完美地融合在一起，充分体现了酒店的文化性及独特性（图5-1-28）。老挝的世界文化遗产老城琅勃拉邦的安缦塔卡酒店则是由一座法国殖民时期的省级医院修葺改建而成，建筑的格局和架构完整地保留了昔日的风貌，只是在景观的营造上体现了安缦所固有的精致（图2-4-27）。

上海水舍精品酒店（图2-4-28）的建筑前身是20世纪30年代的日本五转总部，建筑本身并不是知名的外滩历史保护建筑，但通过设计师的挖掘及设计，原有的混凝土结构被完整的保留，将原来的三层楼增加到四层，对原有建筑部分仅做了少量的修补及调整，成就了一座可以和历史对话的拥有19间客房的精品酒店，屋顶的露台也能承办各种创意聚会。

由于此类型建筑并非文保建筑，不受严格的保护条例限制，为设计师的发挥提供了比较大的空间，而原来的建筑性质与人们心目中的舒适奢华相距甚远，因此独特的个性往往是这类酒店设计的追求，让客人获得一种不同寻常的审美体验。

2-4-27

2-4-28

图 2-4-27 老挝琅勃拉邦安缦塔卡酒店
图 2-4-28 上海水舍精品酒店
〔图片来源：The Waterhouse at South Bund 水舍·上海南外滩提供〕

2. 局部遗产建筑酒店

酒店一部分使用有历史价值的建筑，而另一部分新建，这是一种十分普遍的做法。其优势在于新建的部分不受历史建筑的束缚，设计上有更大的自由度，更能贴近客人对舒适度的要求以及酒店复杂的功能需求，从而获得一个既有历史感又有完备功能与流线的酒店建筑。根据古建所占的比例的不同，分为以下几种类型。

1）新旧建筑并置

这样的酒店建筑往往由有深厚历史的酒店扩建，比如我们在斯洛文尼亚皮兰看到的波尔托罗凯宾斯基宫酒店（图 2-4-29~ 图 2-4-31）就是一个典型的案例，古典风格的酒店建筑与近年新建的时尚客房楼沿着海滨大道一字排开，中间以一个全玻璃体的大堂相连。许多历史酒店也是这样的模式，苏黎多尔德酒店（图 2-4-32、

图 2-4-33）的木结构古典建筑，1899 年建成以来一直是欧洲奢华酒店的象征，2008 年经过整修重新开业，酒店新加的两翼由著名建筑师福斯特设计，时尚轻盈的弧形幕墙衬托着精美的古典老楼形成了有趣的古今对话，现代与传统交融构成了苏黎世的经典。前面提到的泰姬宫酒店也属于这个类型的酒店，在它一旁建设新楼，新旧并列。这样的酒店多数位于城市的核心地段，老楼曾是该地区的标志性建筑，是一段历史的象征，而新建筑则体现新时代的风貌。

在这类建筑的设计中，新旧建筑能否协调是考虑的重点，但新建筑模仿旧建筑不可取，要保证历史建筑的可读性，各部分既能清晰独立地反映各自的时代特征，同时又相得益彰，颇考验设计师的功力。鉴于这类建筑在城市中的重要性，我们看到许多著名的设计公司参与其中，且不乏一些在酒店设计领域并非很活跃

的公司，这表明地标性遗产建筑的改造对建筑学层面的关注要超过对酒店美学的关注。

有些建在古村镇中的酒店也会将新建部分做成传统样式，以维护整体风貌。比如我们设计的安徽黟县何府乡村酒店（图 2-4-34~ 图 2-4-36）将一个老祠堂完整保留，与之相连的老建筑适当改造后作为酒店的公共空间，在入口花园的另一侧则新建了一栋简化的传统样式的小客房楼，旧中有新，新中有旧，新旧建筑又相互独立。

图 2-4-29 波尔托罗凯宾斯基宫酒店平面图
图 2-4-30 波尔托罗凯宾斯基宫酒店外观
图 2-4-31 波尔托罗凯宾斯基宫酒店新旧建筑之间的玻璃大厅
图 2-4-32 苏黎多尔德酒店总图
图 2-4-33 从苏黎多尔德酒店新客房楼的阳台看建筑
图 2-4-34 安徽黟县何府乡村酒店总图
图 2-4-35 安徽黟县何府乡村酒店内院
图 2-4-36 安徽黟县何府乡村酒店外景

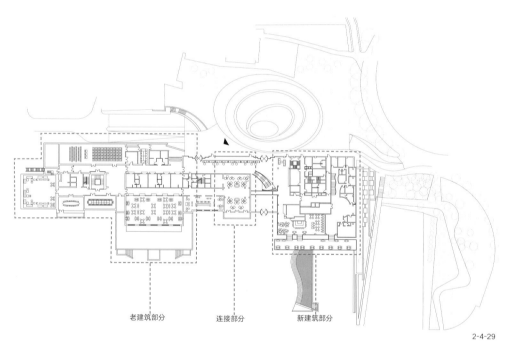

老建筑部分　　连接部分　　新建筑部分

2-4-29

2-4-30

2-4-31

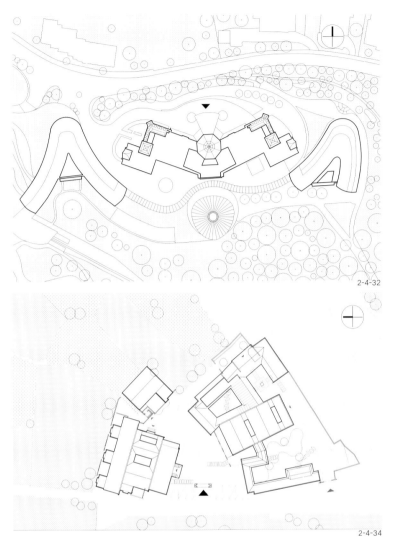

2-4-32

2-4-33

2-4-34

2-4-35

2-4-36

2）古建为主局部新建

依据古建筑的质量及当地的保护条例，应尽可能地保留基地上的老建筑，以获得历史价值，因为寻找历史记忆、感受当地文化是旅游者来此的重要目的。实际上大多数遗产酒店都会有局部的改造和新建，这包括上一节中提到的整体遗产酒店，也不是完全没有新建的部分，其关键在于既要遵守文物保护法规保护历史的可读性，同时又要使新与旧能够和谐的共存。在摩洛哥古城菲斯，罗莱夏朵旗下的里亚德菲斯酒店（图 2-4-37~ 图 2-4-39）改自老府邸的重重院落，保留并翻新了原有四个古院落的主体，复原了安达卢西亚奢靡的旧宫廷情调，另外新建了一处由建筑围合而成的现代风格的泳池庭院，在古色古香的氛围中惊现一抹时尚的色彩。前面提到的印度德为伽赫古堡酒店实际上也是在古堡的一侧加建了新的建筑，以满足这座中型酒店的功能需求。

从以上案例可以看出，这类酒店的新建部分不会刻意仿古，而是采用了当代设计语汇，但力求在材料及色彩上与老建筑相协调。

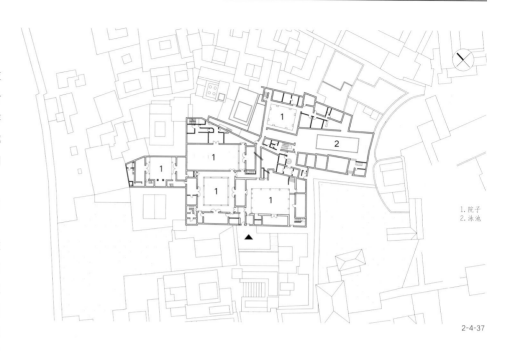

1.院子
2.泳池

2-4-37

2-4-38

2-4-39

图 2-4-37 里亚德菲斯酒店平面图
图 2-4-38 里亚德菲斯酒店的传统院子
图 2-4-39 里亚德菲斯酒店的新院子
图 2-4-40 成都博舍的新老建筑平面图
图 2-4-41 成都博舍入口及接待部分利用基址上保留的清代老院子
图 2-4-42 朱家角安麓酒店总图
图 2-4-43 朱家角安麓酒店利用迁来的老祠堂作为大堂
图 2-4-44 奥斯陆斯堪的克霍门科伦公园酒店总图
图 2-4-45 奥斯陆斯堪的克霍门科伦公园酒店保留的老木构建筑

3）新建为主古建点缀

这一类型的酒店更为常见，酒店主体完全按照当代的需求建设，而点缀的古迹则提升了酒店的文化品味。有些大型精品酒店的入口前厅部分往往是一座有历史价值的老建筑，而后面的功能用房及客房部分则是新建的，将遗产建筑点缀在最重要的部位，一进入酒店就能感受到深厚的历史感，具有四两拨千斤的效果。比如成都的博舍（图 2-4-40、图 2-4-41），处在大悲寺历史街区中，该处的城市意象是新旧对比的基调，严格保留了街区中一些有价值的历史建筑，新建的建筑则呈现代风格，酒店利用基地上保留了一组百年以上历史的清代宅院作为接待部分，从这个古色古香的老宅院进入酒店后立即被浓重的历史气息包裹，穿过它则是全新的充满艺术感的现代高层酒店，古今

的对比与融合使这座酒店充满了魅力。

将古建筑作为入口的极端做法还见于朱家角安麓酒店（图 2-4-42、图 2-4-43），其从遥远的安徽老村搬来了一整座徽派老祠堂和古戏楼，放在酒店入口庭院的两端，祠堂作为酒店大堂的入口，其宏大的尺度和精美的细部令人震撼，使这座周边环境一般、孤零零地坐落于郊外地产项目之中的酒店平添了极大的文化附加值，但就中国的文化保护现状来说，此种做法并不值得提倡。

将古建置于酒店一角则设计更为简单，遗产建筑恰如酒店收藏的一个古董，这样的案例比较常见。印度欧贝罗伊旗下的乌代浦尔和斋浦尔的两处仿古代宫苑酒店中，前者在园中保留了一座皇室的别墅，后者保留了一座古老的印度庙宇，作为度假村中的亮点大大增强了酒店的历史感。同样我们在巴厘岛看到许多高

端酒店都保留了原基址上的印度庙，成为一处特别的文化印记。比如宝格丽的印度教寺庙处在一进入园区的入口花园，阿丽拉的寺庙在度假村内的悬崖边，乌布丽思卡尔顿的寺庙在跨过溪谷的山林旁。在园中散步远远望着这些斑驳的老庙，随风飘来阵阵的焚香，让度假村弥漫着浓浓的历史文化气息。西双版纳的万达文华酒店也借用了这一手法，在园区内新建一座佛寺来为酒店增色。而远在北欧奥斯陆斯堪的克霍门科伦公园酒店（图 2-4-44、图 2-4-45）则保留一栋老的北欧木构建筑作为新酒店的公共空间使用，为这座大型现代风格的酒店增添了历史文化气息。

这类建筑重在新酒店的设计，遗产建筑恰如新酒店收藏的一个古董，尽量保持原状，与新建筑形成强烈的视觉反差才更显珍贵。

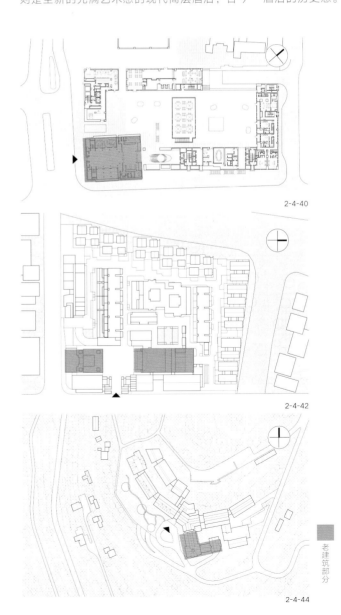

2-4-40

2-4-42

老建筑部分

2-4-44

2-4-41

2-4-43

2-4-45

4）新旧交织

不同于把古建筑作为点缀的做法，有些酒店设计将建筑的新旧部分交织融合在一起，从而获得你中有我、我中有你、古今交错、时光穿越的意境。秘鲁白色古城阿雷基帕的卡萨安迪娜酒店（图 2-4-46、图 2-4-47），在临街的公共部分沿用了 18 世纪白色火山岩的贵族老宅，老院子上部加了一个轻型结构的屋顶，作为酒店的大堂，它四周是餐厅、会议室、接待室等公共部分。后院结合老建筑残存的基址，在上面新建了一栋客房楼，独特的白色火山岩配着古色古香的家具使酒店内处处洋溢着古典的优雅。这种底下是老建筑基址，上面加建新建筑的手法在秘鲁的一些老城随处可见，比如在库斯科，整个老城区几乎都是在原印加都城的房屋基础上搭建的，走在街巷中经常能看到下半部是印加厚重的老石墙，而上半部是西班牙殖民风格的建筑。类似的手法还见于里加老城铂尔曼（图 2-4-48、图 2-4-49），它建在一个 18 世纪的男爵马厩之上，走入酒店我们在一层和地下室能够看到粗糙的老砖墙和拱券，而在上面与之相接的则是极为现代的材料和设计，老砖墙在灯火映照下显出的沧桑和现代装饰材料的时尚交织在一起，形成强烈的对比。而焦特普尔的 RAAS 酒店（图 2-4-50~ 图 2-4-53、图 6-2-9）则是在一个王宫贵族的古老私邸的基础上加建的，行走其中所触所及都是红色沙岩的华丽老建筑：从雕刻复杂的石材面板到传统庙宇、拱廊的马厩都被精心地修缮成酒店公共空间的一部分，古老的 12 柱厅更被作为餐厅立于酒店的花园中心。而现代的罩着红色砂岩格栅的天蓝色客房楼则穿插其间，天蓝色是蓝色之城焦特普尔民居中使用最普遍的颜色，红色砂岩则是古城中心最高处梅兰加尔古堡及山体的颜色，两种色彩、两种材料、两种风格的叠加使得这座酒店与古城环境融为一体，同时又具有强烈的设计感，从周边破旧混乱的环境中脱颖而出。

外部保留古建内部新建也是常见的一种手法，在历史建筑内做较大的改造，这种情况通常出现在建筑本身的历史价值不高的老建筑内，建筑没有被列为挂牌文物，规划法只限定了建筑的外形要延续古城风貌，但允许对内部做较大的改造，因此建筑师和室内设计师可以尽情发挥，以较强的设计感来弥补建筑价值感的不足。比如位于伊朗亚兹德南部 60km 处的 Zein-o-din 酒 店（图 2-4-54、图 2-4-55），是在 400 年前按照阿巴斯一世的命令修建的商队旅馆的基础上翻新而成的。它反映了位于丝绸之路商业繁茂的伊朗的一段珍贵历史，建筑保留了原有的圆形外墙，内部置入一圈环形的木质客房，布置了精美工艺品的大堂和餐厅，成为了极具浪漫气质的沙漠酒店。

图 2-4-46　秘鲁白色古城阿雷基帕的卡萨安迪娜酒店客房部分就是在老建筑上加建
图 2-4-47　秘鲁白色古城阿雷基帕的卡萨安迪娜酒店大堂是在老院子上加了一个屋顶
图 2-4-48　里加老城铂尔曼老建筑部分
图 2-4-49　里加老城铂尔曼新建筑部分

2-4-46

2-4-47

2-4-48

2-4-50

2-4-51

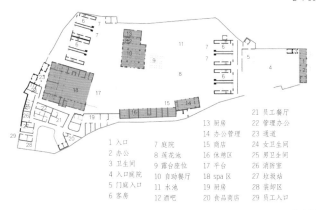

		21 员工餐厅
	13 厨房	22 管理办公
	14 办公管理	23 通道
1 入口	7 庭院	15 商店	24 女卫生间
2 办公	8 莲花池	16 休息区	25 男卫生间
3 卫生间	9 露台座位	17 平台	26 消防室
4 入口庭院	10 自助餐厅	18 spa 区	27 垃圾站
5 门庭入口	11 水池	19 厨房	28 装卸区
6 客房	12 酒吧	20 食品商店	29 员工入口

2-4-52

图 2-4-50 焦特普尔的 RAAS 酒店
图 2-4-51 焦特普尔的 RAAS 酒店接待厅
图 2-4-52 焦特普尔的 RAAS 酒店平面图
图 2-4-53 焦特普尔的 RAAS 酒店织补过程
图 2-4-54 亚兹德 Zein-o-din 酒店餐厅
图 2-4-55 亚兹德 Zein-o-din 酒店木质客房

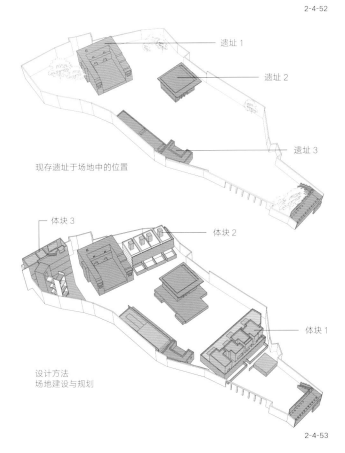

遗址 1

遗址 2

遗址 3

现存遗址于场地中的位置

体块 3

体块 2

体块 1

设计方法
场地建设与规划

2-4-53

2-4-54

2-4-55

3. 聚落式遗产建筑酒店

在风景名胜区将若干旧宅整理并改造为一座精品酒店的模式已有许多成功的案例，多数情况下这些旧宅原本就是周边人文和自然的一部分，已经与环境融为一体，可经过细心地整理，将其打造为更为精致的聚落式精品酒店。这类酒店有两种常见形式：一种是建筑群落自成一个封闭式园区；另一种则是开放式，外人可以自由地穿行。

1）封闭式聚落

酒店将园区与周边隔绝，私密性好、易于管理，比如黑山共和国的安缦斯威提·斯特凡酒店（图 2-4-58），将伸进海中的中世纪古镇圣斯特凡岛整个租下作为酒店，住在酒店里就如同生活在古镇，全方位感受滨海岛城的风情。酒店在唯一一座连接陆地的桥头设置了岗亭，禁止普通游客登岛，使这座高端酒店保持了绝对的安静与私密。而漓江畔的云庐（图 2-4-56、图 2-4-57）将原来的一组民宅改造为精品酒店，建筑外观保持了黄墙、黑瓦、土坯的原始农舍风貌，内部装修则是精致的现代简约风格，整个园区也采用封闭式管理。

图 2-4-56 桂林云庐
图 2-4-57 桂林云庐总图
图 2-4-58 黑山共和国的安缦斯威提·斯特凡酒店

2-4-56

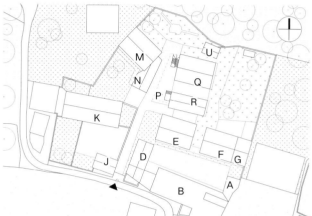

A. 户外酒吧
B. 餐厅
D. 接待
F-N. 客房
P. 多功能室＆露台
Q-R. 客房
U. 布草间

2-4-57

2-4-58

2）开放式聚落

若酒店建筑分布在原生态村落中，可采用开放式或部分开放式，即外人可以自由地穿过酒店园区，这样的酒店不设围墙，与周边的环境有更强的融入感。通常这种做法的初始原因是被动的，即原有村落中的公共道路穿过了酒店所规划的聚落，不能人为阻断。设计上就因势利导，将其作为酒店融入乡村生活的一个特色。比如安缦法云的设计概念为"18世纪的中国村落"（图2-4-59、图2-4-60），是在原有法云村基础上改建的酒店，而村落中间的法云径本来就是一条开放的干道（图2-4-61），你会看见旁边寺庙中的和尚在这里徐徐前行，起早些，你还会有机会和他们一起上早课，体验真正的佛堂生活。去寺院进香的游客也会从村中穿过，但住客并不担心被打扰，每户客房的院落和大门将私密生活与公共街道隔开（图2-4-62），酒店5∶1的员工住客比也使得村落的各个角落都处于安全的管辖之下。住在酒店能全身心地融入乡土文化与生活。

法国蔚蓝海岸的艾泽小镇是一个坐落在山顶的古老村落，这个村落有两座精品酒店，一座是罗莱夏朵旗下的金羊酒店（图4-1-10、图4-1-11），另一座是SLH联盟的艾泽城堡酒店，两个酒店各自收入了一些村中悬崖边可以观海景的老宅，其间穿过的村中小道自然是不能划归于酒店，白天客房的邻居就是街两旁的那些画廊和艺术家工作室，晚上游人下山后店铺关门，幽静的小巷就被酒店独享。酒店对这些分散的客房之间的铺地、铁艺窗花以及绿植花卉做了特别统一的设计，使之与相邻建筑有所区别。为方便客人使用酒店的设施，多数酒店会选择村落中几处比较临近的房屋，但也有分散的案例，比如在普罗旺斯莱博的山脚下的罗莱夏朵旗下的鲍曼尼尔酒店（图2-4-63~图2-4-65），将距离颇远的三处老宅合为一个精品酒店，三者之间隔着田地、道路和其他的宅子，彼此之间需要通过汽车联系。这三处都位于山顶莱博古堡之下的位置，抬头可以仰望古堡，同时也能体验普罗旺斯的乡间美景。

2-4-59

图 2-4-59 杭州安缦法云酒店总图
图 2-4-60 杭州安缦法云酒店鸟瞰
（图片来源：安缦法云酒店提供）
图 2-4-61 杭州安缦法云酒店开放的干道
图 2-4-62 杭州安缦法云酒店的私密区
（图片来源：安缦法云酒店提供）

2-4-60

2-4-61

2-4-62

　　较之集中打造的酒店，相对分散的布局不利于管理，因此这类酒店都只有选址在极具人文及风景资源的地段才可行。像艾泽城堡酒店和金羊酒店，处在一座游客钟爱的山顶古堡村落之中，同时拥有居高临下的地中海壮阔美景，资源得天独厚。而莱博的鲍曼尼尔酒店不仅在分散的各处都能看到山顶的莱博古城，而且本身三处的景观也都各具特色，或镶嵌在奇石中，或坐落在庄园里（图 2-4-63 ～图 2-4-65）。同时开放式聚落酒店要特别注意开放和私密相结合，通过景观及道路的引导设计，客房区域形成私密感的户外空间，使得外人不那么容易从公共区域进入，也有的将公共区开放而在客房区形成几个封闭的院落。

2-4-63（A）

2-4-63（B）

2-4-63（C）

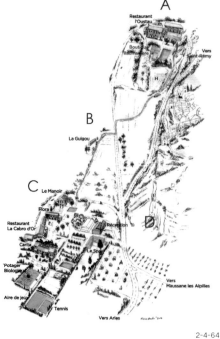

2-4-64

图 2-4-63 罗莱夏朵旗下的鲍曼尼尔酒店分区照片
图 2-4-64 罗莱夏朵旗下的鲍曼尼尔酒店分区图
图 2-4-65 从鲍曼尼尔酒店仰望山顶的莱博古城

2-4-65

遗产的现状、基础设施及交通状况、环境保护与政策法规是酒店选址的首要考虑因素，除了与其他酒店相同的考量因素之外，遗产酒店有自己的侧重点。

1）资源特征

首先要评估所选遗产的历史价值及人文价值，依存于建筑的传说及可挖掘的历史题材、建筑自身的特色与周边的环境特色、建筑的现状质量、可利用性及可改造性、建筑修复的成本及可行性、是否能找到合适的工匠、周边邻居的不利因素等。精品酒店需满足必要的舒适性，应在立项之前仔细评估新增空调、水电管线设施对建筑的破坏和对风貌的影响，以及铺设的难易程度。

古堡古宅受限于原建筑的构造形式，往往室内缺乏开阔的视野，因此要考虑建筑周边是否有足够的场地来营造室外的花园。比如马略卡岛的松奈格兰酒店由一座17世纪的老宅改造而成，在建筑周边设计了大范围的花园及饲养各种小动物的养殖场等。在花园里可以眺望周围的山峦和山下的村庄，丰富了酒店的活动空间（图2-4-66）。

2）基础设施及交通状况

新功能的适应性是关注的重点，历史建筑多有良好的基础设施，但仍需仔细评估原有设施是否能够符合酒店的功能需求。如果是在古城，则要考虑保护规划政策对交通的限定，许多古城的核心部位是步行道，因此要了解城市规划，弄清未来酒店的机动车可达性，若古城酒店机动车不能到达门前，需要步行一段距离，精品酒店应考虑指派专人到落客点接送客人及行李。

3）文物保护

将历史遗产建筑改造为酒店要注意遵循国际公认及当地的文物保护法规。目前在国际上普遍认同的遗产保护原则有：真实性、原始性、整体性、完整性、可读性、可持续性。其中《威尼斯宪章》提出了世界各国公认的修复原则：修复和补缺的部分必须跟原有部分形成整体，保持景观上的和谐一致，有助于恢复而不能降低它的艺术价值、历史价值、科学价值、信息价值。对于此条的理解就是，对于一处历史遗产的保护，不单单只是建筑本体的保护，还要注重其历史信息的发掘，包括原有建筑形制，占地范围以及时代变迁遗留的痕迹，做保护开发的同时要做到历史信息的整体保护，而不仅仅针对单体。最后，还要参照世界遗产委员会制定的《实施世界遗产公约的操作指南》及各地方的文物级别划分及保护要求。

4）设计原则

文化遗产建筑改造要始终将建筑的历史文化价值的突显及弘扬放在首位。

在整体遗产酒店中，以利用既有建筑为主，改造时的工作重点是设施配置、室内装饰和园林景观。建筑师的重点是在现有建筑中梳理好酒店的空间序列和流线路径。室内装饰和园林景观对提升老旧建筑的品质感十分重要，室内设计要保留并突出原有建筑的装饰及特征。重点在配饰上，要注意利用各种空间创造休闲感（详第五章第三节）。景观设计要着重营造建筑外围的花园，让客人的活动范围突破老建筑的制约，充分享受自然美景。

而局部遗产酒店则仍是以建筑规划设计为重点，并注重在新旧的对比与协调中，赋予建筑强烈的视觉冲击，设计的难度与对设计师的要求较之其他类型酒店更高。

图2-4-66 马略卡岛松奈格兰酒店

2-4-66

图 2-5-0 北京安缦颐和酒店
（图片来源：安缦颐和酒店提供）

HISTORIC LANDSCAPE HOTEL

历史遗产景观酒店

以文化遗产作为景观
置身于文化遗产之中
规划选址与技术要素

与古迹及文化遗产相邻是精品酒店的热门选址，和海景、山景等自然景观酒店一样，观赏这里的文化遗产是游客来此的目的。因此酒店与遗迹的关系是这类酒店选址需要重点考量的因素，力求坐在酒店的大堂或客房里就能观赏到古迹，或者酒店本身就置身于文化遗产当中。因此历史遗产景观酒店的选址尤为重要，如透过阿尔巴尼亚穆扎卡精品民宿的窗户可看到河对面世界文化遗产的千窗之城，形成"我窗看千窗"的奇妙画面（图2-5-1）。

图 2-5-1 阿尔巴尼亚穆扎卡精品民宿外的千窗之城

2-5-1

1. 以文化遗产作为景观

在酒店内就能观赏到文化遗产，是酒店得天独厚的资源，享有这样资源的酒店必须在设计上突出其优势。和山景酒店一样，酒店观赏遗产的视点也有仰视、俯视和平视之分，也是以相同的原理依据视线来组织酒店的规划。

与古迹平视的酒店占绝大多数，经典的案例有阿格拉的欧贝罗伊阿玛维拉（图 2-5-2、图 2-5-3），每个厅堂每扇窗都对着泰姬陵，坐在酒店静静地欣赏这古代七大奇迹之一，是人生不可多得的体验。酒店也因此在国际上各种媒体的排名中名列前茅。印度著名的世界文化遗产克久拉霍群庙旁的拉利特寺景酒店，也是以能望到寺庙为亮点的精品酒店。西藏拉萨的瑞吉酒店之于布达拉宫的关系是平视，酒店位于拉萨城边缘的一处高地，视线穿过老城区的一片屋顶，与坐落在山上的布达拉宫遥相对应，大堂的中心就正对着宏伟的布达拉宫（图 4-2-33）。在香格里拉的松赞林卡酒店则是位于松赞林寺的身后，游人黄昏归来，坐在酒店的任何角落都能近距离地观赏到夕阳映照下的金色寺庙。

而前面提到的焦特普尔的 RAAS 酒店（图 2-5-4）不仅是一座历史遗迹，也是一座遗产景观酒店，酒店置于雄伟的梅兰加堡之下，在庭院或客房里抬头就可以仰望城堡壮观的景色，是一座仰视遗产景观的酒店，其规划设计也是以这个视点为核心来组织空间的序列。上一节中提到的几个开放式聚落形成的遗产酒店，莱博鲍曼尼尔酒店的三个部分均是抬头就能望到旁边山顶的古城，不论是坐在酒店的庭院中，还是行走于田野乡间，始终与山顶延绵的古城相伴，也可以说正是有这样的文化遗产作为参照，才使得这三个相距较远的聚落能够作为一个整体精品酒店来经营。

俯视的情况多是观赏和眺望历史文化古城，和前面提到的坐山观城的酒店类型一样，只不过这里的城是著名的文化古迹，因此其设计的要点和准则更为严格，比如黑山布德瓦的阿文拉度假别墅（图 2-5-5），在紧邻世界文化遗产布德瓦的山坡上依山而建，俯瞰着山下鳞次栉比的屋顶、高耸的教堂钟塔和美丽的港湾，能全方位地欣赏文化遗产古城。一处无边泳池将酒店与古城组成一幅经典的画面，如果这样的交融与互动能够在设计上挖掘得更多，无疑将进一步提升酒店的价值。同山上酒店的设计原理一样，在古迹旁边的山上修建酒店对古迹的视觉影响非常大，因此建筑的形体一般要与四周融为一体，尽量消隐在环境中。

图 2-5-2　阿格拉的欧贝罗伊阿玛维拉总图
图 2-5-3　阿格拉的欧贝罗伊阿玛维拉酒店
图 2-5-4　焦特普尔的 RAAS 酒店
图 2-5-5　黑山布德瓦的阿文拉度假别墅

2-5-4

五、历史遗产景观酒店

2-5-2

2-5-3

2-5-5

2. 置身于文化遗产之中

有些酒店本身就是文化遗产的一部分，周围是珍贵的历史遗迹，但与遗产酒店的区别在于其本身不是有价值的历史建筑或为新建筑。比如紧邻著名颐和园的安缦颐和（图2-5-0、图2-5-6），这组建筑的前身是夏宫外太监等候进宫的场所，经改造成精品酒店后，其建筑与园林的风格与颐和园一致，如同这座皇家园林的一部分，避开早晚游人高峰从酒店的后门进入颐和园能真正享受到"老佛爷的安宁"。许多处在古城之中或古城附近的新建精品酒店也都属于这一类，古城本身是文化遗产，而置身其中可全方位地体验古城的人文与风情，但建

筑所在地段并非是历史建筑的集中地。比如大理古城内的三家酒店：既下山、深藏、吾乡寻幽-隐奢，都位于古城之中的非核心街巷，改造前的院落也并非传统民居，因此可以不受严格的旧城风貌保护约束，所以三者皆以非传统民居的建筑形式呈现。其中既下山使用极简的建筑语汇与独特的材料（图2-5-7、图2-5-8）；深藏则是采用现代建筑语汇与白族的建筑色彩；而吾乡寻幽隐奢精品酒店（图2-5-9）则是采用混搭风格，将民国风与当地传统民居的风格混合。但三者均采用院落式布局，都极其到位地诠释了古城的神韵与气质，同时传达出精品酒

店的精致、迷人。

古城中的精品酒店大多依据原有的老建筑改造。这些建筑虽然不是挂牌的历史文物建筑，但酒店改造时仍尊重并延续了它们的风貌格局，不仅与古城相协调，也为酒店保留了宝贵的历史价值。如老挝的佛教之都琅勃拉邦的安缦塔卡（图2-4-27）和阿瓦尼臻选酒店（图2-5-10），一个改建自18世纪的医院，一个改建自法国官员的旧官邸。两座酒店皆采用内院式布局，室内设计符合当代审美，出了大门则立即融入到传统而淳朴的市井生活中。有些酒店建在非历史街区核心地段，建筑设计有更大的自由度。

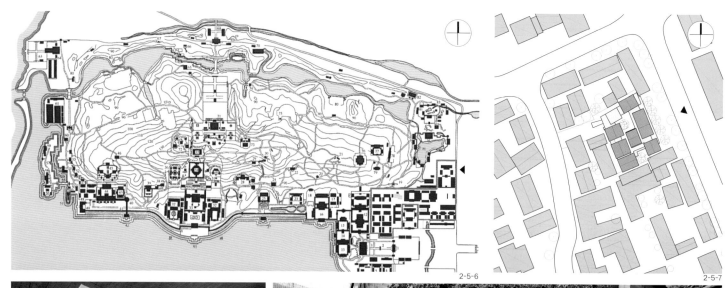

2-5-6

2-5-7

2-5-8

2-5-9

由于此类酒店的核心价值在于观景，所以与水景、山景酒店的选址及规划考虑基本相同，以下仅强调其特殊性。

1）资源特征

不同于山景、水景的宏大展开面，遗产景观多数是一个点，因此这个点的大小、高度以及从基地观看这个点的范围、角度、视域都是应当考虑的关键因素，同时要特别注意基地内是否有可挖掘的历史文化内涵，寻找其与文化遗产之间的渊源与历史印记，这往往是提升酒店价值和奢华感的点睛之笔。同时还要考察当地的非物质文化遗产，这也是未来提升酒店文化品味及情感因素的素材。基础设施和交通方面的调研参照以上几种类型的酒店。

2）当地的建筑法规

了解当地的规划对文化遗产保护的规定，比如建筑的高度、视线通廊、天际线等。如果置身于文化遗产之中则会对建筑的风格、体量、形式有更多的要求。

突出遗产景观的主体地位，一切以遗产景观为核心来组织酒店的流线与布局是该类型酒店规划设计的出发点。

图 2-5-6 北京安缦颐和酒店与颐和园平面关系
图 2-5-7 大理古城中的既下山总图
图 2-5-8 大理既下山（图片来源：雷坛坛提供）
图 2-5-9 大理吾乡寻幽 - 隐奢
图 2-5-10 老挝琅勃拉邦的阿瓦尼臻选酒店

2-5-10

图 2-6-0 布宜诺斯艾利斯柏悦酒店
（图片来源：布宜诺斯艾利斯柏悦酒店提供）

CITY RESORT HOTEL

城市度假酒店

位于城市中心

位于城市特色地段

位于城市边缘

规划选址与技术要素

城市度假酒店的概念比较宽泛。有些城市比如滨水城市、历史文化名城本身就有旅游度假区，其中享有风景和文化资源的酒店要遵循第二章中相关类型的设计原则。本节主要讨论位于区域中心城市的度假酒店。休闲度假不限于远离都市的大自然，许多大城市也是人们休闲度假的目的地或作为周边游的集中地和中转地。因此针对这一人群设计的城市度假酒店应明显区别于商务酒店。由于地价高昂，城市度假酒店用地都比较紧张，因此在设计上要挣脱地理环境的制约，塑造能暂时隔离都市喧嚣的场所，通过对建筑、环境的精心设计，营造出大隐于市的休闲度假氛围，让客人享受身心放松的美妙体验。城市度假酒店在位置上多见于繁华的老城中心区域，其周边会有很多历史街区

及地标，是度假人群乐意落脚的地段。此外城市边缘或新区也是一种选择，这里有相对舒展及优美的环境，更易于打造休闲度假的氛围。

在大城市的奢华酒店中商务人群和休闲度假人群兼有，酒店的设施也会兼顾，比如文华东方、半岛酒店等这样的闻名于世的品牌都位于城市中的重要位置，它们往往历史悠久，与城市一起成长，经历了历史风云和岁月的浸润，有着丰厚的文化积淀，成为城市的文化客厅及地标。比如上海外滩的和平饭店和华尔道夫酒店、布宜诺斯艾利斯柏悦酒店（图 2-6-0）、巴瑟罗布尔诺宫殿酒店（图 2-6-1）、孟买的泰姬宫酒店等（图 2-4-24），这些酒店往往成为旅行者的首选，成为他们探索城市精华的窗口。本节主要介绍大城市新建的精品酒店。

2-6-1

图 2-6-1　捷克巴瑟罗布尔诺宫殿酒店

1. 位于城市中心

历史悠久的中心区是城市的会客厅，这里酒店云集，一些老酒店经过重新装修成为精品酒店，比如乌克兰利沃夫豪华温泉大酒店、捷克巴瑟罗布尔诺宫殿酒店（图2-6-1）都是老城中心最高档的酒店。它们翻修时保留了老建筑的外立面及风格，在装修中融入了时尚元素，使之老而不旧，历经岁月却仍是城市最具代表性的尊贵之所，但随着旅游的发展，市中心也需要一些新建的度假酒店。

鉴于市中心局促的用地，因此要取得小中见大、曲径通幽的效果，就要以螺蛳壳里做道场的精神来营造酒店的空间。较成功的案例有上海的璞丽酒店（图2-6-3~图2-6-6），地处上海繁华的静安寺一带，既能俯瞰静安寺公园，也与周围繁华的商业紧密相连。酒店的理念是打造"都市桃源"，通过迂回曲折的进入路径和低调隐秘的空间布局营造出静谧优雅的环境氛围。而暹粒城中的柏悦酒店周边是熙攘的商业街，使用高贵典雅的新高棉风造型和闹中取静的一系列内部庭院营造出一个闹市中的贵族世家（图2-6-2）。城市度假酒店与城市商务酒店的区别在上述两个案例中得到了很好的诠释，即低调的入口、强调进入路径的纵深、内外有别的庭院空间，再加上富有文化气息的室内装饰，一座闹世中的世外桃源就此浮现。我们在空间序列一章中将进一步阐述具体的设计手法。

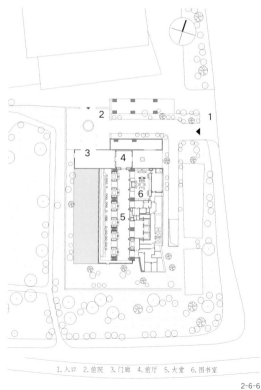

1.入口 2.前院 3.门廊 4.前厅 5.大堂 6.图书室

2-6-6

2-6-2

2-6-3

2-6-4

2-6-5

2. 位于城市特色地段

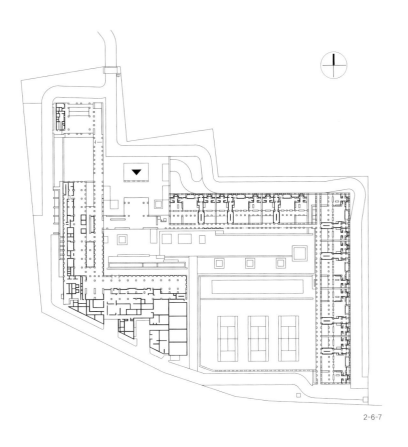

2-6-7

除了旧城，城市中也有许多其他有特色的区域适合建精品酒店，比如周边环境较好的新区，临近城市绿化带、文化设施或高端住宅区。新区的规划比较有秩序、建筑的品质较高，环境虽然不像老区那样喧嚣，但许多处于这样位置的精品酒店仍然会强调隐秘感。比如洛迪酒店（原安缦新德里）（图2-6-7、图2-6-8），就在酒店的入口门廊处设计了多层次的空间，使得内外有别。班加罗尔丽思卡尔顿也将大堂入口退到远离街道的位置，这一逐步过渡的空间序列增强了建筑的层次感和高贵感，突显精品度假酒店的品质。

此外城市中的老工业厂区改造成文创街区后，也会吸引小众精品酒店入驻。比如北京石景山首钢厂区旧址内由工业建筑改造的"仓阁"、昆明橡胶厂改造的彩云里商业街区中的凯世精品酒店（图2-6-9），都是利用工业遗产改建的时尚精品酒店。

图 2-6-2 暹粒柏悦酒店内外有别的庭院空间
（图片来源：暹粒柏悦酒店提供）
图 2-6-3 上海璞丽酒店外观
图 2-6-4 上海璞丽酒店入口
图 2-6-5 上海璞丽酒店落客处

图 2-6-6 上海璞丽酒店平面图
图 2-6-7 洛迪酒店（原安缦新德里）首层平面图
图 2-6-8 洛迪酒店（原安缦新德里）室内光影空间
图 2-6-9 昆明彩云里凯世精品酒店

2-6-8

2-6-9

3. 位于城市边缘

　　这样的酒店用地更加宽松，可以像风景区的酒店那样大规模地营造酒店的外部空间环境。比如拉萨瑞吉酒店（图2-6-10~图2-6-11）、柬埔寨暹粒贝尔蒙德吴哥宅邸（图2-6-12）都离闹市有一定距离，宽松的环境为酒店营造丰富的内部空间序列和景观提供了条件，可以和那些风景区的大型度假村相媲美，是一种比较容易打造精品度假酒店氛围的选址。

2-6-10(a)

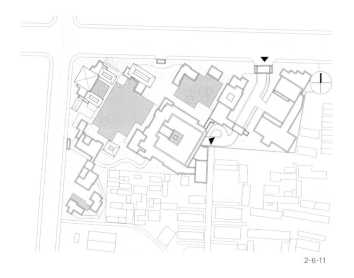

2-6-11

2-6-12

4. 规划选址与技术要素

2-6-10 (b)

2-6-13

城市中的酒店与其他建筑相邻，受城市规划管理的法规约束，因此规划设计原理基本与其他建筑类型相同，对地形、交通、入口、高度与相邻建筑的关系都要尊崇一般建筑的设计原则并结合酒店的功能予以考虑。

不论酒店在城市中的什么位置，挖掘并彰显地域文化与风情，营造酒店的人文或艺术气质，是建立精品酒店休闲度假氛围与奢华感的必经之路。比如柬埔寨暹粒柏悦酒店的新高棉浪漫（图2-6-13）、璞丽酒店的南宋雅韵（图2-6-14）、洛迪酒店（原安缦新德里）的伊斯兰光影、拉萨瑞吉的藏式风情，都能让置身其中的人感受到浓浓的地域风情。

图2-6-10 拉萨瑞吉酒店外部空间环境
图2-6-11 拉萨瑞吉酒店总图
图2-6-12 柬埔寨暹粒贝尔蒙德吴哥宅邸
图2-6-13 柬埔寨暹粒柏悦酒店入口空间
图2-6-14 上海璞丽酒店的南宋雅韵

2-6-14

图 2-7-0 巴厘岛布绿色村庄酒店

THEME HOTEL

七

主题特色酒店

历史主题
文化主题
生态及环保主题
设计主题
运动主题

在设计之初就确立主题，围绕这个主题做出独特的个性化设计，并植入与这一主题相关的文化、服务及体验的酒店统称为主题酒店，主题可以取自历史、文化、电影、艺术等，也可以依据人群来分类，如儿童主题、运动主题等。这种酒店可以不完全依赖外部已有的景观资源，而是以自身开发的资源和特色为依托，其本身就是一处休闲度假的场所。这样的主题酒店需要业主和设计师独到的眼光。否则容易跌入自我臆想的陷阱，我们见到过很多奇奇怪怪的主题酒店，特别是新兴国家，这种业主和设计师主观的怪诞想法往往和光顾精品酒店客人的审美趣味脱节，开业几年后惨淡收场，或只能吸引人们前来短暂地猎奇而不能作为度假的栖息之地，比如我们在斯里兰卡康提看到的Helgas Folly酒店，如同电影《远大前程》中那位被遗弃的古怪老小姐的家一样光怪陆离，可以算作是主题酒店中的极端案例。

许多主题酒店也会和前面提到的其他类型的酒店相互交叉，既占有独特的景观资源，又有自己开发的主题特色，对比相邻的酒店有更大的竞争力。本节将介绍几种最常见的主题类型。

图 2-7-1　南非太阳城度假区迷失城宫殿酒店

2-7-1

1. 历史主题

此类酒店中最为常见，其中比较有挑战性的是那些传说的历史主题，比如著名南非太阳城度假区中的迷失城宫殿酒店（图2-7-1），酒店建在一个大型的主题公园之内。根据历史传说，这里曾有一个古老的文明和一支强盛的部族，主题公园再现了这个失落的文明，而其中的宫殿酒店则是这个景区的明珠，设计师从当地的植物、动物元素中提炼了一套独特的建筑语汇，再现了遥远而辉煌的文明和一座令人惊叹且极具特色的古代宫殿。这个酒店的成功主要归功于建筑设计，那一整套闻所未闻、见所未见的建筑设计语言为游人带来的视觉冲击力不亚于任何古代世界的奇迹。这座建筑可谓空前绝后，而同样以消失的文明为主题的迪拜的亚特兰蒂斯酒店在设计的功力上与其有巨大的差距。

相比根据传说推断的历史主题，以可考的历史为主题打造酒店相对容易，因为有可参考的历史建筑，酒店在设计上也容易控制，但也少了些神秘与玄幻的色彩，需要以精深的设计功力让酒店的建筑和环境富有戏剧性和趣味性。比如印度欧贝罗伊拉杰维拉酒店（图2-7-3、图2-7-4）坐落在拉贾斯坦的"粉色之城"斋浦尔。这里曾是王公贵族的聚集地，虽然王族早已没落，但酒店重塑了曾经的王公贵族们的奢华生活。酒店以波斯和印度的混合风格设计再现了昔日皇家园林的风采，庄园占地面积共32英亩，公共区复原了一座带有护城河的拉贾斯坦城堡，后面的客房分组布置在花园中，园内奇花异草、亭台楼阁，孔雀在屋顶上飞来飞去，恍如仙境。类似这样历史主题的酒店还有很多，比如印度乌代浦尔的欧贝罗伊乌代维拉（图2-7-2、图2-7-5）、阿布扎比安纳塔拉凯瑟尔艾尔萨拉沙漠度假酒店都在演绎古代的宫殿，源于传统但胜于传统，具有更加丰富和舒适的空间及天堂般的度假环境。也有局部复活古代的历史建筑的案例，比如西双版纳洲际酒店就在入口处复原了一座华丽的傣族宫殿作为酒店的大堂，据说这里是历史上的傣王宫旧址。

历史主题酒店除了要把握好一般酒店的规划设计原则以外，要特别重视建筑设计，要求设计师在建筑的造型、空间及细部上精准把握。因此甄选那些有深厚功力、热爱传统建筑并善于设计商业建筑的团队，设计的历史感、趣味性与舒适性并重。一个拙劣的赝品或一个乏味的古董都是与酒店美学格格不入的。

2-7-4

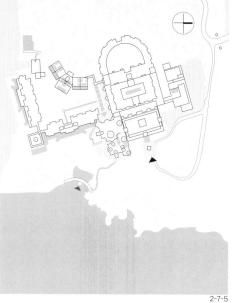

2-7-5

2-7-2

2-7-3

文化主题精品度假酒店往往有特定的客户群体，他们对修身养性的追求普遍较高，因此许多精品酒店以此为主题赋予自身鲜明的特色。

坐落在佛教圣地无锡梵宫一侧的灵山精舍是以禅修为主题的酒店（图2-7-6），建筑内设置的讲经、静修、冥想、抄经空间设施莫不是围绕着这个主题，古朴雅致的建筑装修也莫不体现着宁静祥和的禅意，为人们提供了一个修心养性的精舍。来此下榻的大多是佛教徒以及来此研习禅修的客人。类似的以修行为主题的酒店多见于传统的宗教修行地，比如我们可以在喜马拉雅山区的瑞诗凯施看到许多以瑜伽及灵修为主题的酒店。

南印度的坦贾武尔思维特马酒店（图2-7-7）是一座以素食闻名的酒店，它由一处百年前的精英家庭住宅修复改造而来，以古老精美的宅院为载体，酒店展示了泰米尔纳德邦古老而丰富的艺术魅力，提供烹饪、青铜铸造、吠陀诵读、传统乐器演奏、舞蹈、建筑遗迹参观、织造、绘画与宝石镶嵌八种文化体验，同时，酒店提供的有机素食盛宴也为住客带来惊喜，餐厅入席后，厨师会推来一个小车，展示全素的烹饪食材。

中国台湾南园人文客栈（图2-7-8）坐落在新竹一个远离尘嚣的山坳里，原为联合报创始人的隐居之地，是一座江南园林布局结合闽南建筑风格的大型园林，被以专注新东方美学而闻名的The One公司接手后打造成了一座以人文禅为主题的酒店。在这里游园、赏艺、品食，每一个环节及产品的设计莫不体现了"五感六觉"的精致体验。这个美轮美奂充满诗情画意的园林酒店本身就是一处休闲度假的目的地。

廊坊的新绎七修酒店，将德、食、攻、书、香、乐、花七种养生方式融入酒店的饮食起居、休闲娱乐中，结合课程在酒店设立了七修体验室，倡导健康的生活方式，学习传统文化。酒店规模较大，虽然算不上精品酒店，但也是一个典型的文化主题酒店。

除此之外也有大众文化的主题酒店，比如硬石酒店以青年摇滚为主题，但多不属于精品酒店。

从上述案例可以看出，文化主题是提高酒店品味、吸引高端人群的重要选项，但打造一个文化主题需要有资深的顾问团。比如廊坊的

新绎七修酒店对传统文化的挖掘整理和运用实际上有一个功底深厚的团队在支撑。而南园人文客栈的经营也是以The One这一弘扬新东方美学的文化艺术公司为依托。

图2-7-2 印度欧贝罗伊乌代维拉度假酒店
图2-7-3 印度欧贝伊拉杰维拉度假酒店局部
图2-7-4 印度欧贝罗伊拉杰维拉度假酒店
图2-7-5 印度欧贝罗伊乌代维拉度假酒店总图
图2-7-6 无锡灵山精舍酒店
图2-7-7 南印度的坦贾武尔思维特马酒店
图2-7-8 中国台湾南园人文客栈

2-7-6

2-7-7

2-7-8

3. 生态及环保主题

环保、生态、绿色、低碳是世界性和世纪性的时尚,日益成为大多数人的生活态度,因此许多精品酒店以此作为酒店的特色。比如著名的六善酒店管理集团旗下的酒店都以环保为特色,所选用的建筑材料和配饰从取材到加工都秉承绿色可持续的环保理念。而有些酒店更以此为主题,比如斯里兰卡的雨林生态酒店、印度佩瑞亚自然保护区的香料度假村,这类酒店多处在动植物丰富的自然保护区,以生态环保为主题,强调对环境的保护,与来自然保护区度假客人的心理需求十分吻合。

香料度假村将生态学理念无微不至地贯彻到建筑、景观,甚至居住功能的各个方面(图2-7-9、图2-7-10)。整个园区犹如部落村庄一般,建筑覆盖在厚厚的大象草屋盖之下(这种草来源于园区内部),低矮的檐廊、清凉的石板地面和天然的木质材料构成了质朴的居住空间,无需空调亦能感觉舒适清凉。酒店组织住客在专人的带领下认识了解园区内遍布的植物与作物,如同阅读一部活的自然科普读物。酒店通过传统的方式再生纸张、净化饮用水、利用太阳能和植物热能发电。同时,整个香料度假村是个无化学区,利用从森林植物中提取的油和树脂驱赶蚊虫;灭蚊也采用物理方法;利用有机肥料养育作物。在这里,夜晚寂静、星河烂漫,空气中弥散着淡淡的花香,让人真正体会到自然的本质。

中国甘南的诺尔丹营地也是一座突出环保理念的酒店(图2-7-11~图2-7-13),酒店每年只开放五个月,之后会将帐篷客房移走,恢复草原的自然生态。为了减少对草原环境的影响,酒店内的固定木屋和轻型建筑皆架在废旧的轮胎之上,保护了地表的自然生态系统。所有厕所皆为旱厕,如厕完用土覆盖粪便,客房内只提供水缸取水,污水节流,公厕使用挥发性洗手液,尽可能地节约水资源避免污水对草原的污染。即使这样,这座价格远高于城里五星级酒店的野奢精品酒店仍然一房难求。

生态酒店大多建在自然保护区中,其宗旨与保护区的理念相同,且契合喜欢自然保护区客人的心理追求。这类酒店的设计要对环保措施做仔细的评估,从建筑、家具到园艺全方位地体现环保理念。应注意要让客人看得见摸得着,在生活居住的一点一滴中践行环保的理念。比如印度香料度假村在客人办理入住后,会拿到一个用旧报纸制作的纸袋,里面是房卡和酒店的资料简介,给我们留下了深刻的第一印象。环保主题酒店要规划出可供客人参观的路线来展示酒店的环保设施,花园中的植物需精心选配,作为讲解的一项内容。最后要特别注意对舒适性和优质服务的严格要求,绝不能给客人留下环保等同于简陋的印象。在这方面,六善酒店就非常专业,那些原始的材料经过认真地设计和巧妙的运用让人感受到别致与高端,生活在这样的环境中能得到一种心灵的享受(图5-6-19)。

图2-7-9　印度香料度假村园区
图2-7-10　印度香料度假村环保理念服务设施
图2-7-11　诺尔丹营地酒店的轻型木屋建筑
图2-7-12　诺尔丹营地酒店总图
图2-7-13　诺尔丹营地酒店的草原帐篷客房

2-7-9

2-7-11

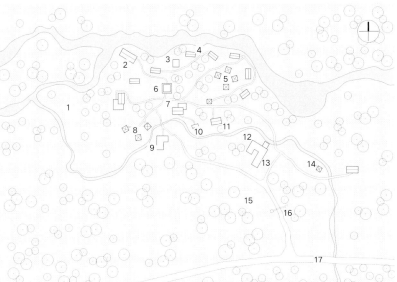

2-7-12

1.射箭 2.禅修 3.淋浴 4.教堂 5.帐篷 6.篝火 7.阅读 8.西餐 9.厨房 10.卫生间
11.酒吧 12.精品店 13.服务台 14.保安 15.骑马 16.营地入口 17.徒步

2-7-10

2-7-13

4. 设计主题

在国际上，设计酒店是一种专门的酒店类别，也可以算作精品酒店的范畴，设计酒店是指在酒店的建筑设计、室内装修以及配饰上采用独创的设计手法和理念使酒店区别于寻常酒店的风格，我们从中能看到比较个性化的设计手法或比较新锐前卫的设计构思。它的应用范围很广，上文提及的多种酒店类型都可以做成设计酒店。它们以非常独特和强烈的设计语言赋予酒店独树一帜的特色，并以此来吸引客人到访酒店，这种酒店多位于城市。马德里美洲门酒店是国际上知名的设计酒店，由9位世界知名的建筑设计大师联袂打造，每人负责一个楼层，独特而新颖的构思使这座酒店成为设计酒店的代表。在中国近年比较知名的设计酒店有阳朔的阿丽拉糖舍酒店，以独特而富有个性的设计语言和构思脱颖而出，并迅速成为网红，吸引了大批追求时尚的客户前往打卡（图2-7-21）。

常见的设计酒店分为两类，一种主要体现在室内设计上，常见于欧洲的老城中。另一种从内到外都是比较前卫的设计，常见于新城或郊外。比如克罗地亚罗维尼海岸的罗恩酒店，流线型的造型和精致的现代设计语言在其建造的20世纪80年代是非常前卫的，室内配以先进的、科技感的设备，使其整体焕发出现代时尚的魅力（图4-4-37、图4-4-38）。北欧最大的设计酒店丹麦万豪哥本哈根贝拉天空AC酒店（图2-7-14~图2-7-17），两座倾斜的客房楼成V字形组合在一起，独特而新奇。

夸张的建筑造型曾在中国非常流行，出现了如北京雁栖湖畔的凯宾斯基日出东方酒店、湖州的喜来登等奇异的形式，吸引眼球的同时在商业上获得了巨大的成功。但采用这种注重形式感的设计需非常慎重，稍有偏差就会成为恶俗的代表。

设计酒店需要业主和设计师的高瞻远瞩，有太多标榜设计的酒店无人问津，甚至不乏设计大师的作品。有些设计师会陷于理念与技巧的表达，呈现出来的建筑并不能与酒店美学相吻合，也与高端客户的审美趣味相差甚远。有些以形式感为主题的设计往往哗众取宠，迎合猎奇与低俗的趣味，我们回看十多年前的这类建筑，待新奇感消失之后许多就沦为了鸡肋，因此这类设计酒店在高端或精品酒店中比较少见。相比这类以博眼球为出发点的设计，更多的设计酒店还是在城市总体风貌的控制之下，提倡含蓄、内敛、稳妥地处理与周边环境的关系，但在建筑材料及语言的运用上体现时尚而富有个性的设计感，比如新德里洛迪酒店（图2-7-18）、成都的博舍酒店（图2-7-19）。

相比之下取自自然的设计主题往往会有很强的生命力，比如位于阿漾河边的巴厘岛绿色度假村（图2-7-20），由12栋竹屋组成，竹屋既有独特的设计，又融入了在地文化，可持续理念从建筑材料、构造、室内设计到家具设计贯彻始终，整个绿色村庄如同从林间生长起来，和谐却又新颖，自然性与设计感在酒店的各个角落碰撞。

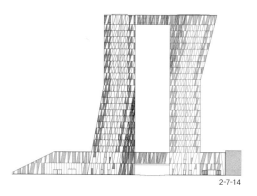

2-7-14

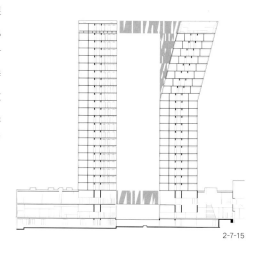

2-7-15

图 2-7-14 丹麦万豪哥本哈根贝拉天空 AC 酒店立面图
图 2-7-15 丹麦万豪哥本哈根贝拉天空 AC 酒店剖面图
图 2-7-16 丹麦万豪哥本哈根贝拉天空 AC 酒店平面图
图 2-7-17 丹麦万豪哥本哈根贝拉天空 AC 酒店
图 2-7-18 印度洛迪酒店
图 2-7-19 成都博舍酒店
图 2-7-20 巴厘岛绿色度假村客房内景
图 2-7-21 阳朔阿丽拉糖舍酒店

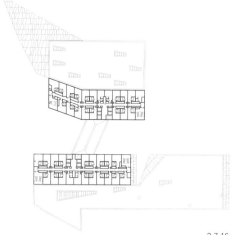

2-7-16

2-7-17

2-7-18

2-7-19

2-7-21

2-7-20

5. 运动主题

目前最常见的运动主题酒店是高尔夫主题，由于高尔夫球场服务的客户群与精品酒店十分契合，这类酒店一般会深入球场内部，被高尔夫球场的美丽景观环绕。大型的酒店则设在球场的一边，既能眺望球场也方便酒店的单独运营，比如南非的奥巴艾高尔夫和SPA度假村（图2-7-22、图2-7-23），是一个配套设施齐全的酒店，包括一百多间客房、数家餐厅和数条步行街。酒店周围是一个18洞的高尔夫球场，球道一直连绵到周边的山峦和大海，景色十分迷人。此外，南非太阳城度假区的迷失城宫殿酒店（图2-7-24）也紧邻主题公园内的高尔夫球场，站在屋顶的露台可以一览丛林中的高尔夫球场。德国法兰克福克伦贝格城堡酒店（图2-7-25）周边也环绕着森林中的18洞高尔夫球场，不过这样的酒店只是拥有高尔夫这一运动设施，酒店的规划设计也相对独立。真正的高尔夫酒店是与高尔夫球场统一规划设计的（图2-7-26、图2-7-27），其要求更为严格，本书就不展开介绍了。

2-7-23

2-7-24

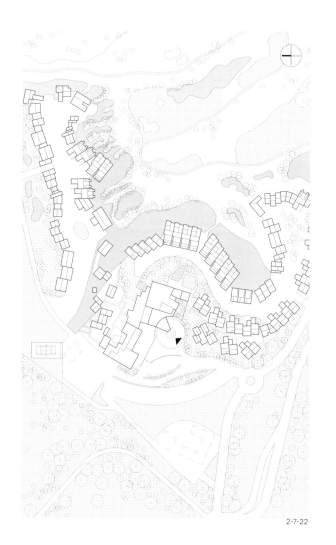

2-7-22

七、主题特色酒店

从上面几种类型的主题酒店可以看出精品酒店可以是一个比较宽泛的概念，精品酒店提倡在设计上赋予酒店一个主题立意，并围绕它展开酒店的氛围营造，这样才能打造一个独特的、无可替代的度假天堂。我们前面提到的几座同在阿联酋沙漠中的高端酒店就各自确立了自身的主题定位，呈现出决然不同的气质和风韵：安纳塔拉凯瑟尔艾尔萨拉沙漠度假酒店恢弘的沙漠宫殿、巴卜阿尔沙姆斯度假酒店幽静的沙漠村落，以及阿玛哈豪华精选沙漠水疗度假村浪漫的大漠绿洲，都令人久久难以忘怀。它们各自散发的独特魅力是吸引客人不断探访的原因。

2-7-25

2-7-26

2-7-27

图 2-7-22 南非奥巴艾高尔夫和 SPA 度假村总图
图 2-7-23 南非奥巴艾高尔夫和 SPA 度假村实景
图 2-7-24 南非太阳城度假区迷失城宫殿酒店
图 2-7-25 德国克伦贝格城堡酒店
图 2-7-26 立鼎世成员多米尼加卡萨迪坎普酒店
图 2-7-27 立鼎世成员南非凡考特度假酒店

图 2-8-0 腾冲和顺柏联酒店的中心为一个完整的温泉区

　　酒店利用现有的环境或以自身开发的资源为特色，比如温泉、种植园（葡萄酒庄、茶园、咖啡园等）、自然保护区等。并以此来吸引游客专程来此，一般这种酒店也有绝佳的景观，它们更加强调的是在自然中的体验。

CHARACTERISTIC RESOURCES HOTEL

特色资源酒店

温泉水疗酒店

种植园酒店

自然保护区酒店

避世酒店

泡温泉与水疗是在休闲度假中用来放松与
调养身心的重要活动。许多著名的精品度假酒
店品牌都以水疗 SPA 作为特色，并形成了自己
的品牌，比如悦榕庄、安纳塔拉、六善等酒店
的水疗都有很好的口碑。有些酒店的名字中就
有 SPA 一词，并极力突出这一特色。以温泉为
主打的精品酒店的规划布局往往以温泉为中心，
也有一些会附带一个大规模的温泉水疗馆。

图 2-8-1 腾冲和顺柏联酒店总图

2-8-1

1. 温泉水疗酒店

1）以温泉为中心

如果酒店温泉资源卓越，往往会将温泉作为酒店的中心，其他空间都变成了温泉的附属。比如腾冲和顺柏联酒店的大堂和公共温泉的大堂合二为一，甚至酒店的四季厅位置就是室内温泉（图2-8-0），由这里再通往室外温泉泡池区和客房区，彰显了优质温泉的主体地位，这样的布局对以泡温泉为主要目的的客户群具有强烈的吸引力，但如果处理不当会使住在酒店的客人失去尊贵感及私密性（图2-8-1）。

瑞士7132酒店依托卒姆托设计的瓦尔斯温泉浴场（图2-8-2、图2-8-3），坐落在瑞士中部风景优美的山区小镇。这座由瑞士本土建筑师卒姆托设计的温泉浴场享誉世界，汇聚了世界各地慕名而来的观光客，后来加建的客房部分还邀请了除卒姆托以外的其他三位国际顶级建筑大师共同完成（汤姆梅恩、安藤忠雄、隈研吾）。这座酒店也当仁不让地将温泉置于主体地位。但由于温泉建筑太过出名，每年都会吸引大量专业人士慕名而来，酒店客房只是作为它的陪衬。

有些大型的温泉酒店将常规的中心泳池花园区用温泉花园来替代，并赋予客房浴室更多的温泉特色。比如峨眉山安纳塔拉温泉度假村（图2-8-4），将客房楼环抱的中心花园区域做成了户外温泉花园，规划设计与普通酒店差异不大。

2）与酒店相互独立

大型温泉酒店多采用此类方式布局，二者既相连又分离，两种客人彼此互不干扰。比如腾冲的悦椿温泉酒店占地广阔，酒店部分和温泉部分有各自独立的区域，但过于独立的布局也使客房部分不能与温泉互动，客房区域缺少了温泉酒店的味道。中小型的酒店也有很多采取这种分开布局的方式，奥地利阿尔卑斯山中的辛格运动水疗酒店将温泉水疗部分和主体部分分别置于道路的两侧。酒店主体是一个阿尔卑斯山区典型的大型木屋，里面有客房、大堂、餐厅和酒吧。而通往道路对面的SPA区则需经过一条地下封闭走廊，SPA区是一栋三层的小楼，地下是热水泡池、桑拿蒸汽浴室，正对着有人工瀑布的下沉庭院的休息室。二层三层则是按摩护理区，一层是瑜伽室、静修室、简餐

吧及一个八角形的室内温水泳池，它与户外泳池之间有一道玻璃门隔开，游到这里玻璃门会自动打开，可以看到外面风景如画，令人惊叹人间竟有这样的仙境（图5-5-30）。

3）作为酒店中的一个特色

这样的酒店在平面布局中并不凸显温泉的地位，水疗只是作为酒店中的一个特色设施，以服务住店的客人为主。这类的温泉水疗酒店一般比较小，更符合精品度假酒店的特性。日本的许多温泉酒店就是这种模式，一般都带精巧的户外庭院与泡池，温馨而私密。日本设计师隈研吾设计的云南腾冲石头纪酒店则没有设置公共泡池，酒店由一系列院落客房组成，每个院子之中都有一个用巨石雕琢而成的浴缸，只有入住之后，才能享受院子里的温泉。

日本星野集团的虹夕诺雅轻井泽度假酒店（图2-8-6~图2-8-8），酒店选址在东京的后花园小镇轻井泽的一处风景区旁，整个酒店规模不大，却在该区域形成了星野效应。客房围绕水景组织，一年四季、一天不同时间的景致各异。除去酒店客人独享的温泉中心，还有一

2-8-2

2-8-3

2-8-4

八、特色资源酒店

处和当地村民共享的温泉、一处村民餐厅、一条沿着溪流布置的特色商街、两处教堂，以及森林中的健康生活区，共同构成了一条完整的星野生活链，如同一个传统的温泉小镇。

捷克的奥古斯汀尼斯基康体温泉酒店虽然冠以温泉之名，但将温泉水疗放在地下层，只有休息室部分沿坡地露出地面。紧邻草坪和森林，这座精品酒店建筑优雅、环境怡人，捷克的著名作曲家曾在此写下享誉世界的作品，是调养身心的绝佳之地（图 2-8-5）。

图 2-8-2 瑞士 7132 瓦尔斯度假酒店温泉浴场实景
图 2-8-3 瑞士 7132 瓦尔斯度假酒店温泉浴场平面图
图 2-8-4 峨眉山安纳塔拉温泉度假村
图 2-8-5 捷克奥古斯汀尼斯基康体温泉酒店
图 2-8-6 日本星野虹夕诺雅轻井泽度假酒店总图
图 2-8-7 日本星野虹夕诺雅轻井泽度假酒店与村庄共享温泉区
图 2-8-8 日本星野虹夕诺雅轻井泽度假酒店客人独享温泉区

2-8-5

酒店客人私享温泉

酒店公共温泉

2-8-6

2-8-8

2-8-7

2. 种植园酒店

种植园是观光休闲的热门目的地，其村野闲适的氛围也十分适于精品度假酒店的选址。其中以葡萄园和酒庄为特色的精品酒店最为常见，比如加州的纳帕谷地、意大利的托斯卡纳、法国的卢瓦尔河谷、南非的斯泰伦博斯地区就有许多酒庄和精品酒店。有些酒店和酒庄结合在一起，很多酒庄本身就是有悠久的历史建筑，客人可以参观酿酒的工艺以及品鉴酒庄的珍藏。也有置身于葡萄园中独立的不附带酒庄的精品酒店。比如南非斯泰伦博斯的云村公寓（图2-8-9），酒店的建筑和葡萄园无边界，有很强的体验性。其他方面与酒店的一般设计原理基本相同。

茶园也是新兴的精品酒店选址，特别是在著名的茶叶产区，它可以借鉴葡萄酒庄的模式，只不过需体现的是博大精深的茶文化，酒店和茶的生产、制作与经营结合在一起。其中的典范当属澜沧景迈柏联酒店（图2-8-10），它坐落在景迈山风景如画的万亩千年古茶园中，有经过欧盟认证的柏联普洱有机茶品牌，客人在此体验采茶、洗茶、揉茶、晒青、压饼、包装的普洱茶制作全过程。酒店内不仅有各种普洱茶的品鉴、还有茶水疗等，一切以茶为主题，是一个修身养性陶冶情操的绝佳去处。在国外，斯里兰卡的红茶享誉世界，高山茶园是去斯里兰卡旅游的必到之地，在云雾缭绕的努瓦纳艾利高山茶园中避暑休闲的习惯从英国殖民时期延续下来。前面提到的茶厂遗产酒店，就坐落在一个茶园环绕的山顶，推开酒店客房的窗户可以看到旁边精心打造的英式花园，周边无尽的高山茶园，还有忙碌的茶农（图2-8-11）。

茶厂原先就是茶园的一部分，因此居住在酒店就如同生活在茶园中，与茶园的生活完全融于一体。与茶园亲密接触，感受茶园晨曦中的水露和暮色中的雾霭是来酒店的客人最想要的体验。在这方面斯里兰卡的茶厂遗产酒店就更胜一筹，虽然档次、设施远不如澜沧景迈柏联酒店，但住在茶园中的感受却是令人难忘的。反观景迈柏联，酒店四周围着高大的树木，在酒店内几乎望不到万亩茶园的景色，虽然环境也十分优美，但在景观上却没有突出身处茶园的特色。

2-8-9

2-8-10

2-8-11

八、特色资源酒店

2-8-12

2-8-13

2-8-14

在印度奇克马加卢尔的色瑞咖啡园度假村则是一个咖啡的世界，除了观赏咖啡园和其他热带植物外，精品店的商品以及 SPA 的保养用品处处都体现着咖啡的特色（图2-8-12、图2-8-13）。

我在马略卡岛还体验过一座橘园中的民宿芬卡卡斯桑特酒店，从 13 世纪起，它就归属于这个家族。如今一家四口人经营这座只有十三间客房的小酒店。道路两边、客房、泳池周围到处是挂满枝头的橘子，景观十分独特（图2-8-14）。

种植园一般都是企业持有，因此多数都是在自己的领地上建设，有些会将接待及经营合为一体，所以常见的都是这种以日常会大量消费的作物为主题的庄园，比如酒、茶、咖啡等，其中葡萄园酒店的历史最悠久，以此开发的精品酒店也最成熟，景迈柏联酒店就是以法国酒庄为模板开发的精品茶园酒店并取得了成功。我们当然有理由开发新类型的种植园酒店，但在项目策划时要把握这样几点：第一，要看作物是否能形成独特的大地景观，比如葡萄园、茶园都是一种典型的景观，但咖啡园不是，因此我们看到印度色瑞咖啡园度假村中又配置了热带植物园（图2-8-12）；第二，要看作物是否能开发出系列产品从而形成酒店的主题特色；第三，要注意种植园周边的景色是否入画，比如南非云村公寓面对着纵横阡陌的葡萄园，其后衬托着山脉景色和飘渺的云雾就足以让你在这里呆坐半天。种植园酒店需依据地形地貌设计，与山景酒店类似，如处在平缓地段则可参考水岸平地酒店的做法寻求高视点，力求登高望远。种植园中的精品酒店由于是种植园的一部分，所以很多是依托原有建筑进行改造的。如果是有价值的历史建筑，其设计原则可参考遗产建筑酒店。如果是非历史建筑，酒店的位置又比较孤立，则可以打造设计型酒店。一个很有设计感的建筑成为广袤种植园中的地标也不失为一个很好的选择。

图 2-8-9 南非斯泰伦博斯的云村公寓
图 2-8-10 澜沧景迈柏联酒店茶室
图 2-8-11 斯里兰卡高山茶园的茶厂遗产酒店远景
图 2-8-12 印度色瑞咖啡园度假村的热带植物
图 2-8-13 印度色瑞咖啡园度假村俯瞰
图 2-8-14 马略卡岛芬卡卡斯桑特酒店

3. 自然保护区酒店

在许多动植物保护区中也散布着大量的精品酒店。这类酒店享有丰富的自然资源，客人到这里的目的就是为了欣赏大自然中的动植物，因此其主题与核心也是大自然，如前面提到许多尊崇生态环保理念的主题酒店，建筑越朴实越好。这当中也有许多野奢酒店，将客房散落在广阔的大自然中。自然保护区是野奢类酒店的项目的最优选址（图2-8-15）。当然除了"野奢"酒店之外，也不乏大中型的酒店。比较成规模的酒店更易于为客人组织多样的活动及打造园区的各种体验区。

"野奢"酒店最早源自非洲，为的是在物质匮乏、人迹罕至的山野中体验奢华的物质和精神的双重享受，目前非洲最顶级的野奢品牌是&beyond，它将营地布点在非洲国家保护公园内，享受着原始的宁静和别样的异域之旅。第一章提到的印度终极旅行营，则随着季节的变化在印度的四个营地移动，帐篷内的奢华与大自然的旷野形成的反差让旅行者获得极致的体验与享受（图1-14）。近年国内也出现了几处较高端的野奢酒店，如前面提到的生态环保主题酒店夏河的诺尔丹营地（图2-7-11～图2-7-13）和康藤·格拉丹帐篷营地。

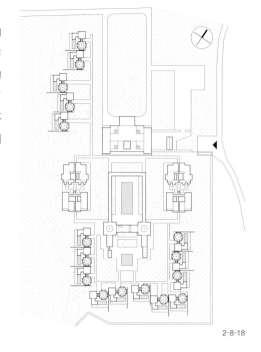

2-8-18

2-8-15

2-8-16

2-8-17

4. 避世酒店

有些酒店另辟蹊径远离大众认知度高的风景区和旅游区，周边没有著名的景点，也没有其他的酒店和公共设施扎堆，这样的环境可以让客人在此安静地度过与世隔绝的时光。酒店要选在风景优美的地方，但也不需有太卓绝的景色，否则早已引得游人纷至沓来，因此酒店周围的小环境营造尤为重要。比如印度拉贾斯坦的安缦巴格酒店（图 2-8-18、图 2-8-19）建造在远离拉贾斯坦那些旅游热点的地段，周围并无特别的名胜，设计师为酒店选址花了很多时间，终于找到了这块有着许多珍稀植物的宝地。这里曾是皇家的狩猎地，设计上也融入了豪华的王室风格，建筑大气沉静、远离喧嚣，是度假休闲的理想之地。在极其偏远的地方往往会有奇丽的风景，比如前面提到的阿曼的阿

丽拉贾巴尔阿赫达度假村，驱车进入绿山行进约 40 分钟才能到达悬崖边的酒店。这里除了度假村和少量民房之外几乎没有其他建筑，可以静静地面对悬崖对面壮丽的山谷放飞心情。规模小一些的酒店更适于避世静思，比如南非弗努尔瑞小屋旅馆在南非东开普敦省的齐齐卡马自然保护区内，车辆穿过 10km 茂密的原始针叶林和遍布的蕨叶丛才到达海岸，精致的小木屋独处悬崖之上，一种远在天涯的遗世独立感油然而生（图 2-8-16、图 2-8-17）。真正的避世酒店如印度喜马拉雅山深处的 Shakti 360 度 Leti，需要徒步数天才能到达，这个罗莱夏朵旗下的精品酒店只有四间木屋，没有电力带来的便利和纷扰，只用置身于宁静的大自然，欣赏喜马拉雅壮观的山景。

上述诸多类型的酒店往往相互重叠，你中有我，我中有你。比如欧贝罗伊乌代维拉酒店既有湖景，又面对湖对岸的历史遗迹，园区内还保留了历史建筑，同时建筑本身又是再现拉贾斯坦皇家宫苑的主题酒店。如此丰富的内涵加上东西方顶级设计师的联手打造，屡次获得世界最佳奢华酒店的殊荣。

图 2-8-15 南非冈瓦纳猎区酒店
图 2-8-16 南非弗努尔瑞小屋旅馆客房
图 2-8-17 南非弗努尔瑞小屋旅馆
图 2-8-18 印度拉贾斯坦安缦巴格酒店总图
图 2-8-19 印度拉贾斯坦安缦巴格酒店

2-8-19

印度拉贾斯坦安缦巴格酒店

第三章

功能设施

营造各具特色的高堂精舍

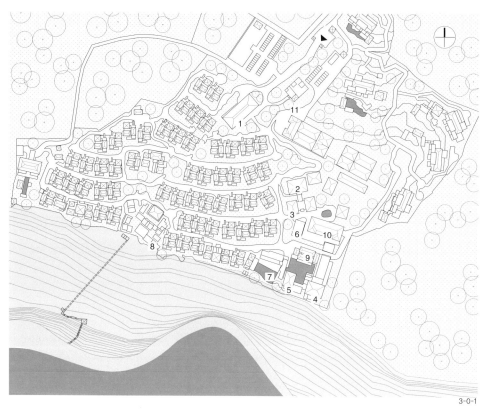

1. 入住大堂
2. 酒店大堂
3. 精品店
4. 亚洲餐厅
5. 酒吧
6. 教堂
7. 泳池
8. SPA
9. 意式餐厅
10. 公共舞厅
11. 庙宇

3-0-1

3-0-2

3-0-3

3-0-4

精品酒店各类功能用房的设置并不像大型国际连锁酒店那样有严格的标准，重要的是突出自己的特色，不同类型的酒店要依据自身的特点以及面对的客群来安排酒店的公共用房，不一定遵循固定的条文。有些大型酒店中没有的房间常在精品酒店中看到，比如图书室、大堂旁的独立接待空间、以及依据酒店主题而设立的特别房间，如丽江松赞林卡的抄经室等。精品酒店的客户往往并不在乎所谓的星级标准，有大批粉丝簇拥的网红酒店更可以针对自己的客群来设计功能，而不必讨好大众。当然如果一定要纳入星级评定或划归某大型连锁酒店管理，则必须满足固定的标准。不同的管理集团与不同星级都有各自繁复的技术标准可以查询，本章仅就精品酒店中最具代表性的公共设施加以介绍，以及探讨这些设施是如何体现精品酒店的需求与特质，满足精品酒店的体验感的。

接待、公共活动空间、餐饮、客房和后勤服务用房是任何酒店都不可缺少的基本功能，有些小型的精品酒店由于客房数较少，会将关注点更多地投向客房，以提升酒店收益，比如松赞的山居系列的公共部分简单得像一个家中的起居室。老房子改造的酒店也多是这种模式，比如阳朔云庐、北京锣鼓巷乐在、阆中花间堂等，都是以改造后舒适、有趣的客房空间及独特的布置吸引客人。除此之外，这些酒店只设置了很少的公共设施，设计更专注于对每个角落的精心营造，将这些精巧的公共空间，布置得如家一般温馨。新建的小型精品酒店也经常是这种模式，比如印度潘那自然保护区帕山伽赫客栈用12间独立的石头小屋作为客房，公共区只有一个像起居室一样的石头小屋，集中了大堂、餐厅、休闲的功能，其建筑体量更像一座单层的别墅（图3-1-21）。但酒店安排了野餐、赏景、探险等丰富多彩的活动，空间扩展到整个保护区的大自然中。像这样朴实无华的精品酒店其设施虽然远不如大酒店齐全，但温馨舒适、有文化品味，有良好的服务。当然也存在类似会所那样以公共设施为主、客房为辅的小型酒店，比如北京的健壹景园和健壹公馆，都是以餐饮为主、辅设若干客房的会所式酒店。

除此以外，大多数精品酒店会着力配备图书室、水疗室、精品店、泳池和各种室内外休闲空间，它们对定位与提升精品酒店气质相当关键。对于精品度假酒店的这些功能设施的设计来说，除了满足基本的功能，最重要的还是突出精品酒店的体验感，营造出每个空间的情调，让客人能驻足品味。当客人来到一个精心打造的度假天堂之时，对这里一见倾心，有时会不由自主地放弃周边的观光游览项目，只想在这里静静地待着，离开之后还想故地重游，这样的酒店本身已然成了最好的旅行目的地。当然规模不同的酒店各部分内容的安排也有很大的区别，本章将常见的各种设施归纳整理，分析它们的类型特征与设计要点，可根据不同的项目予以取舍，创造出属于自己的特色。

首先将酒店功能用房的规划布局分为独立式和集中式，通常风景区中的度假村都会采用分散式，以减少对环境的影响。比如日本的虹夕诺雅富士度假酒店，公共设施都是体量很小的小型建筑，分布在森林中。稍大些的中型精品酒店也通常会将每个公共用房设计成独立的建筑，依据功能选择最适宜的位置并营造最适宜的氛围，一些海景酒店，如泰国阁瑶岛六善、普吉岛帕瑞莎度假村、甲米普拉湾丽思卡尔顿、印尼巴厘岛宝格丽等度假酒店的大堂、不同的餐厅、酒吧、精品店、图书室等都是以各自独立的建筑散落在园区中（图3-0-1）。山谷酒店如乌布的科莫香巴拉酒店也是将每座公共建筑面对不同的风景并各自营造自己的小环境和意境，这样的度假村园内空间丰富多变，非常适宜打造一个度假天堂。

有些酒店则会将公共部分集中在一栋建筑中，便于它们之间的联系及动线的布置，这在大中型精品酒店、主题性酒店以及在气候不是很温和的地区较为常见。中小型的山区酒店如希腊阿里斯缇山区度假酒店、不丹帕罗的纳克斯尔精品酒店（图3-0-2），将公共部分加起来体型也不大，因此环境的适应性强。有的集中建筑会附带一些标准客房，但总的体量仍会控制在一个适宜的尺度，可以和其他别墅客房一起形成一个聚落。比如阿曼的阿丽拉贾巴尔阿赫达度假村、南非斯泰伦博斯的云村公寓，集中在一起的设计不仅适应多变的气候及改善不平坦地形的体验，而且方便流线组织（图3-0-3）。就这点来说，大中型的度假酒店采用将公共用房集中在一起的做法更有利，大型酒店的功能比较复杂，后勤动线较为繁忙，集中在一起的模式有利于将后勤动线安排在一个隐蔽的位置，而不干扰园区，因此这种结合酒店的入口大堂集中安排公共空间的做法最为普遍。

此外，集中建筑的体量相对较大，空间也更为丰富，便于烘托建筑的主题。许多主题酒店将这个集中的空间重点打造成一组别有风情的建筑，比如印度拉贾斯坦安缇巴格高贵的皇家宫室（图3-0-0）、欧贝罗伊拉杰维拉古色古香的城堡（图2-7-3），阿布扎比安纳塔拉凯瑟尔艾尔萨拉沙漠度假酒店神秘的宫殿（图4-0-8）、西双版纳安纳塔拉度假酒店傣王的府苑（图4-4-14、图4-4-15）、澜沧景迈柏联酒店的茶园楼阁（图3-0-4）、欧贝罗伊撒尔哈氏的摩尔宫殿（图6-3-28）等都成为了度假村中突显主题的标志性建筑。当然也有诸如南非太阳城度假区内的迷失城宫殿酒店、迪拜卓美亚皇宫酒店或一些城市度假酒店那样将功能用房和客房组织在一栋楼中的大体量建筑。从上述情况来看酒店所在地的外部风景环境越好，建筑布局越宜分散，外部环境一般的则可以适当集中处理以突出建筑形体，比如沙漠中或海岸平地酒店。集中的大体量的建筑不宜建在自然遗产级别风景区，只适于需自身营造环境的主题酒店。无论是集中还是分散，每项功能的具体要求是一样的。下面我们分别就各个部分展开介绍。

图 3-1-0 巴厘岛宝格丽度假酒店大堂空间

LOBBY AND LOUNGE

前厅大堂

大堂的功能组成

非正式大堂

独立大堂

组合大堂

集中式大堂

大堂设计要点

1. 大堂的功能组成

完整的酒店大堂空间一般分为这样几部分：前厅、正厅、前台以及前台的服务用房、过厅、等候休憩区或大堂吧。大型度假酒店会将这些功能分开设置，组成一个有序列感的空间，而中小型的酒店往往会将这些功能进行整合，甚至同处一室。一般比较有规格的精品酒店都会考虑以下四个基本功能区：第一个是迎候空间，在这里迎接贵客，献花或祝福礼、递上热毛巾、送上饮料；第二个是工作人员用房，包括前台、行李房及酒店服务人员的办公用房；第三个是等候空间，即客人等候酒店工作人员办理入住手续时的地方，常和大堂一旁的酒吧或图书室相结合。高端精品酒店为了保证大堂安静和优雅氛围，往往会设置独立的等候区域，让初来的客人集中在一个相对安静的空间，不受大堂来往人员的干扰，经受舟车劳顿到达酒店之后，立享安宁和舒适，有宾至如归的感受。服务生将刚到的客人领到这里，让客人静心地等候；第四个是大堂吧或休闲空间，这是大堂区域的主要空间，精品酒店的大堂往往起着酒店客厅的功能，是客人日常最愿意待的地方之一，要保证这里的清静，不要总看到拖着行李进出的客人，让住客始终能感受到高端酒店的优雅环境，所以

需要相对独立的空间（图 3-1-1）。大规模的酒店会有一个尺度宏伟的展示性大厅，来渲染酒店的主题和风情，这个空间有时是大堂吧，有时就是纯粹的过厅。此外一般会有一个表演空间，供当地艺人演奏，它的位置不确定，有的在等候空间或大堂吧附近，有的则是专门设计的一个演奏台，比如巴厘岛的苏瑞酒店（图 3-1-2）。也有的在花园里，比如印度德为伽赫古堡酒店就是在花园里进行接待仪式，花园里的一个巨石雕成的台座成了固定的表演席。

上述的这些基本功能被不同的酒店演绎出千变万化的空间模式，有些大型酒店是豪华的大堂模式，也有和户外空间相结合的休闲模式，但所有的形式都在追求两个目标：首先要创造一个令人惊喜、难忘的第一印象，然后是要彰显该酒店的价值感与品位格调，这部分内容会在第四章空间序列与第五章意境氛围中展开描述。下面将一些常见的大堂模式进行归纳分析。

3-1-1

3-1-2

图 3-1-1 皇家幻境 ONE&ONLY 唯逸度假酒店大堂等候空间
图 3-1-2 巴厘岛苏瑞酒店大堂的表演空间

2. 非正式大堂

有些大堂可以不是传统意义上的围合空间，可能是开敞空间甚至是户外空间，强调给人以轻松惬意的感受，这种形式常见于气候温和的地区。比如印度坦贾武尔的思维特马遗产酒店在两座改造的老楼之间加了一个连廊，这个连廊就充当酒店的大堂（图 2-7-7）。泰国阁瑶岛六善也没有专门的大堂，只是在酒店的中心位置设置了一组"主屋"，并围合成一个小广场，有点像一个村落的中心，这里有广告牌、旅游咨询、图书室和酒吧。挨着图书室的地方有一个前台，但实际上是在山顶的一幢别墅里办理入住，那里有一座无边泳池，旅客可一边等待入住，一边观赏无敌海景（图 3-1-3~图 3-1-5）。许多精品酒店办理入住的空间都不是固定的，比如马拉喀什古城中的老宅改造的精品酒店拉苏丹娜（图 3-1-6），很小的前厅只有一个柜台，客人在那里放下行李后就被带上天台上，到屋顶的露天茶座办理入住。印度焦特普尔的 RAAS 酒店前厅只是一个很狭小的玻璃厅（图 2-4-51），把证件交给前台后，管家就会带你来到这个酒店能望见古堡的室外空间，递上一杯饮料，欣赏风景的同时等候管家拿来房间的钥匙。

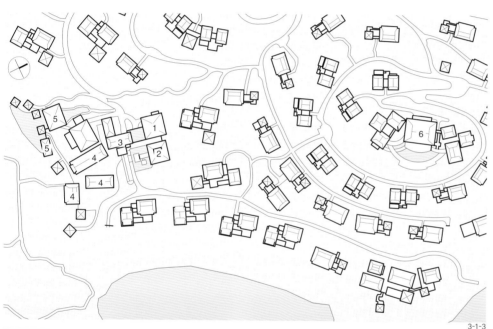

1. 大堂图书室
2. 酒吧茶吧
3. 精品店
4. 早餐厅
5. 西餐厅
6. 山顶会所

图 3-1-3~ 图 3-1-5 泰国阁瑶岛六善酒店接待中心
图 3-1-6 马拉喀什拉苏丹娜精品酒店

3-1-3

3-1-4

3-1-5

3-1-6

大堂是单独的一栋建筑，和其他功能建筑分开甚至远离，这样的大堂体量适宜、尺度亲切，对环境的视觉影响小，适用于自然风景卓绝的地段、自然保护区内以及气候温暖的地区。典型案例是巴厘岛的宝格丽度假酒店（图 3-0-1），它采用了双大堂，办理入住和离店分别在园区内两座不同的建筑，迎宾大堂独占最高点，办理入住时几乎见不到其他客人（图 5-1-7），在这里居高临下俯瞰整个度假村有一种独享此境的感觉。办理退房的大堂在较低的位置，接近客房区（图 3-1-7），双大堂的模式减小了大堂的规模，保持了二者的独立清净。

独立大堂一般尺度适宜，不会过分追求宏伟的空间，比如印度佩瑞亚自然保护区内香料度假村的茅草屋大堂（图 4-3-15）、巴厘岛乌布科莫香巴拉的大堂（图 3-1-8）、皇帝岛拉查酒店的圆形大堂，都如同庄园中的一栋亲切的精舍。斯里兰卡的本托塔天堂之路别墅（图 4-3-29）和泰国甲米普拉湾丽思卡尔顿的大堂（图 4-0-3、图 4-0-4）都是在幽静院落里的一个精致而低调的厅堂。从上述案例可以看出，独立式大堂一般低调示人，与环境相得益彰才能达到独立设置的初衷。采用地域传统建筑形式设计大堂，不应拘泥于传统民宅过小的尺度，以形成比较有感染力的大堂空间，比如丽江安缦大研的独立大堂做法（图 3-1-9），这时就要特别注意推敲建筑的尺度。

3-1-7

3-1-8

3-1-9

图 3-1-7 巴厘岛宝格丽酒店的双大堂之一
图 3-1-8 乌布科莫香巴拉度假村的独立大堂建筑
图 3-1-9 丽江安缦大研的餐厅望向大堂

4. 组合大堂

大堂和酒店的其他公共设施相互联系，组成了一座功能相对集中的建筑，成为群体聚落的中心，这样的规划方式在大型精品酒店中较为普遍。首先它比较符合一般酒店的运营管理模式，便于功能流线的组织，其次也利于构建更加生动、丰富的大堂空间，可以更好地打造出酒店的主题氛围，所以主题酒店也多采用这种组合式大堂。组合式大堂的平面设计重在功能流线的顺畅性，空间设计则重在风情格调的把握。后面的章节中我们将结合空间序列和气氛营造进一步提炼出设计原则与要点。

组合式大堂的空间组合模式也千变万化，常见的几种形式如下：

图 3-1-10　阿曼绿山安纳塔拉度假酒店大堂区

▲ F 花园

▲ E 中院

C 接待厅

▼ B 前厅

D 前台

A 入口门廊

3-1-10

1）轴线序列式

用一根轴线串起大堂的主要空间序列，左右两侧为其他功能用房，比如阿曼绿山安纳塔拉酒店（图3-1-10、图3-1-11）就是以门廊、前厅（左右为办理入住的厅）、过厅、庭院（左右为餐饮、酒吧、精品店等设施）等为中轴线组织的建筑群，客人如同进入了一座仪式感很强的宫殿。阿布扎比安纳塔拉凯瑟尔艾尔萨拉沙漠度假酒店更是延长并放大了这个轴线，形成更加恢弘的空间序列（图4-0-8）。

2）灵活布局式

有些酒店则灵活组织这些房间，构成丰富的空间组合，比如印度的寺湾丽笙度假酒店、库玛拉孔湖畔酒店以及乌布的安缦达瑞酒店等，轴线和序列的组织显得更为有机，很像一座有地域特色的园林建筑（图3-1-12、图3-1-13）。埃及红海边的欧贝罗伊撒尔哈氏的酒店中心是一组由厅、廊、阁、院组合在一起的现代摩尔风格的建筑，大堂餐厅、精品店等酒店的公共设施几乎都集中在这里（图6-3-27、图6-3-28）。

3）独立小楼式

在寒冷和多雨地区，组合大堂让各功能用房联系紧密、使用方便，比如柬埔寨贝尔蒙德吴哥宅邸就将酒店的公共部分集中在一个充满风情的高棉传统木屋内（图2-6-12）。个别情况甚至会将大堂和客房组合而不是和公共建筑组合，比如摩洛哥的拉苏丹娜沃利迪耶酒店（图3-1-14、图3-1-15、图6-4-18），办理入住的大堂和客房组成了一个远离海岸的城堡式建筑，因为这里的海岸都是滩涂地，适于远观海景。此例也正好说明了精品酒店不拘一格的规划模式，布局上要优先考虑酒店的景观资源。

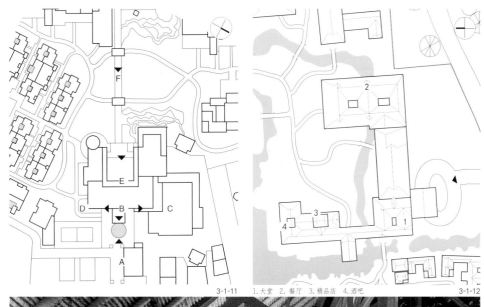

3-1-11

1.大堂 2.餐厅 3.精品店 4.酒吧   3-1-12

图3-1-11 阿曼绿山安纳塔拉度假酒店轴线序列
图3-1-12 印度库玛拉孔湖畔酒店公共区总图
图3-1-13 巴厘岛乌布安缦达瑞酒店大堂
图3-1-14、图3-1-15 摩洛哥拉苏丹娜沃利迪耶酒店大堂与客房楼组合在一起

3-1-13

3-1-14

3-1-15

5. 集中式大堂

如果整个酒店是一座整体建筑，大堂是建筑的一部分，我们称之为集中式大堂，大型酒店通常将其放置于建筑的中心位置，中小型酒店则依据建筑格局灵活设置。

1）大型酒店的集中大堂

大型酒店的集中式大堂设计往往会强调仪式感和震撼力，我们在前面所列举的许多案例都是这种类型的经典之作，比如黄金海岸的范思哲豪华度假酒店（图 3-2-57、图 5-1-21）、拉萨瑞吉酒店（图 3-1-16、图 3-1-17）以及太阳城度假区内的迷失城宫殿酒店（图 4-2-11），大堂都在整组建筑的中心位置。这些酒店的一个共同特点就是规模大，建筑的中心位置最利于客人流线的组织。

2）中型酒店的集中大堂

中型酒店的大堂则更注重空间的风韵和适宜的尺度。有些酒店建筑因基地限制，大堂只能放在建筑的一角，相比中心位置，从角部进入会有流线过长的问题，因此往往会采用院落式布局，因势利导强调空间的层次感和纵深感，比如暹粒柏悦酒店（图 3-1-18、图 3-1-19）、北京北方长城宾馆 3 号楼（图 5-4-16）等都是从角部进入酒店，营造出了庭院深深、移步异景的空间序列。

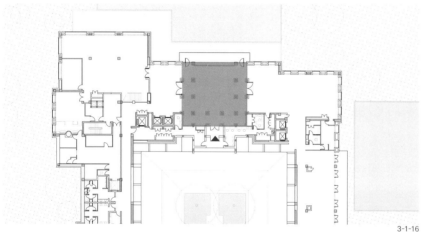

3-1-16

3-1-18

3-1-17

3-1-19

3）小型酒店的集中大堂

　　小型酒店的大堂往往只是一个简单的接待厅，多是小楼首层的一个房间，一般小巧精致，如同家中的起居室。设计上往往通过室内装修的手段让这个空间更有特点，比如松赞系列的那些小型精品酒店的接待空间更像是一个藏家的客厅，尺度亲切、环境温馨，走进之后就有回家的感觉（图 3-1-20）。很好地诠释了松赞酒店"远方的家"的情怀。

　　一般乡村酒店、避世酒店都不会设计高大华丽的大堂，而是参考别墅客厅的尺度与布局营造出温馨舒适的氛围。比如印度潘那自然保护区帕山伽赫客栈将一个石头屋装饰成雅致而风韵十足的大堂（图 3-1-21）。普罗旺斯的波利斯温泉酒店大堂及大堂吧更像一个乡下别墅里的起居室，在下沉空间里一组沙发围绕着温暖的壁炉，待在这里十分自在。南非弗努尔瑞小屋旅馆是一座要穿过几十公里森林才能到达的海岸悬崖边的避世酒店，不大的前台空间旁是一个错层的大堂吧，沙发围绕着壁炉，窗外是观景露台，客人可以在这里静静地思考和发呆，强调了避世酒店静谧而简单的气质。

3-1-20

3-1-21

图 3-1-16 拉萨瑞吉酒店大堂平面图
图 3-1-17 拉萨瑞吉酒店大堂
图 3-1-18 暹粒柏悦酒店总图
图 3-1-19 暹粒柏悦酒店门廊
图 3-1-20 松赞系列的酒店大堂
图 3-1-21 印度帕山伽赫客栈大堂

6. 大堂设计要点

1）大堂的位置

度假酒店的大堂并不像商务酒店那样必须设置在靠近交通要道的位置，它可以在用地的任何地方，其位置由以下因素决定。

首先，以周边景观资源为卖点的酒店最优先考虑的就是大堂与景观资源的关系，第一时间将酒店所享有的景观资源在大堂中呈现出来，比如能看见海景的大堂、能观山的大堂、被雨林环抱的大堂，用地内能彰显其特色的位置都可选择。许多精品酒店的大堂位置都远离道路和主入口大门。我们对比阿曼绿山上阿丽拉和安纳塔拉两个酒店的大堂位置（图3-1-22、图3-1-23），其中阿丽拉的大堂深入园区、靠近悬崖边，在大堂和它旁边的功能用房中都能看到峡谷的壮丽景色，这一区域也成为客人喜爱的休闲空间；安纳塔拉的大堂则在酒店的入口处，以它为中心的功能用房都远离悬崖，无法享受酒店最有价值的山景，它也就成了一个过渡空间，酒店的大多数客人会选择待在悬崖边的平台上休闲娱乐，只有晚饭才会来到大堂，大堂空间没有体现出酒店核心价值。

其次需要考虑的是大堂的水平高度，要让大堂有最佳的观景视角。海景酒店的大堂一般会选择设在较高的位置，在水岸斜坡酒店中，大堂很少选在最低点，许多地形平缓的酒店还会将大堂放在二层甚至更高，以获得居高临下

的视觉感受。印度色瑞咖啡园度假村的公共设施区不仅选择了咖啡园中地势较高的地段，大堂更放在二层，能够一览热带种植园的景色（图2-8-13）。

最后，要考虑大堂和道路之间的关系，从流线上看固然靠近大门的大堂交通便捷，但从空间序列的体验上来说则另有标准。比如可以眺望富士山的富士河口湖拉维斯塔酒店建在一个小山坡上，从山下首先经过建筑的一层，但这里并不是酒店的入口，而要继续上行绕到建筑后面，通过在一个狭窄的夹道才看到建筑隐秘的大门，从这里进入二层，走进温馨的大堂，窗外富士山和河口湖的美景尽收眼底（图3-1-24~图3-1-26）。这种迂回的线路为进入酒店做了铺垫，使进入后直面富士山山景的大堂更加有感染力。所以精品酒店的大堂的位置不一定要贴近道路入口，而是要考虑进入酒店的层次及视觉感受，如果外部道路的环境不佳，大堂则宜远离入口大门，为设计上营造进入大堂之前的过渡空间留出足够的距离。在第四章空间序列中，我们将进一步分析不同大堂位置的规划模式。

3-1-24

3-1-25

图 3-1-22 阿曼绿山阿丽拉费尔阿赫达度假村总图
图 3-1-23 阿曼绿山安纳塔拉酒店总图
图 3-1-24 日本富士河口湖拉维斯塔酒店的大堂入口
图 3-1-25 日本富士河口湖拉维斯塔酒店的大堂内部
图 3-1-26 日本富士河口湖拉维斯塔酒店总图

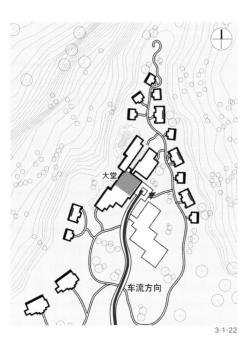
3-1-22

3-1-23

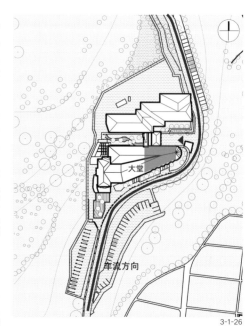
3-1-26

2）大堂的空间

独具特色的建筑空间会给客人留下极深的第一印象，大堂的空间丰富多样，尺度、开放性及形式是设计上要关注的三个要点。尺度的选择要符合酒店的特质；大型豪华酒店可以采用大尺度的大堂甚至是共享空间，而中小型酒店往往强调尺度宜人的亲切感；景观酒店以突出景观特色为主旨，建筑空间退居次席，不要强调它的震撼效果，比如塞舌尔的莱佛士酒店是岛上最顶级的奢华酒店之一，但面对世界排名前十的海滩美景，大堂设计却朴素低调，让视觉的重心始终在美丽的海景上；而主题酒店则会营造出一个吸引眼球的大尺度空间，渲染其气势与风情。空间的开放性则要依据该地的气候、大堂在园区的位置、空间序列中所要营造的效果，并不是景观酒店就一定要全开放的大堂，也可能是先封闭后开放。最后是空间的形式，从单一的空间到复合的空间，到有竖向变化的空间，都需要依据酒店的地形、视线、功能来综合考量。我们在下章空间序列中会深入剖析大堂的空间形式与序列的关系。

3）大堂的特色

酒店大堂的设计要服从建筑整体的风格与情调，应尊崇酒店的整体定位。大堂特色涉及的装修、配饰及景观，是另一个很庞杂的课题。在一些酒店管理者看来甚至比建筑设计更重要，但因为建筑空间是一切设计的基础，所以本书集中讲解建筑的空间格局，也就是如何在轴线、序列、变化上做文章。特别指出在一些不依靠尺度取胜的大堂里，独特个性的空间角落会极大地突出大堂与众不同的特质，这方面的设计必需要在建筑设计阶段就做好，不能留待以后靠装修来弥补。建筑师要充分调研酒店的主题文化特色及地方传统建筑的空间特色并发挥创造性，比如广州 W 酒店的大堂（图 3-1-27），无论是空间格局还是装修格调都颠覆了我们以往对酒店大堂的认知，走进大门如同走入了一个酒吧或夜店，充分体现了这个酒店酷炫时尚的定位。而巴厘岛的宝格丽度假酒店大堂（图 3-1-28）为面向海景一侧的火山岩大阶梯配上靠垫，为情侣们提供了一处依偎着看那夕阳西下的浪漫场所，成为了这个简单的大堂一

个很有特色的角落。许多酒店依据地方传统打造出了很多很有特色的空间，比如迪拜的巴卜阿尔沙姆斯沙漠度假村大堂的地火坑、阿曼佛塔酒店阿拉伯的帐篷式大堂、巴厘岛安缦达瑞酒店大堂庭院里的发呆亭，都是当地传统建筑的经典元素，极具地方特色（图 3-1-29）。这种小中见大的手法，为大堂空间增添了浓墨重彩的一笔。

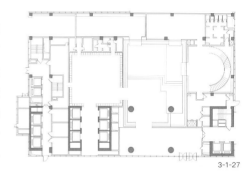

3-1-27

图 3-1-27　广州 W 酒店大堂平面图
图 3-1-28　巴厘岛宝格丽度假酒店大堂面向海景的台阶
图 3-1-29　阿曼佛塔酒店阿拉伯的帐篷顶大堂

3-1-28

3-1-29

图 3-2-0 欧贝罗伊野花大厅酒店餐厅

　　餐饮区是精品酒店的重要组成部分，它主要服务于酒店住宿的客人，同时也对社会人士开放。餐饮区一般分为交通空间、就餐空间、后勤服务空间等相关功能空间。就餐空间分为餐厅部分和酒水部分，餐厅有中餐厅、全日餐厅（自助餐厅）、特色餐厅；酒水部分有：各式酒吧（大堂酒吧、鸡尾酒吧、风味酒吧、快餐酒吧等）、咖啡厅和茶室。后勤服务空间一般有明档、厨房、洗碟间、家具间、卫生间、卸货区等。以上设施可依据酒店的规模和性质灵活设置，并不是每项都必须齐全。鉴于餐厅是一种普遍的建筑类型，其厨房模式、烹调模式、管理模式、建筑空间及装修等都可参照餐厅通用的设计原则，在此我们仅就其和精品酒店规划布局有关的内容予以介绍。

　　和大堂一样，餐厅形式也是多种多样，不像商务酒店那样对餐厅的数量、大小、种类有严格的要求，不同类型的精品酒店对餐厅的设置差异非常大。有在园区独处一地的餐厅，也有和大堂或其他功能组合在一栋建筑内的餐厅、还有完全露天的餐厅。中型以上的精品酒店一般都会有多个餐厅，除了满足不同客人的需求以及提供不同风味以外，也会刻意为每个餐厅营造不同的环境和情调。客人在酒店停留数日，除了口味的多样化也需要情调的多样，使其待在酒店的日子丰富有趣，每天都充满新鲜感。

CATERING FACILITIES

餐饮设施

餐厅的位置
餐厅空间的环境特色
餐厅的包间
酒吧、咖啡厅、茶室
户外的餐饮

3-2-1

3-2-2

3-2-3

3-2-4

图 3-2-1 阁瑶岛六善酒店早餐台　　图 3-2-2 阁瑶岛六善酒店中心花园餐厅
图 3-2-3 阁瑶岛六善酒店餐厅　　图 3-2-4 阁瑶岛六善酒店林中餐厅

阁瑶岛六善的三个餐厅（图 3-2-1~图 3-2-4）处于度假村的不同位置，它们分别位于山顶池畔、中心花园和林中溪上的有机生态菜园。山顶会所正对海景，海中有奇异的石灰岩奇峰，晚餐时在落日余晖的映照下格外动人；中心花园的餐厅被称为起居室餐厅，茅草篷下的敞开式厨房和餐厅围合着中心花园，散发出社区中心食堂的氛围，这里不仅提供全天候的服务，而且有免费的冰激凌，大人孩子都喜欢在这里活动，是一个随意、放松的就餐空间，是该度假村名副其实的公共起居室；而林中的晚餐大厅则显得幽静而浪漫，一条宁静的小溪迂回流淌在晚餐大厅的区域内，流经透明的玻璃地板下，餐厅还有多个私人用餐区和小凉亭，错落有致地分布在红木林和棕榈园中，附近是生态蔬菜园种植区，可就近取得干净新鲜的蔬菜。这三个不同情调的餐厅勾勒出了在酒店一天的生活。

如果按照用餐时段来分，早餐厅和晚餐厅住店客人使用频率较高，许多客人白天外出观光，中午不在酒店用餐，即使整天待在酒店，午餐也相对简单，特别是整日待在酒店的客人使用早餐厅时间普遍较晚，因而中午大多会选择酒吧、咖啡厅的简餐或下午茶，所以餐厅的设计要重点考虑一早一晚的景观、视觉、光影等因素。

1. 餐厅的位置

餐厅的位置多种多样，不一定像常见的商务酒店那样设置在与大堂联系紧密或离入口近的地方。精品酒店内的餐厅只接待少量的外部客人，他们多是慕名而来提前预订的，因此餐厅并不需要在路边招揽临时路过的食客，而是要保证酒店的安静和品质，其位置完全依照所处的景观及自身的主题来确定。在所有餐厅中，提供早餐的餐厅位置最为重要，它必须面对酒店的主景观，因为在精品酒店中早餐厅是住店客人使用率最高的餐厅，而且使用时间处于日光最好的时段，客人可以边吃早餐边欣赏美丽的风景。根据实际情况，可将餐厅安排在不同的位置，可分为以下类型。

图 3-2-5　斯里兰卡橡树雷查布什酒店餐厅
图 3-2-6　西双版纳万达文华度假酒店
图 3-2-7　秘鲁乌鲁班巴喜达屋豪华精选酒店餐厅

1）面对外部风景的餐厅

享有风景资源的酒店在餐厅选址时首先要选择能够看见外部景观的位置。如果是群山环抱的山景酒店，可以将餐厅、大堂、泳池等分别对着不同的景致以保证各自景观的独特性。比如阿尔卑斯山中的贝希特斯加登凯宾斯基酒店就处于这样一个四面有景的小山包上，大堂面对险峻的鹰巢主峰，餐厅则能眺望层峦叠嶂的远山和山下的城镇（图 2-2-12）。而大多数酒店往往单向景观更好，这就要求餐厅也和其他主要功能房间共同面对这个主景观。许多山景酒店也是单向景观，比如日本富士山这样的名山之下的酒店无疑会让餐厅和所有的房间面向它。海景酒店的餐厅要面对大海，遗产景观酒店则要让餐厅能望到外面的古迹（图 3-2-0）。在巴厘岛乌布阿漾峡谷一侧的那些高端酒店的餐厅也无一例外地面对峡谷。乌布的科莫香巴拉酒店餐厅是从高处向纵深方向眺望阿漾河谷。

曼达帕丽思卡尔顿的几个餐厅（图 3-2-39）则更接近谷底中能看到溪流的地方，早餐厅的地势稍高，能眺望河面及旁边的稻田，而竹屋餐厅（图 3-2-46）就直面溪流，时不时有酒店的客人在河中乘坐橡皮艇漂流而过。

在没有风景的地方制造风景，这方面西双版纳万达文华度假酒店堪称一绝（图 3-2-6），酒店的大堂吧、餐厅及自建的傣庙隔着无边水池互为对景，虽然建筑近看略显粗糙，但远看傣族传统建筑的轮廓及映在水中的倒影却也是不错的一景。

在多风、气候寒冷以及海拔较高的地区，往往需要室内的就餐空间，采用高大而通透的玻璃墙能将景观更好地融入和收纳。比如斯里兰卡的橡树雷查布什酒店餐厅面对山景的大玻璃墙（图 3-2-5），秘鲁乌鲁班巴山谷中的喜达屋豪华精选酒店的餐厅面对森林的大玻璃墙，这样的设计使室外的景色完全融入餐厅之中（图 3-2-7）。

3-2-5

3-2-7

3-2-6

2）面对内部花园的餐厅

在外部风景不是特别突出或无法看到外部风景的情况下，人工营造的小环境就特别重要了。许多自己营造环境的酒店都会将餐厅对着中心花园，比如南非太阳城度假区迷失城宫殿酒店的餐厅三面环绕着酒店自身营造的主题花园，将人们带入湮灭在历史中的时空（图2-7-1）。许多古城古镇里由遗产建筑改造的酒店，周边并无对景，也要营造自己的内部环境，餐厅面对的往往是酒店中一个精心设计的花园或庭院。比如印度坦贾武尔思维特马酒店中的早餐厅就面对着精致的小花园。丽江安缦大研虽然建在大研古城的狮子山上，但周边的古树使得在酒店内无法眺望古城，因此餐厅面对着庭院，庭院的设计与营造成为了餐厅整体环境的一部分，我们在那里就餐时，推开门扇望着落英缤纷，充满了诗意和古韵（图3-2-8、图3-2-9）。有些地势较低的水岸酒店由于视线一般，也不一定要将餐厅放在水边，比如斯里兰卡海岸依据巴瓦老宅改造的本托塔天堂之路别墅（图3-2-10），将餐厅设在一个南亚风情安静的庭院里，而将泳池等运动休闲设施设置于海岸，面对海边呼啸而过的小火车。印度喀拉拉邦的库玛拉孔湖畔酒店（图3-1-12）由于地势较低，湖面景致平淡，餐厅被安排在酒店的中心，四周围绕着精心营造的具有水乡意象的小河与花园，草坪上放着古旧的独木舟和人力车作为花园中的小品，更胜湖景。庭院餐厅一般重在适宜的尺度和亲切闲适的氛围，腾冲和顺柏联酒店的餐厅也是面对自己的庭院，但空间尺度过大与精品酒店因与之气质不符，难以创造出令人难忘的餐厅空间环境。

图3-2-8 丽江安缦大研酒店餐厅小院
图3-2-9 丽江安缦大研酒店餐厅平面图
图3-2-10 斯里兰卡本托塔天堂之路别墅

3-2-8

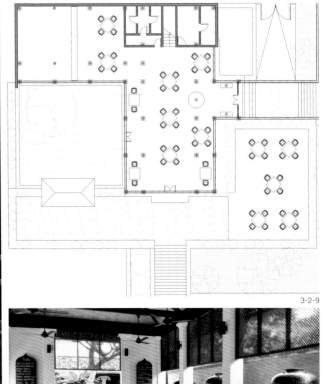

3-2-9

3-2-10

3）池畔餐厅

　　餐厅和泳池像是一对双生子，将餐厅设置在泳池旁是众多酒店的选择。碧蓝的池水是度假村中最亮丽的一道人工景观，如果是有外部景观的酒店，可在餐厅与远处的风景之间增加一个水面来映衬山景或水景形成更加生动的画面，这样的案例数不胜数。比如希腊卡斯特拉吉酒店的餐厅隔着泳池面对奇异壮丽的山景（图3-7-4）；巴厘岛乌布安缦达瑞的餐厅窗外是泳池与山谷对面的山峦，是一副绝美的景象（图3-2-18、P244图）；乌布的空中花园酒店餐厅与河谷对面远山之间的双层泳池更是被网友列为世界之最（图6-1-0）；安纳塔拉旗下的精品酒店往往会在泳池区域设置一个独立的小型西餐厅，白天可以兼顾泳池畔休闲区

的酒水餐食供应，起到池畔吧的作用，在阿布扎比沙漠及阿曼绿山中的两个酒店都有类似的设计（图3-2-63）。

　　许多海景酒店都采用餐厅挨着无边泳池的方式，从视觉上泳池与海水相接。法国蔚蓝海岸的费拉角四季酒店的俱乐部餐厅就是一个典型的案例，无边泳池与壮阔的海景构成餐厅的绝美景观；巴厘岛阿丽拉乌鲁瓦图别墅酒店的餐厅能透过悬崖边的泳池望向远处的大海，而且还可以租用悬崖边的"鸟笼"作为餐厅的包间（图3-2-49）。

　　一些没有居高临下宽广海景的海岸平地酒店就更喜欢用餐厅边的泳池来加强水的意象了。比如阿曼海岸佛塔酒店的三个餐饮设施中就有两个在餐厅和海岸之间设置了无边泳池，从餐厅看海景更加丰富有层次（图3-2-12）；秘鲁

的帕拉卡斯豪华精选度假酒店的餐厅就在泳池与大海之间（图3-2-11），两面的水景使这个餐厅拥有了更动人的景致，澳大利亚黄金海岸的范思哲豪华度假酒店位于一个景致普通的平缓的码头区，餐厅临着碧蓝的水池，这个精致的庭院水景更胜码头的海景（图2-1-24）。

图3-2-11　秘鲁帕拉卡斯豪华精选度假酒店餐厅
图3-2-12　阿曼佛塔酒店餐厅
图3-2-13　巴厘岛贝勒酒店
图3-2-14　巍山云栖·进士第精品酒店面对水池的餐厅

3-2-11

3-2-12

3-2-13

3-2-14

二、餐饮设施

　　一些完全没有外部景观的酒店，泳池就成了中心景观，餐厅也常设在泳池花园边的位置，一湾蓝水的映衬为餐厅增添了许多浪漫的情调。巴厘岛的贝勒酒店远离海岸，餐厅坐落于中心泳池旁的一个敞开的厅，这里也是酒店的一个公共活动中心（图3-2-13、图3-2-15）。印度佩瑞亚自然保护区的香料度假村（图3-2-19）、拉贾斯坦的安缦巴格（图3-7-8）在就餐时都能望到下面的泳池，在咖啡园色瑞度假村早餐时可以俯视餐厅下面的泳池及远处被热带植物覆盖的咖啡园（图2-8-13）。

　　一些位于古城里的酒店，泳池也会为院落中的餐厅增添灵动，比如摩洛哥古城拉苏丹娜精品酒店的餐厅和罗莱夏朵旗下的里亚德菲斯酒店的餐厅都是安排在酒店若干院落中最漂亮的设有泳池的院落（图3-2-17），尤其到了夜晚，

摇曳的灯火、烛光配着泳池的倒影，气氛令人陶醉。即使气候不适于建造常年露天的泳池，也会用景观水池来替代，比如大理隐奢精品酒店餐厅边的水院设计（图2-5-9）、巍山云栖·进士第精品酒店的餐厅也远离主入口而置于中心庭院一侧，正对着庭院中的水池（图3-2-14、图3-2-16）。

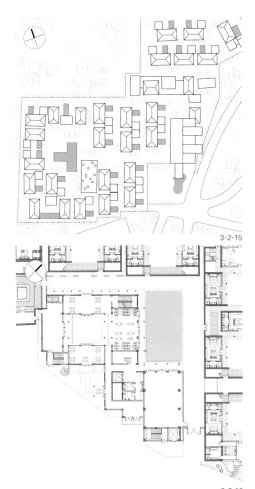

3-2-15

3-2-16

图3-2-15　巴厘岛贝勒酒店总图
图3-2-16　巍山云栖·进士第精品酒店餐厅局部平面图
图3-2-17　摩洛哥拉苏丹娜精品酒店

3-2-17

4）屋顶餐厅

酒店的最高处往往是观景最好的地方，因此也可以作为餐厅的选址，比如迪拜帆船酒店的空中餐厅就位于这个帆船造型的桅杆顶端（图 3-2-20、图 3-2-21）。许多水岸平地酒店由于视点较低会将餐厅置于屋顶来获得更好的视野。城市中的酒店往往也会在顶层设置餐饮空间，比如很早就出现了的屋顶旋转餐厅，从里面眺望城市景观成为了酒店的招牌。对于层数较高的酒店来说，将餐厅放在顶层无疑会给物料供给增加难度，需要在设计时考虑。但许多古城中老宅改造的精品酒店由于层数较低，则供给相对简单，将餐厅设在屋顶，可在窄巷深院中立即获得开阔的视野，因此被广泛采用，比如和屋顶露台相结合的印度蓬迪切里的马埃宫酒店的屋顶餐厅（图 3-2-22），凉风习习，居高临下可以欣赏这座殖民地小城幽静的街巷风情。古城中设立屋顶餐厅要考虑古城的风貌肌理及保护原则，如果是被列入文化遗产的古城，建筑高度有严格的限定，比较难通过加建获得比左邻右舍高出一层的室内空间，因此许多这样的酒店就利用屋顶充当露台，例如中东地区的建筑多是带露台的平顶建筑，本身就是一处适宜休闲、饮食的场所，但像北京四合院这样的坡顶建筑，也可以看到有一些酒店在屋顶搭建木平台，虽然有利于经营，但从古城保护的角度值得商榷。

3-2-18

3-2-19

二、餐饮设施

5)特殊位置

别出心裁的特殊位置容易吸引眼球,特别是网络时代,一些独特的餐厅会引发网红效应,从而提高整个酒店的关注度。比如著名的泰国甲米的瑞亚韦德度假村的洞穴餐厅,由于度假村倚在海边的峭壁之下,利用山体上的天然岩洞作为酒店的餐厅并成为了一大特色,在网络上广为流传。水下餐厅则是一种技术难度比较大的形式,从 30 年前迪拜帆船酒店的水下餐厅(图 3-2-23)到最近开业的三亚度假酒店的海底餐厅,都引起了很高的关注度。我们考察过的其他比较特别的餐厅形式还有摩洛哥海岸拉苏丹娜沃利迪耶酒店(图 3-2-24)在花园里设计的一个地下花房式餐厅,在晚上用餐时可以仰望夜空中的群星,这特别适于用地局促的情况,可以减少地上建筑的面积,增加了度假村空间的开阔感。在集式酒店建筑中的餐厅有时也会通过一些特殊的形式和位置来突显它的与众不同,比如前面提到的迪拜帆船酒店高悬在空中的餐厅、黑山共和国阿文拉度假别墅跨过泳池的餐厅、斯洛文尼亚波尔托罗宫凯宾斯基酒店悬在泳池上方的餐厅等都令人印象深刻(图 3-2-25~ 图 3-2-27)。

餐厅的供应流线是选址要关注的问题,大中型精品酒店中正式餐厅的供给线不能和客人的活动流线交叉,只有轻食简餐厅才可以不考虑供给线这个问题,而置于特殊位置。

3-2-24

3-2-20

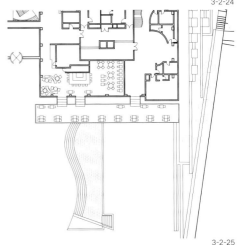

3-2-25

3-2-21

3-2-22

3-2-26

3-2-23

3-2-27

2. 餐厅空间的环境特色

除了确定餐厅的位置，还需要进一步打造其建筑特色和空间特色。在空间特色的营造中首先要着眼于如何方便就餐时观景，然后才是空间的趣味性。比如日本富士河口湖拉维斯塔度假酒店的餐厅，靠窗的座椅都面向窗外的富士山，而背对大厅，就是一种以景观为先的反常规做法。

1）室内外空间的结合

度假酒店的餐厅要尽可能地和户外空间结合，气候温和且环境优美的地区，餐厅可采用落地的推拉或折叠门让室内外空间融为一体，以获得与大自然相融合的就餐环境。一般餐厅会配有室外就餐区，在面对风景的地方可设置露台或平台，可以和自然密切接触并获得更好的景观视野。在山景餐厅的露台就餐，呼吸山区的新鲜空气，眺望着层峦叠嶂的群山，令人心旷神怡。比如南非葡萄园中的云村公寓酒店的餐厅（图 3-2-28），推开落地门就能融入室外的风景。山景酒店希腊阿里斯缇山区度假酒店和德国贝希特斯加登凯宾斯基酒店面对着壮阔山景的露台（图 3-2-29），人们都愿意停留在这里就餐赏景。悬崖酒店阿曼的阿丽拉贾巴尔阿赫达度假村餐厅之外、粗犷山石之上有木平台（图 3-7-27），可以眺望壮观的峡谷，也是深受客人欢迎的就餐地点。树木围绕的室外空间也是极好的用餐场所，比如在塞舌尔莱佛士度假酒店的餐厅外树丛中的烛光晚餐就非常温馨浪漫，这样的场景在热带地区的度假村经常可见，比如印度色瑞咖啡园度假村（图 3-2-51）。

同样，水景酒店如巴厘岛宝格丽度假酒店、马略卡岛的玛里瑟尔水疗酒店（图 3-7-56）、江景酒店西双版纳安纳塔拉、遗产景观酒店欧贝罗伊阿玛维拉酒店的餐厅，都在面对风景的一侧设置了可以摆放大量餐桌的平台，使客人在就餐时能充分享受周围的风景。遗产酒店往往受限于局促的古建筑空间，更要利用好室外空间，比如法兰克福郊外的罗斯柴尔德家族别墅酒店在别墅外的露台上设置了宽阔的就餐区域，它面对着森林中一处宽阔的草坪，视线可

3-2-28

3-2-29

3-2-30

二、餐饮设施

以穿过森林看到远处的古堡及后面法兰克福市区，在这里就餐令人心旷神怡。欧贝罗伊野花大厅酒店的餐厅旁有一个全玻璃的阳光房，再往外是一处可眺望喜马拉雅山的宽大露台，客人在不同的天气都能拥有良好的就餐环境（图 3-2-0、图 3-2-30）。

2）与庭院的结合

餐厅也可以和庭院空间相结合，在上一节餐厅的位置中我们列举了许多面对内部花园的案例，很多带内庭的餐厅往往都有鲜明的地域风情，比如印度的欧贝罗伊杰维拉酒店的餐厅与古堡建筑的内庭院相结合（图 3-2-31）；

埃及红海边的欧贝罗伊撒尔哈氏酒店晚餐厅也与这座中心建筑的内庭院相结合（图 3-2-32），具有浓郁的摩尔风情；此外还有城市酒店暹粒柏悦的餐厅（图 3-2-33）围绕着庭院的回廊，吊椅式的餐椅透着浓浓的老印度支那风韵，这些庭院餐厅都不依赖外部景观而着眼于塑造内部庭院的氛围，晚上在这里用餐时，庭院内的炉火噼啪作响，闪烁的光影投射在四周的建筑墙面和回廊上，在这样的庭院中就餐十分惬意。

图 3-2-28 南非葡萄园云村公寓酒店餐厅
图 3-2-29 希腊阿里斯缇山区度假酒店
图 3-2-30 印度欧贝罗伊野花大厅酒店餐厅、阳光餐厅及露台
图 3-2-31 印度欧贝罗伊杰拉维拉酒店餐厅
图 3-2-32 埃及欧贝罗伊撒尔哈氏酒店餐厅
图 3-2-33 柬埔寨暹粒柏悦酒店餐厅

3-2-31

3-2-32

3-2-33

3）远景和近景的结合

无论面对什么样的景观，营造好餐厅和远处自然景观之间的近景能使景观价值发挥到最大。这个近景可以是草坪（图3-2-38），或一片花树，也可以是平静的水面。在有多个餐厅的大中型酒店中，为了让面对同一片风景的不同餐饮空间有不同的视觉感受，往往会通过不同的近景处理来避免餐厅景色的雷同。比如前面讲到的甲米普拉湾的丽思卡尔顿酒店中的几个餐饮空间均沿着西边的海岸线分布，面对着海中同一片山岩，因为这里的海景太美了，平缓的地形使得在离海岸线较远的地方都无法欣赏到这般景色。为了让这些餐厅的景观各有特色，每个餐厅与大海之间的景观处理均采用了不同的手法。Jampoon 餐厅与大海之间是自然山水花园；Lae Lay 餐厅则是用平静的无边水池

来映衬海景，异域风情的吊灯低垂在水面，散发着令人难忘的魅惑气息（图3-2-34、图3-2-35）。不同的近景使得各个餐厅都有自己各具特色和情调的海景画面。这类水岸平地酒店要特别强调用近景来烘托远景，阿曼首都马斯喀特佛塔酒店的主餐厅在一个半围合的庭院中能远远地望到大海，但与大海之间有柱廊、草坪和高大的椰枣树林组成的近景和中景，使扁平的海景变得丰富生动起来（图3-2-36）。

图3-2-34、图3-2-35 普拉湾丽思卡尔顿酒店面对同一片海景的两个餐厅的不同近景
图3-2-36 阿曼佛塔酒店餐厅
图3-2-37 阿曼佛塔酒店餐厅平面示意图
图3-2-38 斯里兰卡康提艾特肯斯彭斯酒店餐厅

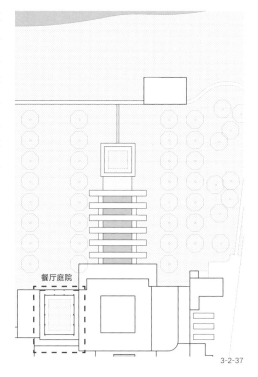

餐厅庭院

3-2-37

3-2-34

3-2-35

3-2-36

3-2-38

4）内部空间的特色

餐厅内部的特色主要通过空间的形式、变化及风格来体现，空间的变化首先要有利于增加每个座位的景观价值，比如乌布巴厘岛曼达帕丽思卡尔顿的餐厅以高差划分不同的区域（图3-2-39），通过抬高的平台使能够望到河谷景观的座位增加了一倍，日本富士河口湖拉维斯塔酒店餐厅也利用了高差变化来增加观景的座位数。其次要注重体现地域传统建筑文化特色，比如库玛拉孔湖畔酒店餐厅的内天井，就具有典型的南亚建筑风韵，同时隔着天井观看喀拉拉邦的传统戏剧表演，使就餐区与表演区有了一个缓冲空间，也避免了我们常见表演区与餐厅的气氛不协调及干扰就餐的问题（图5-6-12）。巴厘岛宝格丽度假酒店的两间餐厅也刻意打造各具特色的内部空间（图6-3-39），沿海边的餐厅采用突出海景的做法，而另一家离海景稍远的意式餐厅则强调优雅的就餐氛围，不仅对客人的着装有要求，而且在空间上也有自己的特点，带内庭的空间和座位的分布都刻意拉远了食客彼此之间的距离来营造安静、私密的就餐环境（图3-2-40）。

此外，还要依据基地所处的地形地貌及自然环境做出有创意的室内空间，比如泰国阁瑶岛六善酒店的玻璃地面看得见山泉流淌（图3-2-41），附和了酒店尊重并崇尚自然的理念。

餐厅的内部空间特色更多地依靠室内装修设计来实现，不在本书讨论的范围。

图 3-2-39 巴厘岛曼达帕丽思卡尔顿酒店餐厅高差
图 3-2-40 巴厘岛宝格丽度假酒店意大利餐厅的内天井
图 3-2-41 泰国阁瑶岛六善酒店餐厅玻璃地面

3-2-39

3-2-40

3-2-41

3-2-42

3-2-43

图 3-2-42　意大利马泰拉拉迪莫拉石头酒店餐厅
图 3-2-43　焦特普尔 RAAS 酒店利用古老的十二柱厅作为餐厅
图 3-2-44　焦特普尔 RAAS 酒店局部平面图
图 3-2-45　巴厘岛乌布科莫香巴拉酒店早餐厅是一座木构古建
图 3-2-46　巴厘岛曼达帕丽思卡尔顿鸟巢餐厅

5）餐厅建筑特色

　　餐厅的风格要凸显酒店的建筑特色，比如洞穴酒店有洞穴餐厅（图 3-2-42）、野奢酒店适于帐篷餐厅等，为食客带来新奇的体验。这种将餐厅打造成有特色的建筑形式的设计能突出并加强精品酒店的气质。也有些是利用历史建筑，比如焦特普尔的 RAAS 酒店（图 3-2-43、图 3-2-44）将花园中心古老的 12 柱厅作为餐厅，红色的砂岩和曼妙的白纱帘之间的对比散发出迷人的气息。巴厘岛乌布科莫香巴拉酒店则移来了一个具有百年历史的精雕细琢的传统木构

建筑作为酒店的餐厅（图 3-2-45），在绿树成荫的花园中看起来格外有魅力。阿丽拉阳朔糖舍酒店则将保留的工业遗迹糖厂作为酒店的餐厅（图 6-1-10），而在巴厘岛的阿丽拉乌鲁瓦图别墅酒店则是现代的设计，其海岸悬崖上的鸟笼餐厅包间，在网络上广泛传播，引得许多粉丝慕名而来（图 3-2-49）。巴厘岛曼达帕丽思卡尔顿河岸的鸟巢餐厅（图 3-2-46）则以竹编建筑营造了一处趣味十足的就餐环境，这座竹编建筑是在效仿巴厘岛上更早的、享誉世界的一处全由竹子建造的绿色村庄度假村。

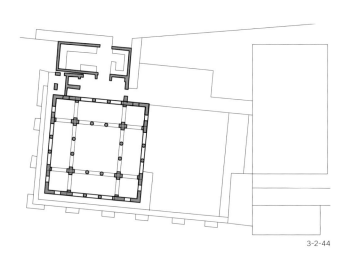

3-2-44

3-2-45

3-2-46

世界各地的高端度假精品酒店很少设置包间，在国外选择入住这类酒店的客人多为情侣、家庭及亲朋，极少有团体客人及商务宴请活动，因此对包间需求不大。客人在餐厅悠闲地享受美食，是在酒店度假很重要的一部分，吃饭的过程也是体验并享受酒店美景的过程，可以欣赏餐厅周围的环境及体验空间的风韵。而且精品酒店的客人较少，入住的客人素质也比较高，一般不会大声喧哗，餐厅的总体气氛还是非常优雅的，所以客人对封闭的就餐空间需求不大。另外此类酒店的高端客房大部分都设有餐饮空间，酒店可以为极其重视隐私的客人提供客房餐饮服务甚至客房内的小型宴会。但在餐厅附近设置一些独立的就餐区域的做法也比较常见，可以当作开敞的包间（图3-2-47、图3-2-48），在这里摆上餐桌，烛光环绕、乐手伴奏，好不浪漫。我们在许多酒店中看到过这样的空间，有的深入大海，有的依临悬崖，有的藏于密林（图3-2-51），而不需要用餐时它就是一个观景亭，比如像巴厘岛的阿丽拉乌鲁瓦图别墅酒店悬崖上的鸟笼（图3-2-49、图3-2-50）。

3-2-47

3-2-48

图 3-2-47 巴厘岛贝勒酒店泳池旁独立就餐区
图 3-2-48 泰国阁瑶岛六善酒店户外独立就餐区
图 3-2-49、图 3-2-50 巴厘岛阿丽拉乌鲁瓦图别墅酒店鸟笼餐厅包间
图 3-2-51 印度色瑞咖啡园度假村室外就餐区

3-2-49

3-2-50

3-2-51

4. 酒吧、咖啡厅、茶室

1）在园区独立

精品酒店契合自身的特质一般都会设置酒吧、咖啡厅或茶室。不同类型、不同规格的酒店对这类设施的要求非常不同，有些是单独设置，有些则是与简餐结合。其规划设计原则几乎都和上述餐厅一致，只不过相较于餐厅在位置甄选上更为灵活，设计上也更加随意，我们仅就与餐厅设计不同的地方加以概述。

图 3-2-52 巴厘岛阿雅娜度假别墅岩石酒吧
图 3-2-53 甲米普拉湾丽思卡尔顿落日吧
图 3-2-54 阁瑶岛六善酒吧
图 3-2-55 青城山六善星光酒吧
　　（图片来源：六善养生及酒店集团提供）
图 3-2-56 摩洛哥塔马多特堡帐篷酒吧

单独设置的主题酒吧或茶室一般都有非常鲜明的特色，在聚落式度假村中它往往独处一隅，成为度假村一道独特风景，比如巴厘岛阿雅娜度假别墅久负盛名的岩石酒吧是酒店的众多酒吧之一（图 3-2-52），建造在金巴兰海湾的悬崖下方礁石上，紧邻浩瀚的印度洋，在此能观赏印度洋波光粼粼的醉人景致和最为迷人的日落。自从开业以来，受到各国观光客追捧，几乎成为游客来金巴兰地区的必访之地。微风轻拂拍打岩石，令人心旷神怡，仿佛置身天堂般的静谧圣地。

甲米普拉湾丽思卡尔顿落日吧傍着海岸的椰树，旁边设有躺椅、吊床，客人可一边欣赏壮丽的安达曼海日落景观（图 3-2-53），一边享用热带鸡尾酒，每周六还可以与 3 岁的小象 Coco 一起玩耍，成为了酒店的一个特色活动。阁瑶岛六善 The Den 的一座小酒吧（图 3-2-54），玻璃室设计双层葡萄酒窖，悬吊式的梯子通向酒窖的第二层，同时第二层还有一间自由开敞的小酒吧，多层次的陈设格局营造出温馨的感觉。青城山六善酒店的酒吧天花板采用当地竹材编制，透过点点星光，让这里的客人感受与自然亲近（图 3-2-55）。摩洛哥塔马多特堡酒店则在这个古堡的外面搭建了一座帐篷酒吧（图 3-2-56），里面配备了台球桌，与古堡的静谧不同，呈现出轻松活泼的氛围。

3-2-52

3-2-53

3-2-54

3-2-55

3-2-56

2）在大堂一侧

这种模式多为服务酒吧、酒廊或静吧，一般也与简餐、咖啡、下午茶相结合。精品酒店为了充分体现酒店的休闲感和空间的奢华感，往往不会吝惜空间，利用各种角落来安排这类提供酒水的休闲空间，特别是那些文化遗产改造的酒店，常在老建筑中闲置的角落设置这类休闲空间。最常见的位置是在大堂附近，比如德国贝希特斯加登凯宾斯基酒店（图 4-4-10、图 4-4-11）和澳洲黄金海岸范思哲豪华度假酒店进门正对中轴线尽端的大堂吧（图 3-2-57）。在这里可以欣赏外部的景观，拥有较好景观资源的大型酒店常使用这种大堂吧模式。在没有外部景观的情况下，摩洛哥哈桑大楼酒店大堂一侧，大堂吧华丽的装修形成独具特色的角落（图 3-2-58）。

也有的会设在大堂的楼上，辛格运动水疗酒店在挑空的大堂之上布置了许多温馨的角落作为酒吧和咖啡厅。贝尔蒙德吴哥宅邸也是设在中心建筑的二层，这里能居高临下俯瞰花园中的泳池。小型酒店会将其设置在大堂的一个角落，以强调温馨舒适的氛围，还有的会将其和其他用房组织在一起，松赞酒店便是将下午茶室和图书室相结合。也有的是处于中心大堂旁的一个半独立的空间，比如安纳塔拉凯瑟尔艾尔萨拉沙漠度假酒店和西双版纳安纳塔拉度假酒店都在大堂中轴线旁有一个半开敞的厅（图 3-2-59），虽然这个空间向大堂开放，但相对独立，往往服务于专门来此休闲娱乐的客人。

3）整体建筑中的独立房间

在集中式建筑中单独设置的空间往往风格特点都非常鲜明，比如德国克伦贝格城堡酒店中的酒吧本是一个典型的公众酒吧，通过设置封闭的房间使这里的霓彩闪烁与城堡整体的沉稳幽静的气质相分离。在日本精神的茶道文化里，茶室也会被单独设置，如星野集团的京都虹夕诺雅。国内的一些精品酒店也同样会设置供客人品茗、学茶交流的茶室空间。澜沧景迈柏联酒店这座以普洱茶为主题的茶园酒店就设立了单独的茶室，紧邻接待厅的一侧，客人可以在这里品茶、抄写茶经（图 2-8-10）。这些单独设立的厅堂空间往往能更好地烘托酒店的主题。简餐吧一般会安排在紧邻户外泳池的房间，比如阿丽拉贾巴尔阿赫达度假村的酒吧外就是池畔区域，方便客人使用。

3-2-57

3-2-58

3-2-59

图 3-2-57 澳大利亚范思哲豪华度假酒店大堂中心的大堂吧
图 3-2-58 摩洛哥哈桑大楼酒店大堂一边的大堂吧
图 3-2-59 阿布扎比安纳塔拉凯瑟尔艾尔萨拉沙漠度假酒店大堂吧

4）池畔吧与天台吧

与泳池组合的池畔吧十分常见，在度假酒店中户外泳池是客人日常休闲的中心，因此餐吧、酒吧、水吧和泳池的组合是酒店的标准配置，这类建筑十分小巧，可与泳池及周边景观形成一个有机的整体。比如迪拜的巴卜阿尔沙姆斯度假酒店泳池中的水吧和甲米普拉湾丽思卡尔顿酒店中心泳池旁的水吧都如同泳池的景观小品，与周边景观融为一体（图3-2-60~图3-2-62）。安纳塔拉凯瑟尔艾尔萨拉沙漠度假酒店泳池畔的帐篷吧也和泳池一起成为了花园中的一景（图3-2-63）。

和泳池一样，屋顶也是这类轻餐饮设施不错的选址，鉴于前边所说的屋顶餐厅的物料供应问题，酒吧、咖啡和茶室就成了更好的选择。我们常看到许多古城酒店的轻餐饮设施就常设在屋顶的露台，像摩洛哥马拉喀什的传统建筑都是平屋顶，非常适合布置这些设施（图3-1-6）。

图3-2-60　泰国甲米普拉湾丽思卡尔顿酒店中心泳池区局部总图
图3-2-61　迪拜巴卜阿尔沙姆斯度假酒店泳池水吧
图3-2-62　泰国甲米普拉湾丽思卡尔顿酒店中心泳池水吧
图3-2-63　安纳塔拉凯瑟尔艾尔萨拉沙漠度假酒店帐篷吧

3-2-60

3-2-61

3-2-62

3-2-63

5. 户外的餐饮

精品度假酒店也往往会在户外选择特殊的餐饮地点，这样的餐饮场所非常富有情趣，也极大地丰富了酒店的体验感。户外餐饮地点多选择在能眺望风景的地方，并通过精心布置来制造浪漫情调。在印度内陆的莫黑什沃尔，这个古代著名的圣城如今已经远离大众视野，是座游人很少的安静小城，它紧邻清澈而宽阔的大河，令人想起恒河岸边的瓦拉纳西，但这里河水清澈、环境优美，岸边的建筑也更漂亮。古代的王宫阿喜亚城堡建于河岸的悬崖上，末代王子将它改造为精品酒店（图2-4-3），这里曾一度归在著名的精品酒店集团罗莱夏朵旗下。王子也是个美食家，他亲自制定的菜谱被《纽约时报》誉为上帝的飨宴，更有趣的是入住期间每餐都被安排在酒店的不同地点，或是能眺望壮阔河景的城墙上，或是漂亮的泳池边，或是安静的庭院内，令我们难以忘怀的不仅是精美的食物，还有每餐不同的氛围与情调（图3-2-64、图3-2-65）。

许多精品酒店都有固定的户外餐饮场所，环境各不相同。在巴厘岛，许多海岸酒店会在海滩平台上为情侣摆上桌椅、点上蜡烛，伴着落日尽享浪漫的晚餐。巴厘岛安缦达瑞则在面向峡谷的草坪上为客人铺上地毯，体验置身于大自然中的惬意，享受静谧的野餐环境。户外餐饮的地点要选在度假村中最奇绝处才有意义，像阿曼的阿丽拉贾巴尔阿赫达度假村在悬崖边独设了一座能眺望峡谷落日的晚餐平台（图3-2-30）。日本虹夕诺雅富士度假酒店在森林中设置了若干餐饮空间（图3-2-66），住在这个与自然亲密接触为理念的酒店中，许多客人会选择在户外享用三餐，在森林中度过悠闲的时光。

户外餐饮还可拓展到酒店园区之外，迪拜巴卜阿尔沙姆斯沙漠温泉度假村就在酒店的附近设立了一处"沙漠集市"，院子的四周是一个个食品摊位，中间空地上的地毯上则是就餐区，来到这里就如同进入了一个传统的阿拉伯老集市，风味十足。每天还会在固定时间放烟火，为自助餐增添了别样的趣味。

有些小型精品酒店的户外餐饮往往不会设置固定的场所，而是利用已有的资源灵活布置，我们在不丹虎穴寺附近一栋废弃的古旧庭院中看到安缦酒店在为客人布置晚餐，四周残旧的石头墙围着几个铺着白色桌布的桌台，地面上环绕着蜡烛，很有情调。印度潘那野生保护区内帕山伽赫客栈为客人提供野外的牛车野餐，也是一种特别的体验。有些酒店结合为客人安排的观光活动的地点会在离酒店更远处安排野餐，简单的会像帕山伽赫在野外探险时的早餐那样，铺上地毯摆上酒店精心准备的食器；正式的则像松赞酒店（图3-2-68）在海拔3000m的山顶村落的一栋民宅屋顶上摆餐，面对着雄浑的山峦，眼前是一桌丰盛的美食，无不感到惊艳。同样在松赞，在壮阔的纳帕海边的一顿精美午餐也令我们惊喜万分（图3-2-67）。

从上述案例可以看出，这些户外的餐饮虽然较少牵涉建筑设计的内容，但却是精品酒店规划中的重点，它成本较少、布局灵活，只需创意就能极大地提高客人的体验感。

图3-2-64、图3-2-65 印度阿喜亚城堡酒店每日餐点摆在城堡不同位置
图3-2-66 日本虹夕诺雅富士度假酒店在森林中设置若干户外餐饮场地
图3-2-67 松赞酒店在纳帕海边设置的精美午餐
图3-2-68 松赞酒店在海拔3000多米处的民宅屋顶摆餐

3-2-64   3-2-65   3-2-66

3-2-67   3-2-68

图 3-3-0 法兰克福克伦贝格城堡酒店的书房

THE LIBRARY

图书室

僻静独处的图书室
公共中心的图书室
厅廊一隅的图书室
图书室的设计特点

图书室是大多数精品度假酒店不可缺少的配置。它收藏的图书和画册可以展示酒店所在地的历史、传统、艺术、建筑、动植物等，使旅行者能够深入地了解当地的人文历史，图书室的设置符合精品酒店不同于商务酒店的特质，对一个度假者来说它提供了一处安静的阅读空间，让生活慢下来从而享受待在酒店的时光。另一方面，精心设计的图书室彰显了酒店的文化品味，并能突出酒店的主题，也会成为酒店中一处值得驻足和品味的空间。酒店如同旅行者在异乡的一个家，无论中外，在古老的世家或贵族宅邸中，书房都是不可或缺的一处空间。法兰克福郊外的克伦贝格城堡酒店就完整保留了城堡主人维多利亚·弗里德里希皇后的书房（图3-3-0），高大气派的空间、珍贵的藏书以及古董透着高雅和华贵，室内温暖的壁炉与窗外古树环抱的景色一起构成了这个经典书房的独特韵味，成为精品酒店图书室的标杆。而大多数新建的酒店并不具备这样的历史底蕴，因此应依据各自的环境打造出属于自己的书房。本节我们将梳理酒店中不同图书室的规划设计模式。

对于大多数酒店来说，图书室的象征意义大于实际意义，休闲功能大于读写功能，因此要规模适度、尺度得当，大则可以是独立的厅室，小则可以是一个过厅或是某厅室的一角。

图书室的选址要依据酒店所处的地形和景观，其重要性不如大堂和餐厅，只有客人单一流线没有服务流线，因而选址也更灵活。设计上要因地制宜，着重打造出独特的氛围和意境。

图 3-3-1 阿曼阿丽拉贾巴尔阿赫达度假村图书室

3-3-1

1. 僻静独处的图书室

以普吉岛的帕瑞莎度假村为例（图 3-3-2），图书室为雨林环抱的海岸悬崖上的小屋，有如秘境仙居，处在这样的避世环境中会忘记凡间的琐碎，可以静静地阅读思考，或者什么都不做，透过窗前参天大树的枝桠望着安达曼海平静的海面发呆。这种独处一隅的图书室适于占地较大、园区景致优美的度假村。

巴厘岛阿丽拉乌鲁瓦图别墅酒店（图 3-3-3～图 3-3-6）从平面图上看，图书馆被设置在主入口的西南侧，与 SPA 区的入口相连，面向主景观水面。而笔者实际入住考察后发现图书室与原有的精品店位置已对调了，如今的图书室位于入口广场的西北侧。这种位置的互换有实际使用中的具体考量，原有布局的图书室的位置，在一条主要公共动线上，去休闲吧、餐厅、泳池的客人和服务人员都会对它有一定的打扰，而原有的精品店选址虽然利于单独逛店选择纪

念品，但位置孤立、不引人注意，不易形成商业气氛。而作为图书室自带一份闲适与沉静。这个区域北侧一隅，同时也连接了酒店公共区和北侧的别墅客房区。图书室的建筑设计与酒店整体设计一脉相承。无论从哪里来，客人们都会通过一段光影极美的连廊从南侧进入图书室。整个图书室面积不大，五六十平方米，左右设置了两组沙发，室内设计延续简洁、现代的风格。透过落地玻璃望出去是一片平静的小水面，波光映照在用当地竹片拼成的白色吊顶上，使得空间变得细腻而灵动。右边沙发背后放着一组当地的木雕，左边则是一幅大尺寸的油画，很吸引人，是专门请艺术家画的酒店某处水边的景致，整个画面流光溢彩，还能感受到水面的涟漪，而水边趴着的几只青蛙更是惹人喜爱，仿佛可以听见他们的叫声，使得在阅读中又多了几分自在与清凉。

图 3-3-2 普吉岛帕瑞莎度假村图书室
（图片来源：普吉岛帕瑞莎度假村酒店提供）
图 3-3-3 巴厘岛阿丽拉乌鲁瓦图别墅酒店公共区首层平面图
图 3-3-4 巴厘岛阿丽拉乌鲁瓦图别墅酒店图书室外廊
图 3-3-5 巴厘岛阿丽拉乌鲁瓦图别墅酒店图书室陈设
图 3-3-6 巴厘岛阿丽拉乌鲁瓦图别墅酒店图书室外景

3-3-2

3-3-3

3-3-4

3-3-5

3-3-6

2. 公共中心的图书室

图书室也可以是酒店中心建筑中的一个厅室，这样的位置方便客人往来，根据亲疏关系可与大堂形成各种组合，常见的有以下几种。

1）与大堂连通

图书室成为大堂或大堂吧的一个附属空间，可以兼顾接待及休闲等功能。如阿布扎比安纳塔拉凯瑟尔艾尔萨拉沙漠度假酒店的图书室和酒吧就沿大堂吧的中轴线一左一右对称布局，高大气派的空间丰富并强化了酒店的空间序列（图3-3-22），同样的手法也见于拉萨瑞吉大堂一侧的藏式风格图书室（图3-3-7）。与大堂吧连通的图书室更强调的是休憩功能。上海璞丽酒店的图书馆也面

向大堂空间设置（图3-3-8、图3-3-9），客人不仅能在其中休憩看书，也可喝茶吃点心，兼具了休闲吧的功能。

2）相对独立

大堂附近相对独立并封闭的图书室更易形成有书香氛围的能静心阅读的空间。比如拉贾斯坦安缦巴格的图书室位于大堂的楼上（图3-3-10），这里安静明亮，可居高临下地眺望酒店的中心花园。丽江安缦大研的图书室也处在大堂上层挑空的回廊一侧，和棋室组合在一起，是一个颇有禅意的设计。巴厘岛安缦达瑞酒店图书室（图3-3-11、图3-3-12）在半

开放的大堂一侧，隐秘在室外与大堂之间，气氛静谧而悠闲。有些图书室还兼做接待空间，让初到的客人在这里等候办理入住。

3）中心花园旁

也有些图书室设在度假村的中心花园旁，成为室外公共活动中心一侧的休闲空间。西双版纳安纳塔拉度假酒店的图书室位于江边的中心花园旁（图3-3-13、图3-3-14），由于坡地的关系它位于大堂的下层，但与中心花园处于同一标高。巴厘岛苏瑞酒店的图书室与大堂也是同样的位置关系（图3-3-15），这些图书室都面向景观和花园设置。

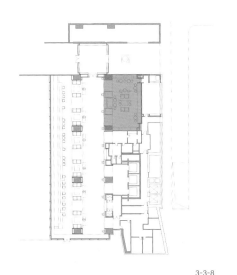

3-3-8

图3-3-7 拉萨瑞吉酒店大堂图书室
图3-3-8 上海璞丽酒店图书室平面位置示意
图3-3-9 上海璞丽酒店图书室
图3-3-10 印度安缦巴格二层图书室
图3-3-11 巴厘岛安缦达瑞图书室平面位置示意
图3-3-12 巴厘岛安缦达瑞图书室室内
图3-3-13、图3-3-14 西双版纳安纳塔拉度假酒店图书室
图3-3-15 巴厘岛苏瑞酒店图书室剖面位置示意

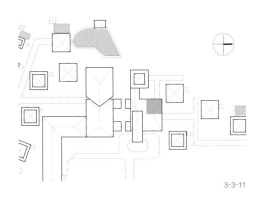

3-3-11

3-3-15

3-3-7

3-3-10

3-3-13

3-3-9

3-3-12

3-3-14

3. 厅廊一隅的图书室

　　图书室也可随意设置在厅堂或走廊一角，一组沙发、几个书柜就像茶室或自家别墅的某个角落，轻松而随意。比如马拉喀什老院子改造的精品酒店拉苏丹娜的图书室就位于院子二层回廊的一侧（图 3-3-16）。这种老建筑改造的酒店会有许多角落不适合做客房等比较正式的房间，因此就被用来做休闲空间或书吧。阆中花间堂利用老院子的阁、廊、过厅等放置一些沙发、摆上一些书籍或文房四宝，成为一处处小小的书房，为酒店增添了浓重的人文气息（图 3-3-17~ 图 3-3-19）。更简单的，有些小酒店会在大堂的一角结合大堂吧布置书柜。比如阁瑶岛六善将图书室与咨询台、酒吧等组织在一栋建筑中，面对被称作起居室酒店中心的公共小广场，客人们坐在躺椅上悠闲地翻看着画册、在广场上吃东西、在布告栏前寻找旅游信息，组成了一幅幅酒店生活的图景。

图 3-3-16　马拉喀什拉苏丹娜精品酒店图书角
图 3-3-17　阆中花间堂酒店图书角 1
图 3-3-18　阆中花间堂酒店图书角 2
图 3-3-19　阆中花间堂酒店图书角 3

3-3-16

3-3-17

3-3-18

3-3-19

4. 图书室的设计特点

图书室的设计要考虑其外部环境和内部环境。和餐厅一样要面向最好的景观，避免成为一个过于封闭的空间，而失去度假的休闲感，例如阿曼阿丽拉贾巴尔阿赫达度假村的图书室虽然典雅有格调，且能在这里发现不少好书，但封闭的有如会议室的空间令人始终不想久待，再加上有员工的内部用房需从此穿过，使之更像一个过厅（图3-3-1）。

内部环境设计要依据酒店的特性和主题，着力打造书房的独特格调，常见的设计手法有：

1）经典书房

将图书室做成书房本身应有的样子，比如前面列举的法兰克福克伦贝格城堡酒店的书房再现了维多利亚时代的经典风貌（图3-3-0）。英国维珍航空公司老板在摩洛哥将一座古堡改造成的塔马多特堡精品酒店（图3-3-20），也是一个经典的传统书房，围绕着古老的壁炉，眼前是噼啪的炉火，远处是白雪覆盖的阿特拉斯山脉，依偎在沙发里抱着一本讲述古堡历史的图书，愿时光在此停留。

2）主题烘托

图书室也不一定以展示书籍为主，要依据酒店的主题来确定其格调。比如印度南部佩瑞亚野生动物自然保护区内的香料度假村是以自然生态为主题的精品酒店（图3-3-21），它的图书室就是一座标本室，墙上布满了各种动植物的标本并有一个常驻的生物学家，每日有定时的小型讲座。主题酒店要将图书室作为弘扬酒店主题的一个场所，比如阿布扎比沙漠皇宫主题的安纳塔拉凯瑟尔艾尔萨拉沙漠度假酒店中的图书室（图3-3-22）从装饰到陈设都极好地突出了酒店的主题。

3）惬意书吧

将图书室布置得更有休闲感，成为一处日常的休憩空间，比如诺尔丹营地的图书室（图3-3-23）是一座小木屋，里面有一个大炕，脱鞋而入，客人枕着床上的靠垫翻阅图书，度过一段慵懒的时光。这些各具特色的图书角以不同的格调和气质诠释着酒店的主题特色，成为令客人喜爱的休闲空间。

图3-3-20 摩洛哥塔马多特堡酒店图书室
图3-3-21 印南佩瑞亚野生动物保护区香料度假村植物标本室
图3-3-22 阿布扎比安纳塔拉凯瑟尔艾尔萨拉沙漠度假酒店的图书室
图3-3-23 甘南诺尔丹营地图书室

3-3-20

3-3-21

3-3-23

3-3-22

图 3-4-0 巴厘岛科莫香巴拉酒店水疗中心

四

水疗

能望到景观的水疗
隐秘的水疗院落
水疗在主体建筑之中
酒店以水疗为中心
水疗的建筑空间特色

　　水疗是集美容、美体、美发、美甲、桑拿、泡浴、休闲等为一体的综合服务项目，有些酒店还会将养生、瑜伽、冥想这些内容也放入SPA中。水疗是精品度假酒店的重要组成部分，甚至是酒店的重要标志，有些著名精品酒店的水疗品牌还设立了单独的机构独立经营。一般水疗中心包括公共空间、水疗房和水疗池。公共空间包括接待大厅、储藏、衣帽间、卫生间、梳妆台、淋浴室、等候室、休息室；水疗房包括门厅、前院、按摩床、后院。各个酒店相应的配置非常不同，像安纳塔拉、悦榕庄、六善等品牌的精品酒店或一些名字就含有SPA的酒店水疗规格非常高、设施齐全，小型酒店则往往只在公共泳池旁设有简单的水疗按摩用房。很多精品酒店水疗的泡池常与泳池结合，热带地区大中型酒店的水疗一般有独立的户外泡池或泳池，与酒店公共泳池分开，户外公共泳池是酒店最重要的室外景观，将在下一节详细论

述。水疗的具体功能用房在该类建筑的专项设计资料或各酒店管理集团标准中都有详细的技术要求可供参考，本书仅论述其涉及酒店规划及公共空间有关的内容。与酒店的其他功能一样，水疗在酒店中的位置也有多种选择，有的

位于主体建筑中，有的独处一隅。许多精品酒店会将各种公共设施集中在一栋楼中，却唯独将水疗单独安排在园区一角，幽静的环境使其成为度假村中一处别有洞天的隐秘之所，它们的位置选择一般有以下特征。

图 3-4-1　阿曼绿山阿丽拉贾巴尔阿赫达度假村

3-4-1

1. 能望到景观的水疗

和前面讲的其他功能用房一样,景观也是水疗的最重要的考虑因素,能边做水疗边观赏风景是绝佳的体验。塞舌尔的莱佛士酒店的独立水疗室一进入门厅就能望见大海(图3-4-6、图3-4-7)。大多数情况下,泡池或泳池正对着酒店主景观的位置,在泡浴的同时望到优美风景。山谷中的秘鲁乌鲁班巴的喜达屋豪华精选酒店的水疗泡池面对溪边的森林(图3-4-2),能充分融入窗外的大自然。德国埃赫施塔特美景健康酒店的室内泳池也能透过落地窗眺望山下田园环抱的小镇(图3-4-3),我们去时恰巧是雨季,在池中望着窗外的晴雨交替的晚霞映山那一场景至今难忘。法国普罗旺斯波利斯温泉酒店建在一处高地,水疗区旁边的室内泳池中可以眺望普罗旺斯的乡村丘陵(图3-4-5)。法国阿尔卑斯山上阿尔伯特一世酒店的温水泡池抬头就能仰望白雪皑皑的雪山(图3-4-4),

滑雪归来的客人躺在池边仰望着窗外的美景,身边是暖融融的炉火,身心得到极大的放松。面对风景是水疗中心最大的卖点,巴厘岛阿雅娜酒店的岩石SPA,在伸向大海的室内享受水疗,水疗需要提前预约,一天只接待6对情侣。除了泡池,条件允许时在按摩房也能看到绝美的景观,像阿曼悬崖上的阿丽拉贾巴尔阿赫达度假村的水疗按摩房甚至与水疗中心相剥离,单独处于崖边,面对壮阔峡谷,在大自然中身心得到抚慰(图3-4-1)。在希腊北部小城卡斯托利亚的利蒙温泉度假酒店可在温泉池中遥望外面美丽的湖景。青岛涵碧楼的水疗泳池能看到窗外雾茫茫的大海。类似这样的画面我们在许多酒店的网页上都能看到:有的面对大海、有的面对溪流、有的面对田野,成为最打动客人的画面之一。

3-4-7

图3-4-2　秘鲁乌鲁班巴的喜达屋豪华精选酒店水疗
图3-4-3　德国埃赫施塔特美景健康酒店水疗池
图3-4-4　阿尔伯特一世酒店水疗池
图3-4-5　法国普罗旺斯波利斯温泉酒店水疗池
图3-4-6、图3-4-7　塞舌尔莱佛士酒店水疗入口及总图

3-4-2

3-4-3

3-4-4

3-4-5

3-4-6

2. 隐秘的水疗院落

如果酒店没有外部景观，或外部景观条件一般，水疗中心就适于营造自己的小环境，占地比较广阔的度假村大多是将其单独置于园区的一隅，营造一处秘密花园。比如暹粒市区的贝尔蒙德吴哥宅邸的水疗中心就在园区一个单独的角落，处于花木掩映的私密院落，前面衬着静静的水池，池畔的建筑倒映在水池中，透出淡淡的隐秘感。水岸平地酒店由于水景的视点不佳也多喜欢将水疗中心打造成隐秘的花园，

甲米普拉湾丽思卡尔顿没有将水疗放在热闹的海边，而是置于幽静的水塘边，营造出自身的优美环境。印度库玛拉孔湖畔酒店也是一组离开水岸的传统风格的院落，建筑静静地独处一隅。许多酒店的水疗中心喜欢用一个独立的小院与外界隔离，比如青城山六善、西双版纳安纳塔拉度假酒店的水疗区都远离公共中心，藏在园区的角落，同样是高墙深院的外观，但进入之后花木亭阁别有洞天（图3-4-8~图3-4-10、

图3-4-22）。皇帝岛拉查酒店的SPA在酒店专门辟出一个院落，水疗房为多组单体，如聚落般组织在一起，并营造出静谧的绿化环境，使客人在进入水疗房的过程中逐渐平静下来。古城的老院子改造的酒店一般会拿出一个单独的院落作为水疗，比如菲斯老宅的水疗小院，其色彩和配饰都与其他庭院迥异，曼妙纱幕创造出隐秘的气氛。

图3-4-8 青城山六善酒店水疗中心总图
图3-4-9 青城山六善酒店水疗中心
图3-4-10 西双版纳安纳塔拉酒店水疗区

3-4-8

3-4-10

3-4-9

3. 水疗在主体建筑之中

3-4-11

将水疗设置在主体建筑中，更方便客人使用。常见于气候寒冷地区的集中式布局的度假村。鉴于水疗私密性的需求，许多集中式建筑的酒店都将其安排在不被外人打扰的位置，城市中的酒店一般位于地下室、裙房顶或屋顶。设置在下层的泳池其建筑结构更为合理，通常以幽暗的光线营造静谧的氛围，如放置在楼上则追求开阔的视野，并辅以天光。上海的璞丽酒店水疗区位于三层，窗外是美丽的静安公园，让人尽享"都会桃源"的秘境。广州的 W 酒店、迪拜的帆船酒店（图 3-4-12），能在百米高的水池中俯瞰城市。

风景区度假村的中心建筑中，水疗一般会被安排在大堂的下层，或远离大堂的一侧，许多建在坡地上的建筑，在大堂的下层既有地下室的隐私感，又能观赏到外部开阔的景观。比如克罗地亚罗恩酒店的水疗（图 3-4-13、图 3-4-14），进入时下到主体建筑的底层，有很强的隐秘感，但由于是坡地，这里的泳池与海岸的花园处在同一个标高，能看到外面的景色。澜沧景迈柏联酒店的水疗也位于大堂的下层，从入口另一面看则完全面向外部的泳池花园。同样位置的印度欧贝罗伊野花大厅酒店地下一层的室内游泳池、阳光休息大厅及室外温泉泡池，临着山崖，可眺望喜马拉雅山的景色（图 3-4-15）。在无法设置地下室的情况下，阿曼阿丽拉贾巴尔阿赫达度假村的水疗与大堂同处于一层，但未安排在主体建筑的端部，因此会有从大堂去户外泳池的客人需要穿过它，从而影响了空间的私密性。

3-4-15

3-4-12

3-4-13

图 3-4-11 北极村度假木屋宾馆水疗中心
图 3-4-12 迪拜的帆船酒店水疗中心泳池
图 3-4-13 克罗地亚罗恩酒店水疗中心的泳池
图 3-4-14 克罗地亚罗恩酒店水疗区域在剖面上的位置
图 3-4-15 欧贝罗伊野花大厅酒店室内游泳池及室外泡池

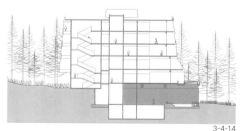

3-4-14

4. 酒店以水疗为中心

许多精品度假酒店名字就是"水疗酒店"，因此会将水疗作为酒店的一个重要的空间。比如和顺柏联酒店建筑的中心枢纽大堂是个室内泡池（图2-8-0），户外的温泉区更是酒店主打的景观。但这样布局，会使得客房区域像温泉中心的附属空间，私密感差，大中型精品酒店应当避免。小型酒店以水疗为中心则会拉近客房和水疗的关系，突出酒店疗养休闲的主题，比如我们设计的漠河北极村度假木屋宾馆就在酒店门厅后设置了水疗厅，成为了这个只有五间客房的精品酒店的中心，冬日面对室外零下40℃的严寒，在四面被原木包裹的大厅温泉水池里泡浴是一次难忘的经历（图3-4-11）。有些酒店更是直接将水疗的泡池放到客房楼的中庭或天井，成为这个封闭空间中的一景。比如我们在摩洛哥看到丽娜莱德SPA酒店的水疗池就在这个古民居的中庭。城堡式的拉苏丹娜沃利迪耶酒店客房楼的底层中心是水疗泡池（图3-4-16），站在客房屋顶平台上，透过玻璃顶便能看到下面的水疗空间。在幽暗神秘的环境里、天光洒下，泳池两侧也采用了柱廊空间，令人联想到摩洛哥的传统水院，有中东古典浴场的韵味，成为酒店里一个很有特色的场所。

多数以水疗为中心的度假村会将水疗独立出来，但不是上面所述的隐秘花园，而是作为度假村的一个中心建筑来彰显。著名的印度欧贝罗伊拉杰维拉酒店（图3-4-17），其水疗是庄园中的重点，同室外泳池和叠水景观一起再现了拉贾斯坦传统的波斯风格园林，成为度假村的中心景观，其照片也屡屡出现在世界各大旅游媒体上，多次获世界最佳酒店的荣誉。欧贝罗伊酒店集团的另一个经典是乌代浦尔的乌代维拉（图3-4-18）也将水疗放在酒店临湖的重要位置，宫廷风格的水疗建筑前，宽大的无边泳池上漂浮了几处瑜伽亭，背景是空灵的远山和安静的湖面，成为酒店的标志性画面。也有些离酒店主体较远，比如奥地利辛格运动水疗酒店在道路对面建了一个大型的独立的水疗区，三层的小楼集中了室内泳池、泡池、桑拿、美容美体、餐吧、静修、练功、室外泳池等多功能设施，并可以通过地下通道与主体建筑相连（图3-4-23）。国内许多温泉酒店会有一个大型的温泉浴场，这种对公众开放的温泉中心则更需要和酒店主体保持一定的距离，以维持精品酒店的清雅环境。

图3-4-16 摩洛哥拉苏丹娜沃利迪耶酒店水疗中心
图3-4-17 印度欧贝罗伊拉杰维拉酒店水疗中心
图3-4-18 乌代浦尔的欧贝罗伊乌代维拉酒店水疗中心

3-4-16

3-4-17

3-4-18

5. 水疗的建筑空间特色

　　特色鲜明的水疗建筑空间是精品酒店的一个亮点，典型的案例有瑞士卒姆托设计的7132 瓦尔斯温泉酒店，独特的设计语言使之成为引领建筑风潮的经典。虽然地处偏僻的山区，但每年吸引了许多世界各地的建筑师前来朝圣，酒店加建了客房，也带动了山村的旅游业（图 2-8-2）。由此可见好的水疗建筑可以成为酒店的一个招牌，归纳其设计的要点有如下特征：

图 3-4-19　拉贾斯坦安缦巴格酒店水疗中心
图 3-4-20　斯里兰卡的杰威茵灯塔酒店水疗中心
图 3-4-21　巴厘岛宝格丽度假酒店水疗中心
图 3-4-22　西双版纳安纳塔拉度假酒店通向水疗中心的路径
图 3-4-23　奥地利辛格运动水疗酒店水疗大厅

3-4-19

3-4-20

3-4-23

3-4-21

3-4-22

四、水疗

1）有特色的空间

占地广阔的度假村较城市商务酒店更有条件打造有特色的水疗空间。进入巴厘岛乌布科莫香巴拉酒店的水疗需从一个长着参天大树旁的无边水池下行，再进入下层的院落，创造了一个既有仪式感又有私密氛围的空间（图3-4-0）。室外水疗空间如西双版纳安纳塔拉度假酒店的水疗小院，建造得如同一个园林，有水池环绕的休息亭，有临江而立幕帐垂帘的阁，有灯影幢幢的巷，魅力十足（图3-4-22）。而室内空间的特色也非常重要，比如奥地利辛格运动水疗酒店的八角形水疗大厅（图3-4-23），具有古典公共浴场的仪式感。德国埃赫施塔特酒店，将小小的空间分为两层，二层的桑拿区透过泳池的上空能眺望远处的城堡和小镇。在冬季寒冷地区，室内泳池外加阳光房的做法很受欢迎，可以在里边晒太阳、赏景，比如北极村度假木屋宾馆及印度西姆拉的欧贝罗伊野花大厅酒店都有这样的设计（图3-4-11、图3-4-15）。

2）有风格的建筑

水疗建筑要依据酒店的整体风格和主题创造出自身特色。比如巴厘岛宝格丽度假酒店直接搬来了一座上百年历史的老房子作为水疗的接待厅（图3-4-21），精雕细刻的古旧老建筑成为园区的一大亮点。拉贾斯坦安缦巴格的水疗建筑是花园中心两个泳池之间的一座莫卧儿宫廷风格的建筑（图3-4-19），这个用砂岩打造的精致小屋成为园区的一景。传统的乡土建筑形式是众多水疗建筑的选择，体验具有异域特色的空间，容易获得彻底的放松。因此我们看到许多著名的设计酒店也会在水疗区突出传统建筑风情，比如巴瓦设计的斯里兰卡的杰威茵灯塔酒店在主体建筑之外单独建造了一组古色古香的斯里兰卡传统院落作为酒店的水疗中心（图3-4-20），这组建筑应该是酒店后来加建的，与巴瓦设计的主体建筑虽然风格不同，但也相得益彰，增添了度假村的丰富性。安纳塔拉凯瑟尔艾尔萨拉沙漠度假酒店的水疗中心也是一组独立的院落（图3-4-24），如同一座静谧老宅立在度假村的一角。

3）有隐秘感的环境

水疗环境的私密性是设计始终要坚持的准则。首先是通往水疗的道路要有隐秘感，比如杭州村落式的安缦法云度假村中，一条幽静的林中小径通往山坡上的水疗中心，营造的清幽和隐秘氛围让进入水疗的客人做好了心理铺垫（图2-4-61）。而巴厘岛的阿丽拉乌鲁瓦图别墅酒店前往水疗的曲折小巷也有曲径通幽之境（图3-4-25）。阿布扎比安纳塔拉凯瑟尔艾尔萨拉沙漠度假村和青城山六善酒店在进入水疗中心大门之前也用廊和墙营造出了强烈的隐秘感。

进入水疗中心之后可以进一步打造秘密花园的氛围，比如塞舌尔莱佛士酒店水疗中心内部通往按摩房的花园小道，以及巴厘岛乌布曼达帕丽思卡尔顿隐世精品度假酒店在水疗中心内部用热带植物营造的林中秘径（图3-4-26），都营造了令人身心彻底放松的绝佳意境。

图 3-4-24 阿布扎比安纳塔拉凯瑟尔艾尔萨拉沙漠度假村
图 3-4-25 巴厘岛的阿丽拉乌鲁瓦图别墅酒店水疗内部的路径
图 3-4-26 巴厘岛乌布曼达帕丽思卡尔顿度假酒店

3-4-24

3-4-25

3-4-26

图 3-5-0 印度库玛拉孔湖畔酒店精品店

THE BOUTIQUES

五

精品店

独立式精品店
组合式精品店
大型式精品店

　　精品店和精品酒店的关系就像它们的名称一样密不可分，精品店不仅是酒店的一个配套，它的形象也对酒店的奢华氛围起到很好的烘托，精品店橱窗里的地方特色纪念品也很好地诠释了酒店的地域文化。有些连锁的精品酒店还开发出了自己品牌的商品，既用在酒店中，也放在商店供客人选购留念。客人在酒店使用的生活用品，比如钥匙牌、洗浴用品、水杯，或是客房的配饰，比如靠垫、烛台、香熏都是经过精心设计的，这些带有酒店品牌标记的用品浸透着浓厚的文化理念又有设计感。比如悦榕庄旗下各酒店纪念品都以自家品牌为主，The One旗下的艺术品不仅见于自己的酒店之内，还出现在一些文化旅游区的精品店和高端会所。目前国内许多新兴的酒店品牌，如花间堂等也都在开发自己品牌的纪念品。

图 3-5-1 松赞酒店精品店

3-5-1

许多精品店的经营还与挖掘抢救传统工艺、带动所在地区村民就业等公益事业紧密联系在一起。诺尔丹营地诺乐品牌的牦牛绒精品（图3-5-2）就是组织当地的农牧民开厂生产的，在与国际奢侈品的合作中，不断完善和提升自己的品牌的品质，将当地极其普通的商品提升为国际知名的奢侈品。诺乐的牦牛绒制品不仅是该营地的一项特色装饰，产品还远销欧美国家（图3-5-3）。同样的还有松赞系列酒店，它组织藏族铜匠开办工匠作坊，制作的精美的铜制品（图3-5-1、图3-5-4）不仅成为极具特色的酒店装饰，还是酒店精品店中的特色商品。我们在印度因多尔末代王子开办的阿喜亚城堡

酒店的精品店中也看到了以自产手工莎莉为特色的精美织物（图3-5-5），参观这个手工作坊也是住店客人的活动之一。这不仅解决了部分当地贫困妇女就业的问题，还在抢救濒临消失的手工艺的同时，创立了独具风格的手工品牌。

图3-5-2、图3-5-3 诺尔丹营地的精品店
图3-5-4 松赞系列酒店自己工匠手工制作的铜饰
图3-5-5 印度阿喜亚城堡酒店支持的手工作坊

3-5-3

3-5-4

3-5-2

3-5-5

和其他配套一样，精品店可分为独立建筑及与其他功能组合这两种模式。精品酒店的客群主要为住店客人，其购物行为具有休闲性和随意性的特征。在分散式布局的度假村中，精品店往往是园区中一个独立的小建筑，比如印度佩瑞亚自然保护区中的香料度假村，小型精品店就是园区众多茅草屋中的一座（图3-5-6）。规模大些的精品店会有一个自己的院落，比如占地广阔的乌布科莫香巴拉酒店的精品店就是园区中一个单独的院落（图3-5-7、图3-5-8）。巴厘岛宝格丽度假酒店的精品店是由两间商店组成的单独小院，一个商店出售宝格丽品牌的奢侈品，另一个商店出售巴厘岛传统艺术品，

这样的设置显得非常高端。

分散式布局一般常见于高端度假村，其中不乏停留多日的客人，使逛店成为是一种日常休闲活动。有些精品酒店藏在大堂旁相对安静的角落，如安缦巴格放在大堂一侧的小楼，这间以古董为主的精品店的位置显得低调而隐密，恰如一个藏宝阁。从经营角度倾向于将商店放在从大堂前往客房的流线上，酒店客人购物的随意性决定了其位置适于设在客人路过最频繁的区域，同时也作为展示地方文化的一个橱窗，比如库玛拉孔湖畔酒店出了大堂就能看见外面的精品店（图3-5-0），店前琳琅满目的铜饰品一下子将印南独特的地域风情展示在客人面前。

巴厘岛苏瑞酒店的精品店设在大堂的前院，客人进出酒店都会路过。有些集中式酒店会将精品店安排在大堂靠近入口的地方。比如洛迪酒店（原安缦新德里）和班加罗尔丽思卡尔顿酒店的精品店都是不用经过大堂前台就能直接看到并进入，这样的位置适合对外开放。

图 3-5-6 印度佩瑞亚自然保护区香料度假村的茅草屋精品店
图 3-5-7、图 3-5-8 巴厘岛科莫香巴拉酒店总图及精品店照片

3-5-7

3-5-6

3-5-8

2. 组合式精品店

在集中式酒店的公共建筑中，将精品店和其他功能组合放在一栋建筑的情况非常普遍，多数酒店将精品店设在大堂一角或走廊里，和分散式布局的酒店原理一样，也趋向于安排在大堂通往客房的路径上，其橱窗可以成为酒店内部流线上一个很好的点缀，并丰富走廊的空间体验。建筑中的商店一般分为封闭式和开放式。封闭式的商店橱窗是廊道上的一个视觉焦点，马拉喀什拉苏丹娜精品酒店、乌布安缦达瑞酒店幽暗走廊上的漂亮橱窗都极大地提升了这个空间的品质（图3-5-9）。开放式商店则将陈列柜及商品和厅堂走廊等公共空间相结合，恰如这些公共空间的配饰，比如拉萨瑞吉酒店的大型精品店的陈列柜就是过厅中一件极有特色的装饰（图3-5-10）。印度坦贾武尔的思维特马酒店的商品陈列也和公共走廊相结合（图3-5-11）。安纳塔拉凯瑟尔艾尔萨拉沙漠度假酒店的商品沿着通往客房的走廊两边排开，如同集市一般（图3-5-12）。小型的精品店如马略卡岛的松奈格兰酒店，就是将展示柜摆放在厅堂一角，这样的模式区别于常见的精品酒店，客人需在前台购买。展示柜成为烘托空间奢华氛围的配饰（图3-5-13）。

3-5-9

图 3-5-9 拉苏丹娜精品酒店精品店橱窗
图 3-5-10 拉萨瑞吉酒店精品店
图 3-5-11 印度坦贾武尔的思维特马酒店
图 3-5-12 安纳塔拉凯瑟尔艾尔萨拉沙漠度假酒店

3-5-10

3-5-11

3-5-12

3. 大型式精品店

一些大型酒店会将较多的商店组成一个小的商业广场，比如阿格拉欧贝罗伊阿玛维拉前院一侧的小商街（图 2-5-2）和西双版纳东方文华度假酒店大堂旁的商业中庭，迪拜的卓美亚皇宫酒店则在这个酒店群的中心开发了仿古商业街（图 3-5-14~ 图 3-5-16），如同一个古老的集市，整组建筑再现中世纪天方夜谭里的情境。但总体上这类精品店与酒店的关系比较疏离，并不适合精品酒店的气质。许多城市里的大型奢华酒店也往往在首层设奢侈品商店街，比如印度的泰姬宫酒店这种城市地标型酒店(图 3-5-17)。在中国这样的例子更多，不过这些并不属于精品酒店典型的布局方式。

每个精品酒店都应该依据自己的主题、特点及客群打造属于自己的独特功能，只有这样才能发挥精品酒店的特性。比如丽江松赞林卡酒店的抄经室、巴厘岛宝格丽度假酒店的婚礼教堂，还有前面提到的那些酒店中的庙宇，都是让酒店有自己鲜明特色并散发独特魅力的设施。此外公共部分还包含一些其他功能，比如健身设施、儿童活动中心、后勤及员工用房等，鉴于本书重点讨论有体验感的空间设施，因此不再展开叙述这方面内容，可以参照各酒店管理公司的细则。

3-5-13

3-5-14

图 3-5-13 马略卡岛的松奈格兰酒店精品店
图 3-5-14 迪拜卓美亚皇宫酒店商业街总图
图 3-5-15、图 3-5-16 迪拜卓美亚皇宫酒店商业街
图 3-5-17 印度孟买泰姬宫酒店精品廊

3-5-15

3-5-16

3-5-17

图 3-6-0 印度库玛拉孔湖畔度假酒店水巷式客房组织

THE GUEST ROOMS

客房

精品度假酒店的客房设计在硬件配置上并不一定要遵循星级标准，某些方面可能远远高于五星级，但也有许多精品酒店的浴室甚至没有浴缸这种四星级以上的必备配置，客房的舒适与特色是最重要的考虑因素，在室内外的空间设计上要别致、惬意、留得住客人，是一个可以让人静心享受其中的空间，而不是一个仅能睡觉的房间。客房设计上可参考各酒店管理集团的技术标准及各种客房星级标准，本章节仅就客房最能体现精品酒店特色的方面加以阐述。

和一般酒店一样，精品酒店的客房也有标准客房、高级客房、普通套间、总统套间之分，但奢华级别的精品酒店往往都是选用套间以上的标准，即使是普通客房也会在房间的格局和氛围上与一般酒店的标间有显著的区别。客房的组织模式一般分为集中式客房、聚落式客房、独立式客房三类，大型酒店往往是这几种类型的混合，独立式或聚落式客房是中型精品度假酒店最常见的模式（图3-6-1），它们各具特色。

图 3-6-1 阳朔悦榕庄酒店客房

3-6-1

1. 客房的类型

1）混合式客房

　　大型的精品酒店常将上述几种客房类型组合起来，区分不同的价位来满足不同的客群，20年前曾流行独栋别墅和集中式客房楼的组合。如巴厘岛早期以凯悦度假酒店为代表的那一批酒店。但目前精品酒店更多采用的是聚落式客房与独栋客房的组合，在一个精品酒店内避免客群差别过大，同时也利于维护度假村的整体风貌及协调性。比如有两百多间客房的阿布扎比安纳塔拉凯瑟尔艾尔萨拉沙漠度假酒店除了独栋别墅以外，将标准客房做成两层的联排式小楼（图3-6-8），二者在尺度和风貌上都比较接近。拉贾斯坦安缦巴格也是以独院的单层客房为主，配以少量的四间一组的合院客房。而有些大型酒店看似是集中式客房和别墅式客房的组合，但其实是分成不同的酒店独立经营的，比如迪拜的卓美亚皇宫酒店集中的宫殿式酒店和环绕周围的岛式别墅酒店实际上由四个酒店分别经营。订房网站也是分开的（图3-6-2～图3-6-4）。巴厘岛阿雅娜度假别墅区和集中式客房区也是完全分开的管理系统。

2）集中式客房

　　集中客房楼的模式常见于比较大型的精品度假酒店，但用地受限或规模较小的高端精品酒店也会采用这种形式。众多客房集中于一栋楼中，可以节约用地及建造成本。同时，集中的一栋建筑由于没有相互遮挡，对客房的观景尤为有利，所以许多有良好景观的酒店会采用集中式客房楼的模式。比如印度阿格拉的欧贝罗伊阿玛维拉酒店的集中式客房楼，虽然布局和交通方式与一般酒店类似，但所有的客房都直面泰姬陵，景观优势得到了最大体现，再加上客房的顶级配置，使其屡获世界最佳酒店的盛誉（图4-2-13）。在富士山河口湖岸面向富士山的许多酒店也是采用集中式客房楼的做法，在这种土地价值很高的地段，每个酒店的占地都不是很大，唯有集中在一起的楼房才有可能让所有客房都能拥有良好的景观，但如果客房数量较多就会降低酒店本身的品质感，因此要在客房楼的公共空间和客房的内部空间上下更大的功夫，令其与普通酒店有较大的差别。

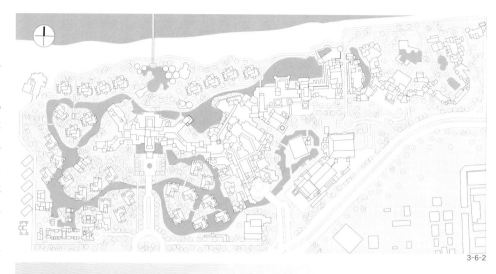

3-6-2

3-6-3

3-6-4

六、客房

3）聚落式客房

　　将客房组织成若干群组，按照院落或街巷式成组布局，形成有趣的室外空间，最简单的模式类似联排式住宅，比如帕拉卡斯豪华精选度假酒店内的两层联排客房、埃及欧贝罗伊撒尔哈氏的单层联排客房（图3-6-5、图3-6-6）。更有趣的做法是将这些简单的联排客房组织成一个复杂的村落，如安纳塔拉凯瑟尔艾尔萨拉沙漠度假酒店那样的阿拉伯村落式布局和秘鲁伊卡的拉斯登

纳斯酒店的风情小镇（图3-6-7、图3-6-8）。阳朔悦榕庄的客房则形成一个桂北的村落。

　　聚落式客房的建筑由于尺度较小，接近传统建筑，因此较集中的客房更易做出有地域特色的乡土建筑形式。也可以像阿曼佛塔酒店那样（图3-6-9），将客房组织成院落，有水院和庭院之分，非常有情趣。由于这类客房的排布比较密集，适于外部景观不是很突出的地段。

图 3-6-2　迪拜卓美亚皇宫酒店总图
图 3-6-3　迪拜卓美亚累斯达姆马斯亚福度假村岛式别墅客房组织
图 3-6-4　迪拜卓美亚皇宫酒店集中客房楼
图 3-6-5　秘鲁帕拉卡斯豪华精选度假酒店联排式客房
图 3-6-6　埃及欧贝罗伊撒尔哈氏酒店村落式客房
图 3-6-7　秘鲁拉斯登纳斯酒店村落式客房
图 3-6-8　阿布扎比安纳塔拉凯瑟尔艾尔萨拉沙漠度假酒店
图 3-6-9　阿曼佛塔酒店院落客房
图 3-6-10　丽江安缦大研院落客房

3-6-5

3-6-6

3-6-7

3-6-8

3-6-9

3-6-10

4）独立式客房

让客房以独立或双拼别墅的形式散布在园区中，由于每间客房有厅有院，私密性好，所以高端精品酒店多采用这种客房模式。比如安缦酒店、六善酒店、宝格丽度假酒店，这些著名品牌建在风景区的度假村基本上都是别墅式客房（图3-6-11）。相比聚落式客房，独立式客房的建筑形式可以更加灵活多变，有的塑造成小型宫室（图3-6-11），有的做成安静的院落（图3-6-10），也有小木屋、帐篷、茅草屋甚至是集装箱等（图3-6-12~图3-6-14）。

图 3-6-11 印度安缦巴格宫室式客房
图 3-6-12 印度欧贝罗伊拉杰维拉帐篷式客房
图 3-6-13 印度香料度假村茅草屋式客房
图 3-6-14 巴厘岛宝格丽酒店客房

5）群落和独立式客房结合

客房以聚落组织的模式丰富多彩：有的组织成街巷，如同走入一座古村落的小巷；有的组织成水巷，如同进入水乡；有的组织成庭院，每组客房围合成一个院落。而乌布的科莫香巴拉度假村则是将若干客房组成一个组团，每组有各自的院门，并分别以五行来命名，组团中心是公共的起居室、餐厅及泳池，形成了一个半私密的具有领域感的空间，住在这里的客人不出庭院就能享受酒店的一切服务（图5-5-0）。卓美亚达累斯萨拉姆马斯亚福度假村则将若干客房打造成了一个小岛，四周运河环绕，在迪拜平坦的海岸和混沌的天空下，强化了水岸岛居的意象（图3-6-3）。印度库玛拉孔湖畔酒店则将联排式客房放在南区，并由小河状的泳池组织起来，具有鲜明的喀拉拉邦水乡意象（图3-6-15）。但对于景观资源卓越的度假酒店来说，并不会刻意强调上述各种具有强烈意象的空间组织模式，客房的布局以景观视线为先导原则，以发挥景观这一最大价值的作用。我们看到的许多具有居高临下的海边山地酒店，会根据复杂的地形和基地的环境安排每栋客房的位置并组织交通，以保证每个客房的观海视线，要保护用地内的原生树木，并考虑电瓶车能到达每家每户的原则。比如巴厘岛海边悬崖上的宝格丽度假酒店、泰国的阁瑶岛六善酒店以及塞舌尔的莱佛士酒店坡度都在20°~30°，基地内有良好的观海视线，面对如梦如幻的海景，因而三者都采用了依山就势布置客房的方式，没有在聚落的组织上做什么文章（图2-1-7、图2-1-9）。

3-6-11

3-6-12

3-6-13

3-6-14

2. 集中式客房区公共空间

客房区的公共空间是指客房楼的公共走廊等交通空间或聚落式客房区的室外空间，关于这方面的设计在后面的空间序列一章中还会展开讲解，这里仅提及要点。

集中式客房的公共空间，比如走廊等部位的设计应明显区别于普通酒店，要避免作为简单的交通空间来处理，让客人行走其中始终能有愉悦的心情，因此其空间的转折、收放、面对景观的角度都应仔细推敲。巴瓦设计的几个酒店客房楼的走廊空间都强调和外部风景的互动：如本托塔的海滨酒店外廊围绕着水院（图3-6-16），边行走边欣赏走廊外如画卷的庭院；而灯塔酒店的走廊也与庭院结合，但更强调建筑的光影（图6-3-24）；坎达拉玛遗产酒店的客房楼的廊外攀藤掩映如同进入森林。在这些空间中

行走清风拂面，令人赏心悦目。而青岛涵碧楼那样封闭的走廊也十分强调景观、光影和陈设（图3-6-17）的设计。而有些酒店则忽视了走廊的视觉感受，比如北京香山饭店为了表达中国建筑的意象，单向走廊只开了很小的菱形窗，走廊内封闭昏暗，无法感知外面皇家园林中的参天古树，这是违背精品酒店设计美学的。

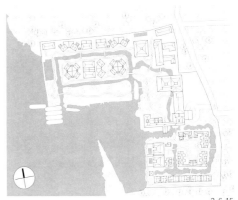

3-6-15

图 3-6-15 库玛拉孔湖畔酒店总图
图 3-6-16 本托塔海滨酒店客房走廊围绕着优美的庭院
图 3-6-17 青岛涵碧楼的客房走廊

3-6-16

3-6-17

3. 客房的居住空间

大型酒店包含从标准客房到奢华套房多种房型，标准的精品客房一般由以下几个部分组成：玄关、起居室、卧室、衣橱、迷你吧（有的带小型厨房）、卫浴、户外淋浴或SPA、户外休闲空间、户外私属泳池等。依据酒店的规格会对这些部分进行取舍或将不同功能合并，更为奢侈的酒店则在此基础上增加过厅、过廊等空间。客房的内部布局和装饰一般是以室内设计师为主导，可以在网络、书籍、酒管公司的技术标准上查到相应的要求，本书仅介绍其与建筑布局相关的原则，以便在前期方案设计阶段把握好大方向，为设计独具特色的客房空间打下基础。

多数精品酒店的客房都会有起居空间和卧室空间，但其规模各异，依据档次不同有分开的套房空间，如巴厘岛曼达帕丽思卡尔顿（图3-6-19）。也有做成复式的，有些规格较高的复式如迪拜帆船酒店那样，首层客厅、上层卧室各自是独立的空间；简单的复式是上下空间贯通的，比较休闲和随意，常在坡顶的建筑中采用，阁楼处放置一张床，比较适合带小孩的家庭，由层高较高的老建筑改造的精品酒店也常采用这种复式的形式。最常见的还是平层合二为一的布局，在房间的一个角落设置休闲起居空间。精品酒店不像普通星级酒店那样有严格的尺寸和标配，空间的趣味与新奇往往才是追求的方向，特别是在受老建筑格局影响的遗产酒店中更是如此。

床是空间中比重最大的元素，床的形式、方位决定空间的格局，安缦酒店习惯于将床放在空间的中轴线上（图3-6-22、图3-6-23），起居和休闲空间围绕着它布局，具有古典的端庄与规格感，而有些酒店则喜欢将床与其他家具设施分开放在不同的角落，休闲而随意。外部有景观的客房可以将床朝向房间所面对的主景观，而不是必须像一般酒店那样将床平行于窗的方向。如果景观不是单方向的，例如森林中的客房就四面有景，乌布科莫香巴拉的客房设置三面落地窗让客人全身心地置身于周边的森林之中（图3-6-21），而丽江悦榕庄则在客房的各个方向都留出了小院，从客房各方向看出去都有景，类似于传统的江南园林的手法。有些集中的客房也采用这样的手法，比如青岛涵碧楼就在楼内设立了一些天井，在客房里除了欣赏海景之外还能感受到其他方向的光影变化，有如置身于庭院中（图3-6-24~图3-6-26）。床除了方位还有标高的变化，比如大理深藏酒店内下沉的床、塞舌尔莱佛士抬高的床（图3-6-27~图3-6-29）。剔除装修元素，在其各功能空间的设计中，别具匠心的空间构思和布局会给客人带来特别的体验，比如带塌的长飘窗，客人可以悠闲地躺在上面欣赏窗外的景色（图3-6-18）。在室内辟出单独的有极强地域特色的角落也会给客房带来很强的新奇感和价值感，比如像埃及红海的欧贝罗伊撒尔哈氏酒店的摩尔式小门厅等（图3-6-20）。

图3-6-18 印度潘那自然保护区帕山伽赫客栈客房内各种飘窗等附加空间
图3-6-19 巴厘岛曼达帕丽思卡尔顿典型客房户型平面图
图3-6-20 埃及红海欧贝罗伊撒尔哈氏酒店

3-6-18

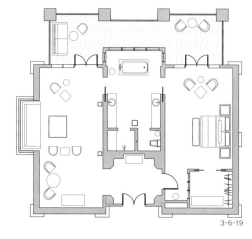

3-6-19

3-6-20

六、客房

以床为中心的布局
图 3-6-21 乌布科莫香巴拉酒店
图 3-6-22 安缦达瑞酒店
图 3-6-23 安缦达瑞酒店客房平面图

多层带天井的客房
图 3-6-24、图 3-6-25 青岛涵碧楼
图 3-6-26 青岛涵碧楼客房平面图

抬起的床与下降的床
图 3-6-27 大理深藏酒店
图 3-6-28 塞舌尔莱佛士酒店
图 3-6-29 塞舌尔莱佛士酒店客房平面图

3-6-21

3-6-22

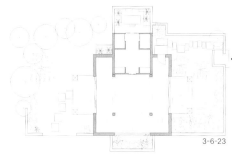

3-6-23

3-6-24

3-6-25

3-6-26

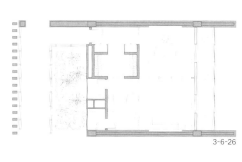

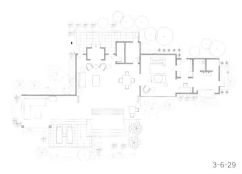

3-6-27

3-6-28

3-6-29

4. 客房的卫浴空间

卫浴空间内部包含浴缸、淋浴、洗面、坐便、净身、储物等，个别的还带有按摩台。设计时应参考卫浴设施设计的技术规范和酒管公司的标准。但精品酒店的浴室布局往往不拘一格，较之一般酒店的空间更宽大舒适，并且要强调休闲感。许多景观房会让卫生间单独占一个面宽来面对景观。有些酒店为追求观景体验，也会让浴缸与居室共处一个房间，或模糊处理卫浴与卧室界限。这种设计具有较强的休闲感，但在东亚地区，非夫妇住店的客群比例很高，因此过于开放的卫浴空间会为这类客人带来很大的不便。浴缸通常作为浴室最重要的部分，它的位置决定了浴室卫生间的格局。通常它的布置有以下几种模式：

1）看得见风景的浴缸

浴缸通常要放在景观最好的窗前，可以躺在浴缸里欣赏窗外的景色，比如海景酒店阁瑶岛六善酒店（图3-6-30）、巴厘岛的阿雅娜度假酒店（图3-6-31）、普吉岛帕瑞莎度假酒店（图3-6-32、图3-6-33）等都是这样的典型。可观赏富士山景观的拉维塔斯酒店的客房浴室，林景酒店乌布科莫香巴拉度假酒店客房的浴缸，焦特普尔RAAS酒店的浴室透过格栅可以看见远处的城堡，高层的上海璞丽酒店则可在浴缸里俯瞰繁华的城市。有些仅有淋浴的客房也是如此，比如坎达拉玛遗产酒店客房的淋浴靠近浴室的窗，望着窗外的热带雨林，有如在林中沐浴。

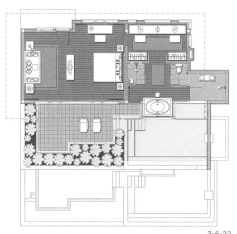

3-6-32

图3-6-30 眺望远景的浴缸 阁瑶岛六善酒店
图3-6-31 巴厘岛阿雅娜度假酒店别墅客房浴缸
图3-6-32 帕瑞莎度假酒店平面图
图3-6-33 帕瑞莎度假酒店浴室 以浴缸为中心的浴室布局
（图片来源：帕瑞莎度假酒店提供）
图3-6-34 中东地区的奢华酒店将浴缸装饰成一个有风情的空间
图3-6-35 甲米丽思卡尔顿酒店客房平面图

3-6-30

3-6-31

3-6-33

2）盥洗室以浴缸为中心

缺乏景观的浴室也可以将浴缸放在浴室的中心，比如宝格丽度假酒店的客房（图3-6-44）。甲米普拉湾丽思卡尔顿以浴缸为中心轴线对称设计的浴室格局，轴线延伸到几何形的水疗庭院。拉贾斯坦安缦巴格的八角形浴室，中央浴缸正对着圆形的穹顶，颇有古典浴室的风范。如果浴缸在卫生间的一角还会依据地域文化设计成特别的空间模式，形成独有的风情。在中东地区我们看到许多这样的设计，比如迪拜巴卜阿尔沙姆斯沙漠度假村富有沙漠风情的浴缸空间、马拉喀什拉苏丹娜酒店王室风格的浴缸空间等（图3-6-34）。

3）与室外相结合

对于独立式客房的浴室来说，室内外空间的结合是创造浴室休闲感的重要手段，在气候温和的地区，酒店客房一般会设置室外的泡池。也有的只有一个简单的室外淋浴空间，比如普吉岛六善、巴厘岛贝勒酒店和塞舌尔莱佛士酒店等，除了能在室内淋浴外，推开门都有一个围合的室外淋浴区。而奢华的作法有将室外泡池区做成一个小花园的，比如欧贝罗伊的几个酒店都有这样的精巧花园，甲米普拉湾的丽思卡尔顿的户外浴池空间更为奢侈（图3-6-35）。热带地区也有酒店索性将浴室全部放在户外，比如库玛拉孔湖畔酒店的室外小院就是一个浴室空间。

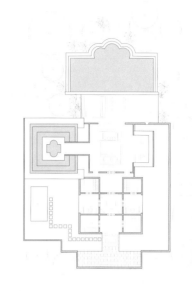

3-6-35

3-6-34

5. 客房的户外空间

3-6-36

3-6-37

3-6-38

1）阳台

　　在多层客房楼中阳台空间非常重要，特别是能观景的阳台是客人日常活动的重要场所，我们在澜沧景迈柏联精品酒店、德国埃赫施塔特的美景健康酒店看到的都是兼具休闲与赏景的阳台（图3-6-36、图3-6-37），阳台的家具摆设和墙壁的配饰也格外讲究。一般会摆放休闲椅或沙发、茶几等让这里成为一处客人愿意享用的户外空间。精品酒店的阳台宜宽大舒适，比如青岛涵碧楼酒店（图4-5-59）、洛迪酒店（图5-2-7）都是超大面宽的阳台，不丹的纳克斯尔精品酒店（图3-6-39）、秘鲁帕拉卡斯豪华精选度假酒店（图3-6-38）的阳台则成方形，如同室内空间般精致，有很强的地域性，让客人愿意待在这里一边聊天、喝茶，一边欣赏外面的景色。

2）廊下

　　独立式客房往往带有自己的院子，院子里的廊下空间，不仅能放下躺椅，还可以摆餐桌椅，这种室内外的过渡空间常见于许多传统建筑，可充当一处户外的起居及餐饮空间。如埃及红海的欧贝罗伊撒尔哈氏酒店的廊下（图3-6-40），在炎热的热带地区是一处享受阴凉、沐浴海风的极佳户外空间。

图 3-6-36 澜沧景迈柏联精品酒店
图 3-6-37 德国埃赫施塔特的美景健康酒店
图 3-6-38 秘鲁帕拉卡斯豪华精选度假酒店
图 3-6-39 不丹纳克斯尔精品酒店
图 3-6-40 埃及欧贝罗伊撒尔哈氏酒店客房外廊

3）户外起居

　　更大的庭院式客房院子里就会有一个正式的户外起居室，其中酒柜、冰箱、沙发、餐桌一应俱全，有些还带大床。这种户外起居室是巴厘岛的高端酒店的标配，它来源于当地传统民居的发呆亭（图3-6-41～图3-6-44），在海岛的舒适气候下是一个极富休闲感的场所。在全球化的浪潮下，这一富有特色的户外空间在世界各地的奢华酒店中被广泛引用，塞舌尔、泰国的海岛酒店的客房都有这样的户外空间。有些户外的起居空间还可以与客房分层设置，成为调节坡地高差和景观视线的手段，比如阁瑶岛六善酒店有些客房的院门建在道路旁的坡地上，进入之后首先看到户外起居空间，再通过楼梯走到下层，避免了一进门就要走下坡的不适感。

3-6-39

3-6-40

3-6-41　　　　　　　3-6-42　　　　　　　3-6-43

4）户外亭阁

　　也有些酒店只提供一个户外的亭阁，这类袖珍的建筑也会对独立式客房起到很好的烘托作用，将一个单一的客房建筑变成了一组建筑，庭院空间有了进深和对景。比如巴厘岛的阿雅娜度假酒店和阿丽拉乌鲁瓦图别墅酒店客房院子中泳池畔的休闲亭（图 3-6-45、图 3-6-46）、印度潘那自然保护区帕山伽赫客栈客房院落的亭阁等，这样的亭阁可依据地域特点来赋予其不同的功能，可以是一个观景亭，也可以是瑜伽或水烟亭，或是客房泳池的一个休闲亭。

图 3-6-41 巴厘岛贝勒酒店客房发呆亭
图 3-6-42 塞舌尔莱佛士酒店户外起居
图 3-6-43 巴厘岛宝格丽度假酒店别墅户外起居
图 3-6-44 巴厘岛宝格丽度假酒店客房平面图
图 3-6-45 巴厘岛阿丽拉乌鲁瓦图别墅酒店客房院落
图 3-6-46 巴厘岛阿雅娜酒店别墅客房

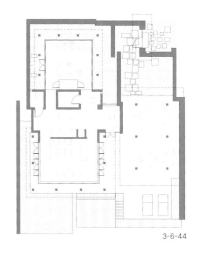

3-6-44

3-6-45　　　　　　　　　　　　　　　3-6-46

5）有景观的泳池

别墅式客房院内单独的泳池也是气候温和地区奢华酒店的标配，一般泳池的尺寸不大，休闲兼泡池的功能大于其游泳功能，如果考虑游泳的要求需做成狭长型。海景酒店一般要面向大海，比如巴厘岛宝格丽度假酒店、阁瑶岛六善度假酒店、塞舌尔莱佛士度假酒店等都能在泳池里看到海景。在不能看见海景的情况下要面向园林等景观（图 3-6-47~ 图 3-6-51）。

3-6-47

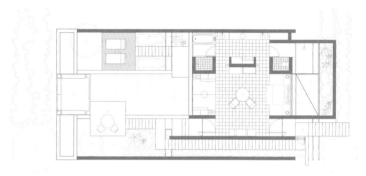

3-6-48

图 3-6-47 泰国阁瑶岛六善酒店客房平面图
图 3-6-48 巴厘岛阿丽拉乌鲁瓦图别墅酒店客房平面图
图 3-6-49 巴厘岛宝格丽酒店客房景观泳池
图 3-6-50 泰国阁瑶岛六善酒店海景客房 望得到泳池和海面
图 3-6-51 塞舌尔莱佛士酒店望得到外部景观的泳池

3-6-49

3-6-50

3-6-51

六、客房

6）院子内的泳池

非景观客房的泳池设在庭院中，一般规格最高的独栋客房会设独立的泳池，比如埃及红海的欧贝罗伊撒尔哈氏酒店（图3-6-52）和印度拉贾斯坦的德为伽赫酒店中的总统套房（图3-6-53）院落中都有较大的泳池。安缦巴格（图3-6-55）、巴厘岛的阿丽拉乌鲁瓦图别墅、贝勒酒店（图3-6-54）以及科莫香巴拉度假酒店的客房（图3-6-58、图3-6-60）也都有泳池，推开浴室的门就能直接走进泳池中，为客房带来极大的价值感。

图 3-6-52 埃及红海撒尔哈氏酒店客房院内泳池
图 3-6-53 印度拉贾斯坦德为伽赫古堡酒店总统套房泳池
图 3-6-54 巴厘岛贝勒酒店客房泳池
图 3-6-55 印度安缦巴格客房院内泳池

3-6-55

3-6-53

3-6-52

3-6-54

7）院子内的泡池

在多数时间不适于户外游泳的地区常用泡池替代泳池，比如高原上的丽江悦榕庄（图3-6-56）在宽大的院子里布置了私家水疗。温水的泡浴同样为客房带来了价值感，许多院落较小的客房，一般也是用水疗池替代泳池，比如甲米曼达帕丽思卡尔顿酒店（图3-6-35）、腾冲和顺柏联酒店，而腾冲石头纪的独院客房的院落中心放置了用整块巨石雕成的温泉泡池（图3-6-57），成为了人们千里迢迢来这里的理由。洛迪酒店（原安缦新德里）这类高层建筑的客房甚至把泡池搬到了空中阳台（图3-6-59）。

3-6-56

3-6-57

3-6-59

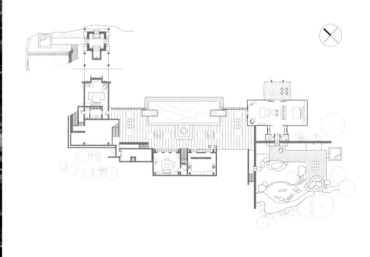

3-6-58

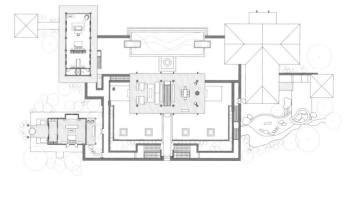

3-6-60

综上所述，在精品度假酒店的规划设计中，客房的位置、室内外空间的结合以及内部空间的舒适性是要把握的三个主要方向。

位置决定景观，客房所面对的景观是客房选址的第一要素，在规划设计伊始就要重点考虑客房的位置、朝向和景观的关系。流线仅是次要考虑的因素。有两个案例可以说明这一情况：第一个是日本的虹夕诺雅富士度假酒店（图3-6-61），这座森林酒店将客房集中放在唯一的一块没有林木覆盖的开阔场地，每间客房都可以全天候观赏富士山的美景。酒店的其他设施则全部隐藏在森林之中，不同功能被放在相应的独立场地，完全不用考虑彼此之间的流线联系。另一个案例是摩洛哥海边的拉苏丹娜沃利迪耶酒店，其客房远离海岸线，与岸边的其他公共设施不在一起，因为这里的海岸是潟湖的滩涂地，远观的景色更美。

另一点是室内外的互动与交融，包括居室的室内外空间和浴室的室内外空间，这类设计能极大地增强客房与环境的联系，从而产生休闲的度假氛围，让客人愿意在此停留许久。

最后是内部空间的舒适惬意，与众不同的空间设计能增强客房的体验感与趣味性，令客人难以忘怀。

带私家泳池或泡池的客房，其私密性是极其重要的，要避免院落中的活动被窥视，因此需利用地形、高差、围墙、景观等元素来调节视线。理想的情况是从院落里能眺望风景，但外面的人看不见院内，建在坡地上的客房比较容易实现这一标准，比如海景酒店阁瑶岛六善客房的院落及泳池能够看到海景但外部却无法看到院内，在园景酒店巴厘岛贝勒酒店客房的泳池院落里能够居高临下看见公共景观，而由于高差关系外部的人员无法望到院内（图5-4-39）。在设计上需要仔细分析利用地形特征满足这些需求，如果没有高差，则需使用围墙，但通常会增加院落的封闭性，适于周边无景观资源的基址。

图 3-6-56 丽江悦榕庄客房院落中的泡池
图 3-6-57 腾冲石头纪温泉酒店客房院内温泉
图 3-6-58 乌布科莫香巴拉酒店客房平面图
图 3-6-59 洛迪酒店（原安缦新德里）高层客房阳台上的泡池
图 3-6-60 乌布科莫香巴拉酒店客房平面图
图 3-6-61 日本虹夕诺雅富士度假酒店面向富士山的客房

3-6-61

图 3-7-0 阿曼安纳塔拉绿山度假酒店的泳池

酒店的户外空间是客人日常休闲活动的主要场所，户外空间的类型有很多、差别很大。比如
以运动为主题的酒店配有网球场、高尔夫球场、马术场等，以休闲为主题的酒店配有室外温泉、
露天影院、休闲草坪等。本节仅介绍固定设施，即天台和泳池。

泳池及活动平台

泳池的位置

泳池的形式

池畔空间与景观

天台、露台、平台

精品酒店中的泳池不仅满足了单纯的游泳功能，往往还作为酒店日常活动的中心，也经常是酒店的主要景观。

在技术细节方面泳池需参照建筑设计和酒店管理集团的相关标准。泳池岸区最窄处不小于1.8m，泳池深度最浅为0.9m，最深为1.5m，泳池坡度不超过6%，休闲泳池的形状相对自由，一般不得小于80㎡。另外需要注意的是，由于度假酒店的泳池一般不会采用标准形式，池内会有许多休闲平台，泳池的形状也会有很多变化，因此保证客人在游泳的过程中不磕碰腿脚是一个需要被重点关注的问题。

泳池一般由成人池、儿童池、按摩泡池、池畔休息区、池畔更衣盥洗区组成，有些冬季寒冷地区的酒店户外泳池与户内泳池相连通，中间有自动门相隔，可以从室内泳池游到室外，更衣盥洗区就可以设在室内，或与水疗合二为一。

泳池是户外空间的核心，是精品酒店的亮点，许多酒店都会首选带泳池的照片作为宣传照。水是一切生命之源，景观中只要有水就能立即生动鲜活起来。但若综合考虑运营及成本因素，并不是每个酒店都可以营造纯粹的水景，因此兼具景观和功能的泳池就成了精品酒店的最爱，在冬季不结冰的地区哪怕一个很小的泳池也会成为亮点，订房网站上最打动消费者的往往就是泳池和酒店建筑或周边的景观组合在一起的图片。世界上不同的酒店依据其自身的环境打造的泳池千差万别，许多经典的泳池甚至成了酒店的招牌，比如乌布空中花园酒店的双层泳池被誉为世界之最（图3-7-37），引得众多访客专程而来。如何打造一个充满魅力的泳池，本节将从位置、形式及景观几个方面来阐述。

图 3-7-1 暹粒贝尔蒙德吴哥宅邸酒店泳池

3-7-1

1. 泳池的位置

1）面对主景观

泳池常放在酒店主体建筑和酒店主要景观之间，它不仅保证了泳池区有最佳的景观，泳池和远景结合也容易形成具有震撼力的画面。

① 水景酒店泳池

最为典型的作法就是一些海景酒店，将泳池面向大海，无边泳池的水面与大海相接形成水天一色的壮观景象，无论是普吉岛还是巴厘岛我们所见到的海景酒店都在这一个位置放置了泳池（图3-7-2）。在泳池中或池畔能欣赏到远处的风景是一种极好的体验。比如西双版纳安纳塔拉度假酒店的一字型的泳池沿着澜沧江展开，可伴着浩荡的江水在此畅游。

3-7-2

3-7-3

3-7-4

3-7-5

3-7-6

3-7-7

② 山景酒店泳池

泳池对着壮丽秀美的山峰，山的倒影映在水面构成更有意境的画面。如希腊卡斯特拉吉酒店的对着米特奥拉那片奇异壮丽山景的泳池（图 3-7-4），成为这片景区的亮点。奥地利辛格运动水疗酒店的泳池对着群峰，美得让人屏住呼吸（图 5-5-30）。普罗旺斯莱博罗莱夏朵旗下的鲍曼尼尔酒店的泳池以一个奇异的山岩为背景，整个泳池有如园林般秀美（图 2-4-63A）。而悬崖边的泳池就如同挂在天上的宝潭如梦如幻，例如阿曼安纳塔拉绿山度假酒店（图 3-7-0、图 3-7-3）。

③ 遗产景观酒店的泳池

古老的遗迹与平静的水面在进行一场古今的对话。比如焦特普尔 RAAS 酒店的泳池对着宏伟的梅兰加堡（图 3-7-5），黑山的阿文拉度假别墅酒店的泳池倒映着古城的钟塔（图 2-5-5）。这样的设计将遗产景观的价值发挥到了极致，令人震撼。

④ 古堡酒店的泳池

古堡酒店的泳池多放在古堡的外面，以古堡和外景互为对景，比如印度的德为伽赫古堡酒店和摩洛哥的塔马多特堡的泳池都是设在古堡外（图 3-7-6），一面对着秀美的群山，一面对着这座著名的城堡。

⑤ 种植园中的泳池

这类中小型精品酒店的池畔是客人白天活动的中心，所以一定要和酒店享有的资源结合在一起。像澜沧景迈柏联酒店的泳池挨着古茶园，南非的云村公寓精品酒店的泳池放置在葡萄园内（图 3-7-7），都凸显了种植园酒店的特色。

图 3-7-2 巴厘岛宝格丽度假酒店泳池
图 3-7-3 阿曼绿山安纳塔拉度假酒店泳池
图 3-7-4 希腊卡斯特拉吉酒店泳池
图 3-7-5 焦特普尔 RAAS 酒店泳池
图 3-7-6 摩洛哥的塔马多特堡的泳池
图 3-7-7 南非云村公寓精品酒店葡萄园泳池

2）酒店以泳池为中心

外部景观一般的酒店，往往将泳池作为酒店的核心景观及户外中心。比如林中的印度拉贾斯坦的安缦巴格酒店（图3-7-8、图3-7-9），整组建筑以泳池为中心布局。远离海岸的巴厘岛贝勒酒店的泳池置于别墅客房区的中心，与池畔吧、餐厅以及休闲区一起构成了酒店的公共活动中心，是酒店客人日常休闲的主要空间。暹粒城中的贝尔蒙德吴哥宅邸也是以泳池为中心的院落，四周环绕着客房的模式（图3-7-10、图3-7-11）。在老挝的世界文化遗产古城琅勃拉邦，由两个老建筑改造的著名酒店安缦塔卡与阿瓦尼臻选酒店都在院落中心营造了漂亮的泳池，形成以泳池为中心的布局。占地稍大一

些的酒店或只将其作为公共区域的核心，并在周边布置相关配套，比如印度佩瑞亚自然保护区中的香料度假村的泳池就设在公共设施区域的中心，四周是餐厅、大堂、精品店等公共设施，客房则在另一个区域。这样的布局也适于院落酒店、遗产酒店、古城老宅精品酒店，泳池放在中心院落设计成水院，碧蓝的水面倒影着四面的回廊。比如老建筑改造的印度蓬迪切里的马埃宫酒店是个狭长形院落，三层L形的建筑处在一侧，另一侧则是高大的围墙，如果是一个无水景的院子，这种狭长空间会让人很不舒适，但做成泳池后就成为了一道独特的景观，灵动而富有魅力（图2-4-12）。

另一些规模更大的集中式酒店也是这种布局模式，比如孟买的泰姬宫酒店、丽江松赞林卡都是以泳池为核心组成中心花园，建筑围绕着这个花园布置。

图 3-7-8 印度拉贾斯坦的安缦巴格酒店以泳池为中心的布局
图 3-7-9 印度拉贾斯坦的安缦巴格酒店局部平面图
图 3-7-10 暹粒的贝尔蒙德吴哥宅邸总图
图 3-7-11 暹粒的贝尔蒙德吴哥宅邸中心院落中的泳池

3-7-8

3-7-11

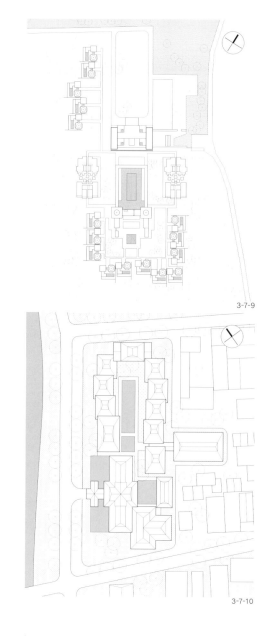

3-7-9

3-7-10

3）独处一隅的泳池

有些酒店的泳池远离酒店主体建筑，比如占地非常大的法国蔚蓝海岸的费拉角四季酒店的泳池，在远离酒店主体接近海的地方和池畔酒吧组成了一个独立的俱乐部，酒店客人可以乘坐缆车来到这里。巴厘岛空中花园酒店除了有"网红"——双层泳池外，还有一个藏在山谷密林中更私密的泳池（图3-7-12）。印度潘那自然保护区帕山伽赫客栈的泳池也是单独建在度假村附近的林子里。安缦法云原本就是一个聚落群，泳池则藏在山坡上的一处密林中，充分接近自然（图3-7-46）。

4）泳池单独一个院落

许多城市酒店外来访客比较多，为保证住店客人的私密性，会将泳池独立置于某个院落中，比如洛迪酒店（原安缦新德里）（图3-7-13），泳池设在一个下沉的庭院中，旁边是室内SPA的区域，带回廊的下沉空间具有古典而沉静的气质，狭长的阴凉院落特别适合这里每年一半以上的酷热天气。由遗产建筑改造的酒店多在古建筑的外围单独设立一个带泳池的小院，既维护了老建筑的完整性，泳池又可以不受原有建筑的限制。印度坦贾武尔的思维特马酒店的泳池就被设在一个阴凉的院落（图3-7-14）。

摩洛哥里亚德菲斯酒店也将六个院子中一座新建的院子作为了泳池区（图2-4-39）。

图3-7-12 巴厘岛空中花园酒店私密的林中泳池
图3-7-13 印度洛迪酒店（原安缦新德里）下沉庭院中的泳池
图3-7-14 印度坦贾武尔的思维特马酒店泳池

3-7-12

3-7-13

3-7-14

3-7-15

3-7-16

3-7-17

5）与水疗中心一起组成主题花园

　　在水疗中心一节中介绍的许多著名酒店会将泳池紧邻水疗中心并配合人造景观形成一个主题花园，成为酒店的一个亮点。享誉世界的印度欧贝罗伊的几个酒店都采用了这样的作法，除了前面列举的拉杰维拉和乌代维拉两座酒店以外（图3-7-15、图3-7-16），阿格拉的阿玛维拉酒店也是类似的理念（图3-7-17），与水疗相邻的泳池和景观一起组成了一组规模宏大的莫卧儿风格台地花园，绚丽而风情万种，令人想起印度电影中大歌舞的取景地。此外有些大型的带有主题性质的酒店也会将这组泳池打造成一个大型的主题花园，比如安纳塔拉凯瑟尔艾尔萨拉沙漠度假酒店的泳池区就以沙漠绿洲的模式呈现在酒店中心（图3-2-63）；南非太阳城度假区的迷宫城宫殿酒店的室外泳池也紧紧呼应了酒店的主题而成为度假村的一道风景。

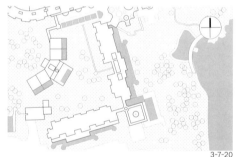

3-7-20

3-7-21

6）山顶、屋顶的泳池

在海岸山地也有度假村会将泳池放在最高点，从而获得最佳海景。比如泰国阁瑶岛的六善酒店，但这种情况比较少见，因为多数客人还是习惯下坡前往离海更近的位置去游泳。集中式酒店往往会选择在裙房或顶楼的屋顶露台设置游泳池，像泰国曼谷这样的热带城市，许多高层酒店的泳池就放在屋顶露台，而印度班加罗尔的丽思卡尔顿酒店则将泳池放在了裙楼的屋顶花园。斯里兰卡的坎达拉玛遗产酒店有两个泳池，一个在地面面对主景观的位置，另一个则置于屋顶，构成了屋面的水景，让建筑的第五立面与大自然的山水完全融合起来，进一步诠释了这个绿色生态酒店的理念。屋顶的泳池有更好的视野，我们在巍山云栖·进士第精品酒店的设计中尝试将泳池放在屋顶（图3-7-19），透过古城鳞次栉比的屋顶眺望古城中心的地标拱辰楼，以此来拉近酒店与文化遗产的联系，突出酒店的价值感。

7）泳池为客房旁的一条小河

泳池的位置多种多样，有一种有趣的布置就是将其做成客房旁边的一条小河，这样的泳池风情万种，令人想起水乡人家，而且出了客房门就可直接跳入泳池，给客人带来了无穷的乐趣和享受。热带地区常常可以见到这类的设计，比如印度的欧贝罗伊乌代维拉一排湖景客房前面的无边水池（图3-7-20、图3-7-21），被权威旅游杂志列为世界最动人的泳池。更大规模的泳池可见于南印度寺湾丽笙度假酒店、印度喀拉拉邦库玛拉孔湖畔酒店，由于用地标高与外部的水平面相差无几，因此大多数客房无法看到外部的水景，规划特意为这些无湖景的客房设计了一条水街，泳池如一条人工河串联起两侧的客房，住客一开门就能跳入泳池，人工河象征了喀拉拉邦独特的水道网络，成为酒店的一景，同时为客房带来了更高的价值感和享受（图3-6-0）。许多大型集中式酒店也借鉴了这一手法，让底层的客房直接与泳池相接（图3-7-18）。

3-7-18

图 3-7-15 印度欧贝罗伊拉杰维拉酒店
图 3-7-16 印度欧贝罗伊乌代维拉酒店
图 3-7-17 印度欧贝罗伊阿玛维拉酒店
图 3-7-18 曼谷凯宾斯基酒店客房前的泳池
图 3-7-19 巍山云栖·进士第精品酒店屋顶泳池远望拱辰楼
图 3-7-20 印度的欧贝罗伊乌代维拉酒店局部总图
图 3-7-21 印度的欧贝罗伊乌代维拉酒店客房前的泳池

3-7-19

8）多个泳池

鉴于泳池兼顾景观和功能的特点，在气候温暖地区的度假村中泳池多多益善，特别是热带地区，泳池区是客人白天主要的休闲场所，所以多个泳池能满足不同客人的需求并保持泳池环境的舒适。比如阿曼海边的佛塔酒店的三个泳池：一个紧邻海岸，和沙滩戏水相结合；一个挨近餐厅、和花园日光相伴；另一个在别墅客房区域，狭长的泳池适于真正游泳锻炼的客人（图4-5-31）。在非热带地区，哪怕泳池的利用率不高，但其创造出的休闲感和画面感是精品酒店不可或缺的视觉元素。在普罗旺斯这样只有夏天才是旺季的旅游地区，鲍曼尼尔罗莱夏朵酒

店也有两个泳池（图3-7-22、图3-7-23），我们去的时候是早春，天气还很凉，普罗旺斯的许多酒店尚未营业，但这里的泳池依然被精心打理，碧蓝的池水和老屋、古树、山石组成的画面传递着酒店的精致与品位。

度假酒店的泳池可分为客房区泳池、公共区泳池和水疗区泳池。客房区的泳池也有多种形式，奢华级别的酒店会为每栋客房配备一个小泳池。巴厘岛的科莫香巴拉酒店将客房分为若干组团，每个组团都有独立的泳池（图3-7-24、图3-7-25）；而印度欧贝罗伊乌代维拉的泳池则在客房区的院落中心。这两座酒店的水疗区都还有更大更漂亮的泳池，欧贝罗伊的水疗泳池临着湖边，可观赏湖光山色，科莫香巴拉的

水疗泳池则绿树环绕，如同一个林中秘境，诠释了香巴拉这个名字的含义。上述两个水疗泳池虽然附属于水疗中心，但是都比较开放。有些水疗中心的泳池则在内部，只对做水疗的客人开放，比如巴厘岛宝格丽度假酒店的水疗泳池处于水疗院落中的临海位置，巴厘岛曼达帕丽思卡尔顿的水疗泳池也在水疗中心的内部，隔着阿漾河谷与酒店对望。

图3-7-22、图3-7-23 普罗旺斯鲍曼尼尔酒店的两个不同区域的泳池
图3-7-24 巴厘岛科莫香巴拉酒店的公共泳池
图3-7-25 巴厘岛科莫香巴拉酒店的组团泳池

3-7-22

3-7-23

3-7-24

3-7-25

2. 泳池的形式

确定了泳池的位置，下一步就是如何营造一个充满魅力的泳池了，我们将从泳池的形状、材质和空间三个方面进行归纳和梳理。

图 3-7-26 巴厘岛日航酒店圆形泳池
图 3-7-27 阿曼绿山悬崖阿丽拉贾尔阿赫达假村泳池
图 3-7-28 巴厘岛曼达帕丽思卡尔顿波浪形的泳池与池边梯田肌理相融合
图 3-7-29 埃及欧贝罗伊撒尔哈氏酒店泳池

1）形状

泳池有方形、扇形、圆形、多边形、自由曲线等多种形状，要依据地形地貌和周边环境来确定泳池的形状。标准泳池多为矩形，这最符合游泳者的习惯和需求，因此在视野广阔的场地或具有均匀等高线的坡地多采用以矩形为基础并略有变形的平面。普吉岛帕瑞莎酒店嵌在海岸坡地树林中的泳池就是标准的矩形，它居高临下望着辽阔的安达曼海（图 3-7-30）。巴厘岛阿丽拉乌鲁瓦图别墅酒店将 50m 长的矩形泳池放在海岸悬崖的边缘，具有很强的设计感（图 2-1-0）。但在周边环境复杂的场地可使用其他形状的平面，比如群山中的贝希特斯加登凯宾斯基的圆形泳池突出了被环抱的意象，阿曼绿山悬崖上的阿丽拉贾尔阿赫达度假村的泳池如同一个调色板（图 3-7-27），巴厘岛曼达帕丽思卡尔顿（图 3-7-28）波浪形的泳池呼应了池边的梯田肌理，这个充满创意的设计也引得各路媒体争相报道。大型度假酒店特别是海滨度假酒店往往会将多个互联互通的泳池组合在一起，形成大型花园的景观泳池。有的是自由形式，模仿园林的小桥流水、岛屿花丛，像巴厘岛日航酒店（图 3-7-26），中国三亚亚龙湾的许多酒店也是这种风格。而相对较小规模的精品酒店的泳池一般会做得更纯净，比如埃及的欧贝罗伊撒尔哈氏酒店（图 3-7-29）顺着海岸跌落的泳池与大海相接，简洁而富有意境。

3-7-27

3-7-28

3-7-26

3-7-29

3-7-31

3-7-32

2）材质

独特的材料和工艺也是打造充满魅力泳池的手段。比如暹粒的贝尔蒙德吴哥宅邸酒店用45000片手工瓷砖，呈现出深浅不一的颜色，把泳池做成了一个精致的艺术品（图3-7-1）。普吉岛帕瑞莎酒店的泳池每到夜晚池底星光闪烁，充满了梦幻（图3-7-30）。这些设计被作为亮点，频繁出现在各种网页上。一些小型泳池用玻璃做成，如镶嵌在绿丛中的蓝宝石，我们在南非葡萄园中的云村公寓和德国埃赫施塔特美景健康酒店都看见这样的泳池，它与周边环境完美融合（图3-7-31）。

3）平面空间

泳池同样可以有丰富的空间形态，通常会在泳池中增加各种休闲平台、汀步和岛屿绿洲。比如巴厘岛的贝勒酒店的汀步及水中的躺椅，青城山六善泳池中那些绿洲（图3-7-32），普吉岛帕瑞莎酒店深入泳池的休闲平台，在这里享用晚餐并欣赏落日美景被评为在普吉岛最难忘的事之一。这些手法丰富了泳池的空间并增添了趣味性。迪拜沙漠中的巴卜阿尔沙姆斯度假酒店则进一步将泳池中的平台做成了高台，高台上面的泡泉与廊架组合成丰富多变的空间，让这座度假村更加有趣（图3-7-33）。

图 3-7-30　普吉岛帕瑞莎度假酒店泳池
（图片来源：帕瑞莎度假酒店提供）
图 3-7-31　南非葡萄园中的云村公寓泳池
图 3-7-32　青城山六善泳池中的绿洲

3-7-30

4）立体空间

利用高差可让泳池变成一个更立体的空间。如巴厘岛乌布的科莫香巴拉酒店，泳池的上层为温水水疗池，下层为普通泳池（图3-7-34）。在海边坡地上的许多泳池采用这种高低泳池来解决高差的问题，比如像塞舌尔莱佛士酒店的泳池面向大海逐层跌落。甲米普拉湾丽思卡尔顿酒店的泳池随着地势的变化也分为高低两层，还在泳池的下方设置休息平台，进一步化解高差（图3-7-35）。高差更大的则如巴厘岛乌布的空中花园酒店（图3-7-36、图3-7-37），泳池有三米多高的高差，高低泳池之间是流淌的瀑布，它被评为世界十大酒店泳池之一。也有些泳池设计成与景观更融合的空间形式，比如伸进海面的青岛涵碧楼的泳池，架在海面礁石上的黑山共和国阿文拉度假别墅泳池，美景健康酒店则是将室外泳池架空伸入树林。

3-7-33

3-7-35

图 3-7-33 迪拜巴卜阿尔沙姆斯度假酒店的泳池中的小品
图 3-7-34 巴厘岛乌布科莫香巴拉度假酒店；上层为温水水疗池，下层为普通泳池
图 3-7-35 甲米普拉湾丽思卡尔顿酒店的泳池
图 3-7-36 巴厘岛乌布空中花园酒店局部总图
图 3-7-37 巴厘岛乌布的空中花园酒店将泳池拉成三米多高的双层落差

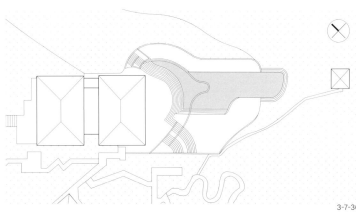

3-7-36

3-7-37

3-7-34

5）结合建筑空间

　　更复杂的设计是让泳池与构筑物相结合，形成更加丰富多变的空间。暹粒柏悦酒店（图 3-7-38）利用一道道景墙将泳池做成一个个相互联系的庭院，可在其中畅游穿梭。而丽江安缦大研则是用建筑将泳池划分成两个庭院空间（图 3-7-39、图 3-7-40）。也可与建筑紧密联系形成室内外过渡的灰空间，比如阿格拉欧贝罗伊阿玛维拉酒店（图 3-7-41）的建筑伸进泳池一边的柱廊，形成室内外的过渡空间，到了晚上在光影的映照下具有舞台般的效果，如同梦游进入了古代宫廷。这些结合建筑划分的空间往往是不带外部景观的泳池，因此要以空间趣味弥补景观的不足，虽然不能边游泳边赏自然风景，但在游泳的同时体验变换的建筑空间也是不错的感受，而有外景的泳池通常不需要太复杂的实体构筑物来划分空间。

图 3-7-38　暹粒柏悦酒店利用一道道景墙将泳池做成一个个相互联系
　　　　　　的庭院
图 3-7-39　丽江安缦大研泳池被构筑物分成两个空间
图 3-7-40　丽江安缦大研泳池平面图
图 3-7-41　阿格拉欧贝罗伊阿玛维拉在泳池一边的柱廊

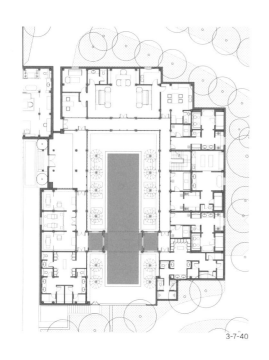

3-7-40

3-7-38

3-7-39

3-7-41

3. 池畔空间与景观

泳池畔主要由休憩空间和景观组成，是住店客人白天活动最集中的场所。泳池的景观是为提升泳池周边的视觉环境而营造的，可以是天然的，也可以是人工的，可在泳池的端部、四周或中心。它们一般由下列元素构成。

1）亭阁廊榭

在泳池旁边设立一个视觉焦点，远景稍显平淡的情况下会大大增强泳池的画面感。许多与海平面基本持平的泳池无法享有高视点的震撼海景，一般会在泳池畔加设景观建筑，形成远景、中景与近景的结合，使海景更为丰富。大型的泳池比如埃及的欧贝罗伊撒尔哈氏酒店镂空的水吧亭阁（图 3-7-42），建在宽阔的泳池和大海之间既有足够的体量又不遮挡视线。小型的泳池如拉苏丹娜沃利迪耶酒店（图 3-7-43）将泳池旁的附属用房设计成亭阁作为点缀。斯里兰卡的本托塔天堂之路别墅酒店（图 3-7-44）设在泳池端头的亭阁既是泳池的对景，又作为泳池与海边铁路之间的一个视觉过渡。库玛拉孔湖畔酒店的一个如运河般的泳池端部和外部湖水之间也设立了一座凉亭作为收尾的对景（图 3-6-15）。巴厘岛乌布安缦达瑞的泳池以山谷为背景建造，一处瑜伽亭如同漂浮在水面之上（P244 图）。丹巴喜悦秘境酒店泳池畔的藏式亭阁既是泳池与大山之间的衬景，又是一处休闲空间（图 3-7-45）。安缦法云林中的泳池也是以一处亭阁作为泳池的背景（图 3-7-46），可以想象如果这些泳池没有这样的亭阁作为点缀，景观则会逊色很多。还有更为复杂的廊榭组合，比如安缦巴格泳池四周的回廊（图 3-7-8）、欧贝罗伊泳池周边的瑜伽亭（图 5-5-27），都使得池畔空间变得更加迷人。

3-7-42

3-7-43

3-7-44 3-7-45

3-7-46

图 3-7-42 埃及的欧贝罗伊撒尔哈氏酒店的亭阁
图 3-7-43 拉苏丹娜沃利迪耶酒店泳池旁的附属用房亭阁衬景
图 3-7-44 斯里兰卡本托塔天堂之路别墅酒店在泳池端头的亭阁
图 3-7-45 丹巴喜悦秘境酒店泳池畔的藏式亭阁
图 3-7-46 杭州安缦法云林中的泳池

2）自然树木

在许多高视点的水景酒店里能欣赏到更壮阔的景色，因此不需要建筑或构筑物来增强泳池的景观，但泳池周边姿态优美的大树作为衬托是必不可少的，若搭配得当，则可组成一幅优美的画面。比如巴厘岛宝格丽度假酒店（图 3-7-2、图 3-7-47）开满鲜花的树木把泳池衬托得极其浪漫。塞舌尔的莱佛士酒店也是通过这种远、近景的搭配获得了更为动人的海景（图 3-7-48）。还有斯里兰卡的坎达拉玛遗产酒店那不大的泳池（图 3-7-49），泡在温暖的池水中，透过姿态优美的参天大树，眺望远处的湖面和山峦，那种愉悦令人难以忘怀。在缺乏远景的地段就更要精心打造泳池周边的环境了，可以是自然的或人工的。巴厘岛乌布科莫香巴拉酒店的泳池利用了原生的参天古树形成自然的围合（图 3-7-24、图 3-7-50），这个没有远景的泳池通过周边的参天大树营造出绿野瑶池般的氛围，泡在水里如同神仙般的体验。

3）景观小品

为了增加泳池的丰富性和趣味性，很多酒店会在池畔设置人造景观，包含雕塑、小品、花坛、涌泉、水中的休闲座椅等，巧妙的搭配使得泳池成为一处动人的景观。如果泳池面对的外部景观视点是向下的，就要求选用比较低矮的小品，以不影响观景为宜。比如巴厘岛苏瑞酒店、绿山安纳塔拉度假酒店中的涌泉都是与泳池的踏步和躺椅相结合的雕塑小品，低矮的造型在面对壮丽风景时显得和谐而含蓄（图 3-7-0、图 3-7-51）。

暹粒贝尔蒙德吴哥宅邸的泳池在庭院中心，周边都是客房，岸边的小品就设计得较为高大，使之成为泳池与建筑之间的过渡（图 3-7-52、图 3-7-53）。

别出心裁的小品能强化酒店的主题，如巴厘岛阿丽拉乌鲁瓦图别墅酒店泳池畔的独木舟、斯里兰卡阿洪加拉遗产酒店泳池中的老木船，让泳池变成了一个有故事的地方。

3-7-47

3-7-49

3-7-48

3-7-50

3-7-51

3-7-52

3-7-53

七、泳池及活动平台

4）池岸家具

　　泳池畔的家具与装置也是不可或缺的，对池畔空间的尺度、家具摆放的位置、家具的形式以及家具与景观的关系推敲都非常重要。设计上要重视池畔休闲区与泳池尺度的比例关系，若处理不当，游泳时会有被近距离注视的尴尬感。比如阿曼的阿丽拉贾巴尔阿赫达度假村（图3-7-54）泳池旁的躺椅区就离泳池过近，紧密排列的长椅，让人总想避开人多的时候再去游。在泳池进深不大的情况下，岸边一定要预留足够的退让距离，如果岸边空间空局促，可以在池边设置一些景观小品作为过渡。

　　休闲家具可以是躺椅、床、带幕帐的小阁（图3-7-55），也可以像青城山的六善酒店那样是一个固定的建筑空间。带幔帐的小阁会营造出一种私密、浪漫的气氛，由于体量和造型都比较明显，所以是构成空间意象的重要元素，其方位及排列方式都要像设计建筑物那样仔细推敲。不论像阿曼阿丽拉贾巴尔阿赫达度假村那样在山石地上高高低低的灵活布局，还是像摩洛哥拉苏丹娜沃利迪耶酒店那样的整齐行列式布局，都要与酒店建筑的整体意象相吻合。同时也要考虑常年打开的遮阳伞对周边环境的视觉影响，要让这个元素能融于整体环境，给人以精心设计之感。

3-7-54

图 3-7-47 巴厘岛宝格丽度假酒店开满鲜花的树木衬托泳池的浪漫
图 3-7-48 塞舌尔的莱佛士酒店近景远景搭配
图 3-7-49 斯里兰卡的坎达拉玛遗产酒店泳池连着湖面远眺狮子岩
图 3-7-50 巴厘岛乌布科莫香巴拉酒店泳池旁的原生大树
图 3-7-51 巴厘岛苏瑞酒店的泳池畔的一排涌泉
图 3-7-52、图 3-7-53 暹粒贝尔蒙德吴哥宅邸的泳池
图 3-7-54 阿曼的阿丽拉贾巴尔阿赫达度假村泳池旁的躺椅区离泳池过近
图 3-7-55 各种池畔的家具

3-7-55

4. 天台、露台、平台

　　酒店的各种天台、露台和平台可拓展客人的活动空间、提升酒店的魅力、挖掘观景的价值，可作为休闲、餐饮的空间。西班牙马略卡岛的玛里瑟尔水疗酒店沿海岸设置了一个三层的大露台（图3-7-56），这个20世纪40年代的大宅改造成酒店后，突破原建筑的限制，充分发掘了户外的露台空间。在前面餐饮空间章节中已经对露台有所介绍，这里将进一步介绍其规划设计的原则，以下几类酒店需特别注意挖掘天台的价值。

1) 用地紧张地段

　　天台可增加户外活动空间。如约旦著名古城佩特拉入口附近小镇中的瑞亨度假酒店，用地比较局促，天台就成为了酒店重要的户外花园，廊榭水池等丰富的景观营造可与地面上的花园相媲美。许多城市酒店都充分利用了天台空间。中东地区干热少雨，在传统建筑中对天台的应用非常广泛，因此在这个地区的酒店建筑自然地汲取了这一特点。而东南亚地区的天台往往结合开敞的亭阁，可在这里观景休闲享受习习凉风。中国的传统建筑也讲究登高望远，屋顶天台可成为极具特色的空间。

2) 古城

　　在高密度城镇中，天台的应用使客人从幽深的街巷窄院上升到视野开阔的屋顶，获得了一处眺望古城和周边标志性建筑的观景台。比如南锣鼓巷乐在精品酒店的屋顶处搭建了一处可眺望北京四合院屋顶的平台。而马拉喀什的拉苏丹娜精品酒店更是在屋顶上营造了一个精美的花园，有酒吧和泡池，在窄巷深院的古城中，开阔的屋顶空间让客人在这里可眺望古城中清真寺的宣礼塔和远处的斯特拉斯山脉，极大地挖掘了酒店的景观资源。中东地区平顶的民居易于发挥天台的优势，在摩洛哥山城丹吉尔的一处精品民宿将天台打造成休闲空间，在那里可以远眺丹吉尔古城及海湾，成为客人观景的绝佳场所。在马略卡岛帕尔马古城中的非凡桑特弗兰西斯可酒店在天台上布置了泳池及酒吧等设施，在这里可以观赏大半个帕尔马古城，远近三个教堂的钟塔尽收眼底（图3-7-57）。但在东方的坡屋顶建筑上搭建平台往往与古建筑及城市风貌保护原则相悖，需要慎重考虑。

3) 树木茂盛及环境复杂地段

　　屋顶平台可以提升观景的视点，在周围有障碍物遮挡的情况下利用天台可以获得更好的视野，也为酒店提供了有趣的空间。比如塞舌尔莱佛士酒店的屋顶平台为客人提供了一处绝佳的观海平台，越过海岸的椰林能眺望更远的海景，这个天台晚上十分凉爽，会定期举办迎接客人的鸡尾酒会。摩洛哥的塔马多特堡酒店坐落在一个山谷之中的小山坡上，古堡结构复杂，园内树木众多，开发屋顶露台作为酒店的活动场地，视野开阔，四面群山和谷地美丽的景致尽收眼底。泰国普吉岛的帕瑞莎酒店坐落在茂密原始森林的陡峭山坡上，酒店将公共建筑依山就势叠落布置，错落出很多大露台作为餐饮、婚礼广场等场所，可透过树梢眺望大海，景色宜人。在一些高密度的聚落式度假村中利用天台的效果如同古城中一样，既可眺望远处风景也可俯瞰鳞次栉比的屋顶，比如阳朔悦榕庄、青城山六善酒店都有这种视点绝佳的观景台（图3-7-58）。

3-7-56

3-7-57

七、泳池及活动平台

4）平缓地段和低层度假村

通过对天台空间的挖掘，形成高低错落的户外空间，增加了立体空间的变化，既让度假村更加生动有趣，也获得了登高远眺的观景点。迪拜巴卜阿尔沙姆斯沙漠度假酒店（图3-7-59）在公共建筑屋顶上设计了颇有风情的天台空间作为抽阿拉伯水烟的地方，不仅为园区增加了一景，也是眺望沙漠落日的绝佳场所，无论白天还是夜晚，这些天台都是客人愿意逗留的地方。甘南草原的诺尔丹营地也利用餐厅的屋顶布置了休闲平台，在平缓的草原上获得了一处观景高点，很受客人喜爱（图3-7-60）。

天台一般要选择设置在度假村中有良好景观的公共建筑屋顶上，以休闲娱乐为主，可设酒吧、日光晒台、泡池，也可结合建筑风格适当加设雨棚、遮阳棚、廊架、凉亭等构筑物。天台的规划设计要注意视线引导，居高临下免不了会将不利的一面暴露在客人眼前，因此在设计上要趋利避害，让人的视线集中于风景，屏蔽后勤等内部功能区域，同时也要保证高档独立客房区的私密性。可直达天台的踏步或可提高利用率，户外楼梯的设计最好结合景观元素，增强路线的趣味性，将天台与地面连成一个整体的景观系统（图3-7-61）。即使是室内楼梯也要像马拉喀什的拉苏丹娜酒店那样做得有趣些，同时天台也是一处重要的黄昏及晚间活动场地，因此夜景照明也是十分重要的。

3-7-61

图 3-7-56　西班牙马略卡岛玛里瑟尔水疗酒店屋顶平台
图 3-7-57　马略卡岛帕尔马古城非凡桑特弗兰西斯可酒店屋顶平台
图 3-7-58　青城山六善酒店的屋顶平台
图 3-7-59　迪拜巴卜阿尔沙姆斯沙漠度假酒店屋顶休闲设施
图 3-7-60　甘南草原的诺尔丹营地屋顶休闲平台外景
图 3-7-61　阿布扎比安纳塔拉凯瑟尔艾尔萨拉沙漠度假酒店天台

3-7-58

3-7-59

3-7-60

173

5）平台

除了天台以外，度假村的园区内宜设置多种多样的平台，结合景观设计丰富户外活动的内容，提升度假村的格调。设立平台的第一目标是观景，然后是将它作为活动的场地。诺尔丹营地中的观星台是客人在这个度假村的一个重要活动场地（图3-7-62），在这个不提供电视没有WIFI的度假村里，客人夜晚在这里观星赏月，还可以点燃篝火一展歌喉，远离现代文明。

在虹夕诺雅富士度假酒店的丛林中，设置了许多观鸟平台，客人可以静静地坐在这里观察森林中小鸟的活动，亲近、了解大自然（图3-7-63）。巴厘岛的宝格丽度假酒店（图3-7-64）在海岸悬崖边的无边泳池中建造了一个玻璃平台，作为婚礼仪式的场地，情侣们在这里感受到水天一色、时空永恒。阿曼绿山上的两个悬崖边的酒店沿着悬崖设置了许多眺望峡谷的平台，有些平台也是固定的瑜伽练习场所（图3-7-65~图3-7-67）。南非的弗努尔瑞小屋旅馆也在丛林沿崖边设置了许多观景平台，客人来到这里可眺望河口峡谷（图3-7-68）。平台、亭子或遮阳蓬组合在一起，可以成为更舒适的户外活动空间，如安纳塔拉凯瑟尔艾尔萨拉沙漠度假酒店（图3-7-69）深入沙漠之中带遮阳棚的平台，既是无垠沙漠中的景观点缀，也是沙漠活动的站点。丽江大研古城边狮子山上的安缦酒店设在山边的瞭望亭可以眺望古城全貌（图4-6-2），是酒店唯一可远眺的观景点，成为酒店园区最具价值的户外场所。

图 3-7-62 甘南诺尔丹营地中的观星台
图 3-7-63 日本虹夕诺雅富士度假酒店的观鸟台
图 3-7-64 巴厘岛宝格丽度假酒店在海岸悬崖边的无边泳池中建造了一个玻璃平台，作为婚礼仪式场地
图 3-7-65 阿曼绿山安纳塔拉度假酒店眺望峡谷的平台
图 3-7-66 阿曼绿山阿丽拉贾巴尔阿赫达度假村的瑜伽台
图 3-7-67 阿曼绿山阿丽拉贾巴尔阿赫达度假村沿着悬崖设置了许多眺望峡谷的平台
图 3-7-68 南非的弗努尔瑞小屋旅馆观景平台
图 3-7-69 安纳塔拉凯瑟尔艾尔萨拉沙漠度假酒店深入到沙漠之中的带棚子的平台

3-7-62

3-7-63

3-7-64

3-7-65

3-7-66

3-7-67

3-7-68

3-7-69

大门之前的
序曲

独立精品酒店的进入路径
风景区内精品酒店的进入路径
夹在其他建筑中的小型精品酒
店进入路径
酒店园区入口大门

大门至大堂
的过渡空间

开放的过渡空间
半封闭和封闭式过渡空间
纵深或曲折的过渡空间

第四章

空间序列

引导走入世外桃源的极致体验

世界各地的许多度假村，走入其中一道道风景在眼前徐徐展开，仿佛来到了世外仙境。行进在这样的建筑空间中，如同欣赏一首抑扬顿挫的交响乐，又好似在聆听一段跌宕起伏、引人入胜的故事，这种丰富的体验归功于空间序列的组织与设计。空间序列是建筑设计的重要方面，中外许多古典建筑的空间序列都是建筑史上的经典，对于度假酒店这种体验性建筑来说空间序列的组织尤为重要。与之相对应的则是酒店的功能流线，可以说流线组织是酒店的理性因素，而空间序列组织则体现了酒店设计的感性因素。精品酒店的流线组织原则与其他类型酒店是一样的，但鉴于多数精品酒店的规模不大，员工和客人数比值较高，且大多数精品酒店在选址上存在特殊性和限制性，因此设计上并不会严格遵循城市酒店或大型度假酒店的既有规定，而是要因地制宜地理顺流线的关系，将重点放在空间序列的组织、气氛的营造以及对酒店环境与资源的体验上。空间序列与流线往往是并行的，流线是纯功能的，序列是精神感官的。要全方位的调动规划、建筑、景观的手法来营造序列并遮掩流线，像阿曼绿山安纳塔拉度假酒店那样进入酒店的道路对着后勤入口大门这样的低级错误是绝对要避免的。本章重点阐述精品酒店的空间序列组织，会对流线组织做一个概述。

门廊与前庭	前厅及大堂的序列	大堂至客房的序列	序列的尾声
门廊的形式	简单空间	自然式路径	作为尾声的景观
门廊与前庭组合	先抑后扬	古典园林式路径	作为尾声的建筑
门廊的装饰	直线延伸	街巷式路径	作为尾声的场景
大堂门	十字延伸	庭院式路径	
临街面的大门	立体延伸	特殊的路径	
	大堂群组中的焦点	组合式路径	
		集中客房的垂直交通空间	
		集中客房的水平交通空间	

1) 流线的分类

酒店需要处理的流线包括：客人流线、服务流线、货物流线和车辆流线。其中客人流线又分为住宿客人及外来用餐娱乐客人的流线；服务流线分为内部员工流线、大堂服务流线、客房服务流线、餐饮服务流线；货物流线分为食品流线、布件流线、垃圾流线；车辆流线分为客人车辆、出租车、旅游团巴士、货车、垃圾车的流线。

2) 流线的组织要点

客人流线构成主要的空间序列，其营造的体验感是精品酒店不同于其他酒店最具特色的部分，将会在后面着重叙述；服务流线以服务客人为目标，主要满足生产与管理的合理分工和就近操作，要相对隐蔽，与客人流线分开设置，减少与客人流线的交叉；货物流线需做到相对集中，缩短货物流通距离，隐蔽垃圾流线路径；车辆流线，针对客人的车辆流线一般直接引导进入大堂的落客区，然后通过环形路径引向出口或停车场，货车和垃圾车流线一般从临近服务空间的次入口引入，流线要短避免交叉。

各种流线的组织也与酒店的经营管理模式密切相关，不同的酒店管理公司都有各自的技术手册，详尽地规定了适合其管理和特点的技术要求，设计时应该考虑未来酒管公司的管理模式，这里不做详尽介绍。

一般度假酒店的客人流线组织如图4-0-1所示，精品酒店同样也要遵循这一原则。

3) 空间序列的组织要点

序列是指空间的先后顺序，一般建筑包含四个部分，即开端、过渡、高潮及尾声，而占地较大的度假酒店中的空间序列就更为丰富了，是人们从接近酒店、进入酒店大门、来到大堂、再到各自客房行走的过程，这个过程伴随着空间的变化与景色的转换，营造了一个有仪式感的、步移景异的体验过程，情绪受到感染，对酒店的初步印象也就此形成。

导向性、聚焦性、变化性是酒店空间序列组织的三大原则。导向性是指建筑师在营造这个空间序列的过程中，通过空间结构的形式及景观装饰等手法将客人自觉地引导至他所要到达的场所，具有明确的方向性而不需要过多地依赖指示牌，这是空间序列的基本要求。聚焦性是指在这个空间序列中将视线始终引向最有特色的主题，以突出酒店最富有价值感的地方。比如具有自然景观资源的酒店将视觉焦点集中在所享有的环境景观上，遗产酒店则应彰显遗产本身最有价值的地方，而主题酒店则需在序列的重点环节营造设计的主题空间和氛围。变化性则是强调空间序列的丰富多变，通过收放开阖等空间的变换形成多样性和趣味性，一步一景、步移景异，不仅给初到的客人带来惊喜，久住之后更感趣味无穷，使人陶醉其中、流连忘返。我们可以得出结论，在精品酒店的设计中，空间序列的设计较之流线的组织更为重要，酒店的气氛、情调和价值感都在序列中得以体现。

作为精品酒店，其特点决定了功能流线要让位于空间序列，也就是说，在拥有特殊的资源和客人数量有限的情况下，功能流线相对次要，而空间环境则上升到最重要的位置。为了突出酒店的资源价值及空间感受，适当性牺牲流线的合理性也不会对中小规模酒店造成很大的阻碍。因此下面重点论述在建筑规划上对空间序列的考量。

完整的酒店空间序列由四个空间和四个节点组成，其中从大门到大堂的序列是规划设计的重点（图4-0-2）。

功能流线

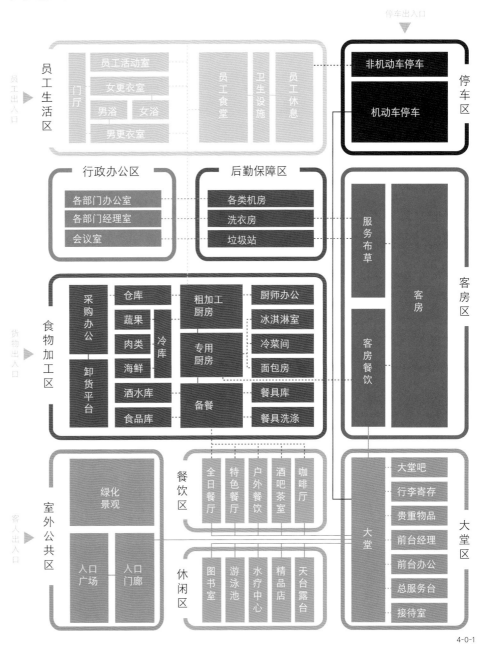

4-0-1

空间序列

4-0-2

在详细拆解酒店的空间序列之前，我们先来研究一个最完整诠释空间序列的经典案例——泰国甲米的普拉湾丽思卡尔顿度假酒店（图4-0-3），分析客人从下车到接待区直到入住的全过程（图4-0-4）。

A. 车子来到酒店大门之前的小广场，在这里下车；B. 服务人员在此门前合掌迎候来宾并引入大门；C. 进入大门后的方形院落围合着一个高出地面的无边水池，四周是布满烛形灯的墙；D. 服务人员带领客人踏着水面的汀步进入水池中央的泰式亭阁，在这里敲锣，为客人戴花并送上迎宾茶；E、F. 往水池下方走，离开方形水院穿过另一道门；G. 从一个有高大树木的过渡空间进入这个月亮门；H. 在这个院落中心的接待室（大堂）就坐等候办理入住；I. 拿到房间钥匙后穿过一个漂亮的水院；J. 进入一个有异域风情高墙围合的空间乘坐电瓶车；K. 车子带领客人穿过小桥流水与鲜花盛开的园林进入客房区；L. 每间客房门前是一条幽深的小巷，营造出隐秘的氛围，每个客房小院都有一个小门楼，进一步强调了深巷独院的气质，进入小院之后绕过影壁进入自家客房。

从这个案例可以看出，通过空间序列的设计将客人从下车到前台这段平凡的路程演绎成了一段跌宕起伏的交响曲，既有隆重的仪式感，又有浪漫的情调，着实令人惊叹！

图 4-0-3　泰国甲米普拉湾丽思卡尔顿酒店局部总图
图 4-0-4　泰国甲米普拉湾丽思卡尔顿酒店入口空间序列

并不是每个酒店都有条件如此大手笔地打造一套如此完整的空间序列，不同的酒店应依据自身的情况来量体裁衣。就拿与之隔海相望的另一座酒店阁瑶岛六善来说，它们正对着同一片海及海中的奇山，但六善酒店就没有采取这种有强烈仪式感的空间序列，只是依山就势地将不同房间摆放在各自能观看到海景的位置，再配以自然的植物。其原因在于六善酒店坐落在一座小山上，酒店内所有的公共空间和别墅客房都有居高临下的无敌海景，这是最得天独厚的资源。进入酒店园区大门后，电瓶车会载着客人穿过园区小路首先来到酒店最高点的池畔酒吧，透过无边泳池看到海中的仙山，震撼的海景扑面而来（图 4-0-5），在这里休息及办理入住使人身心愉悦。而丽思卡尔顿酒店则建在对面岸边平地上，除了沿岸有水平视点的海景外（图 4-0-6），入口及园内大多数地方均无法望见大海，因此酒店需要在公共空间上增添附加值，以获得与对岸六善酒店相同的档次和价位，所以无论是公共用房还是客房院落都有更丰富的设计，空间也更奢侈宽阔。

以上的案例说明在设计中需依据不同的基地条件、周边环境、酒店规格、酒店文化等因素来考虑进入酒店园区后的空间序列，综合我们考察的上百个精品酒店，下面将分段讲解酒店空间序列中的各个环节。不同选址和不同规模的酒店空间序列可能只是选取其中的某一段落，但每个部分的空间设计手法是有基本规律和共同原理可寻的。

4-0-5

4-0-6

图 4-0-5 泰国阁瑶岛六善酒店海景
图 4-0-6 泰国甲米普拉湾丽思卡尔顿酒店海景

　　空间序列的理论是基于对历史上许多经典建筑空间的分析，因此很多具有古典气质的酒店建筑，特别是宫廷风格的酒店最易诠释这一概念。比如主题为沙漠宫殿的安纳塔拉凯瑟尔艾尔萨拉沙漠度假酒店，从大门到大堂的空间就如教科书般地表达了一座古老的城堡式宫殿的空间序列，整个建筑有一条严谨的中轴线，空间序列都沿这条轴线展开（图 4-0-7、图 4-0-8）：穿过沙漠中的曲折小路之后客人首先来到一个如同"阙"一样的大门（图中 M）；进入后经过一段桥来到另一座城门，这个桥令人想起了古代护城河上的桥（图中 L），城门里是一个宽阔的带中央水池的广场，是酒店的前院，客人在这里下车，两扇高耸的城堡式大门展现在面前（图中 K）；进入门洞之后再穿过一个天井式的空间巷道，两边有通向其他空间的小门洞，门前摆放着一些摊位（内有租自行车等服务功能），这个小空间令人联想到电影中进入那些中世纪古城的城门后街旁的市景（图中 H、I、J）；随后进入前厅的大门。

　　上面描述的这段空间就是一个标准的古代城堡序列，从护城河到古堡大门，再到瓮城，应有尽有。进入室内后又是一连串收放变化的空间：首先进入前厅，然后到达一个十字厅，中心是阿拉伯风格的水池，左右分别是前台和接待空间（图中 E、F、G）；再往里抵达另一处过厅（图中 B、C、D），两边分别是去往餐厅和客房区的廊道；继续前行则是以水池为中心的大堂吧（图中 A），正对着室外的大漠风光，左右分别是图书室和酒吧两个副厅。整组建筑轴线严谨，层层递进的空间序列如同古代的宫殿再现。

　　以上案例的空间序列比较经典，但大多数酒店的序列不一定需要这么完整，而是依据自身情况灵活规划，下面我们将进行拆分讲解。

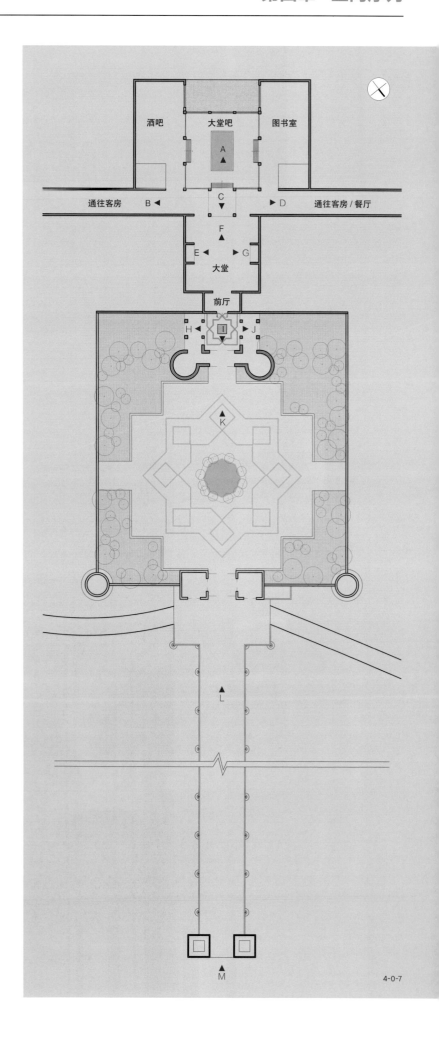

图 4-0-7 阿布扎比安纳塔拉凯瑟尔艾尔萨拉沙漠度假酒店平面图
图 4-0-8 阿布扎比安纳塔拉凯瑟尔艾尔萨拉沙漠度假酒店空间序列

进入巴厘岛乌布曼达帕丽思卡尔顿度假酒店的序曲（图片来源：曼达帕丽思卡尔顿度假酒店提供）

PRE-ENTRANCE AREA

大门之前的序曲

独立精品酒店的进入路径
风景区内精品酒店的进入路径
夹在其他建筑中的小型精品酒店的进入路径
酒店园区入口大门

可以将进入酒店园区大门之前的路段比喻为交响乐的序曲，让客人在这里为进入酒店作好心理铺垫。欧洲有优越的自然环境，那里的乡间或山野道路给人们带来强烈的感官愉悦，许多酒店将进入之前的道路稍加修饰整理就会带来美妙的体验。比如在西班牙马略卡岛的西南腹地，一个远古陨石形成的环形山谷中古树参天、风景秀丽，松奈格兰酒店就坐落在其中。在前往酒店的路上欣赏如画的乡村风光，对即将抵达的目的地更加期待。酒店距门前不到500m的路边栽种了海枣树，使进入酒店的氛围区别于本已十分优美的风景，创造出强烈的仪式感（图4-1-1）。历史上的大多数古堡或庄园周边都环境优美，来到古堡要穿过古树参天的森林，进入庄园后还需穿过一段风景优美的田园，这些历史上的宝贵的经验告诉我们如何在打造一个崭新的度假天堂时再现这样的体验，特别是在一些条件尚不完善的地区。为了达到这一境界，许多大型高端精品酒店不惜成

本营造这段进入酒店之前的道路氛围，离酒店很远就开始打造道路两旁的景观。依据不同酒店的占地大小与周边环境的不同，会采用不同的设计手法。

远离城市独处郊野的大中型精品酒店，特别是将其本身作为旅行目的地的酒店会更加重视进入大门之前的气氛渲染，这类酒店往往会营造一个鲜明的主题，由于选址偏僻，酒店周边也很少有其他建筑，通往酒店的道路往往是专属的，因此也更适宜于营造氛围，以下几种路径规划给我们留下了比较深的印象。

图 4-1-1 马略卡岛松奈格兰酒店的进入道路

4-1-1

185

1. 独立精品酒店的进入路径

1) 与主题配合的气氛营造

进入酒店之前道路两侧的景观与酒店的主题及整体风格一致，让客人在进入酒店大门之前就能感受到设计所营造的气氛，进而产生期待。比如南非的太阳城度假区迷失城宫殿酒店，进入酒店之前的道路穿过了一处人工营造的热带雨林，透过茂密的树林隐约可见丛林深处神秘而奇幻的宫阙，引导游客展开密林探险的遐想，恰与寻找失落古代文明的主题酒店氛围相呼应。而迪拜的巴卜阿尔沙姆斯沙漠度假村（图 4-1-2）营造的是沙漠部落的主题，在离酒店数百米外的道路两侧就开始用燃烧的火炬作为道路照明，黄昏或夜晚到来时，跳动的火焰散发出神秘而充满诱惑的气息，感觉即将要到达一个原始部落，非常好地渲染了这座沙漠酒店的主题气氛。

2) 山重水复的气氛营造

许多远离旅游热点区域的高端避世酒店会对通往酒店的路径做认真地规划，让游客如同去往桃花源。日本京都的星野虹夕诺雅酒店（图 4-1-3）坐落在京都著名的岚山风景区深处，其悠久的历史可以追溯到平安时代。经过著名的渡月桥，到达酒店迎接客人的小码头，乘坐日式游船，一路逆流而上，两岸群山秀丽，春有樱花秋有红叶，逐渐远离渡月桥和大量的游客，心境也随之融入自然。约十分钟后，船开进云雾缭绕的山水之间，峰回路转，见到一处绝美的崖壁，还有岸边的怪石滩及参天古树。而酒店的小码头就在不远处，掩映在丛林之间，朴实而低调，两位穿着日式制服的工作人员笑脸相迎，目视客舟迎客入住。这种船行进入酒店的经历是一次难忘的体验。

3) 不寻常路径的规划

独特的进入方式，会加深客人对酒店的印象，比如响沙湾莲花酒店的客人需通过缆车穿过连绵的沙丘，从空中可以看到酒店如一朵盛开的莲花，如梦如幻。迪拜的亚特兰蒂斯酒店（图 4-1-4）位于棕榈岛尽端的人工岛上，客人穿过棕榈岛的中心干道来到尽头，远远地望着水那边如海市蜃楼般的酒店，然后穿过海底隧道或通过跨海大桥进入，增加了奇幻感，与亚特兰蒂斯的主题相得益彰。阿曼杰格希湾六善酒店处于一个与世隔绝的海湾，一半面向波斯湾，另一半被高耸的山脉环抱。需爬过群山来到面向大海的山顶才能远远地看到坐落在海湾上的度假村，客人居然可以选择乘滑翔伞降落的方式进入酒店，体现这"逃遁之地"的意境。

图 4-1-2 迪拜巴卜阿尔沙姆斯度假村前的道路
图 4-1-3 进入京都星野虹夕诺雅酒店的码头
图 4-1-4 穿过隧道或高架桥进入迪拜亚特兰蒂斯酒店
图 4-1-5 巴厘岛安缦达瑞酒店门前小路
图 4-1-6 中国台湾南园人文客栈的入口标志
图 4-1-7 通往鲍曼尼尔道路远景的标志
图 4-1-8 杭州安缦法云酒店入口亭子

2. 风景区内精品酒店的进入路径

著名景区中的酒店往往比较多，因此每座酒店一般不会独享门前的主要道路，它附近会有其他建筑的入口，只能在进入酒店之前的一段支路上通过对建筑或景观的处理来展现酒店与众不同的气质，需要依据不同酒店的特征采用不同的设计策略。

1) 低调隐秘

越是高端的酒店就越要含蓄低调，以彰显其私密尊贵。比如巴厘岛乌布的山妍四季酒店和安缦达瑞酒店（图 4-1-5），从主路拐向支路时都只是在路边设立了一个很含蓄的酒店标牌指示酒店入口的方向，客人通过这条两边种植着高大绿篱的狭窄小道进入酒店，一种走入秘境的感觉油然而生。中国台湾南园人文客栈（图 4-1-6）在绿树成荫的小路上立了一个精致而小巧的招牌，低调而不失高贵。老挝的琅勃拉邦的安缦塔卡酒店甚至从路上看不见酒店的招牌，进入大门，才偶然在路边草坪上看到一个很小的木牌，上面刻着酒店的名字。

2) 个性装饰

在拐向酒店的入口处通过一些特殊的装饰物来表明通往之地的与众不同。比如普罗旺斯莱博的鲍曼尼尔酒店（图 4-1-7），在岔道口设立了一个设计现代的锈蚀钢板作为酒店的标示，之后这条岔道两边都是这一风格的装饰，一直延续到接待厅，在周围都是黄墙红瓦的乡村屋舍的环境中，这种现代装饰的点缀无疑提高了酒店的格调。

3) 标识建筑

有些用老建筑群改造的酒店，公共用地并非酒店私属产权，往往通过一个建筑小品来标定已经进入酒店的范围，比如杭州的安缦法云（图 4-1-8）是由风景区中一个原有的村落改造的精品酒店，不能建成封闭的园区，度假村的道路是对公共开放的，因此在入口处建了一个亭子，标定这里已经进入了酒店的范围。

4-1-5

4-1-6

4-1-7

4-1-8

3. 夹在其他建筑中的小型精品酒店进入路径 第四章　空间序列

对于处在古城古村中的小型精品酒店来说，周围是他人的居所，因而只能在进入酒店的局部区域做些装饰及铺垫。马拉喀什的拉苏丹娜精品酒店是世界小型奢华酒店联盟的成员，坐落在古城的一个不足 40m 长的羊肠小道中，在这段几十米的街巷中，精致的铺地和植物以及夜晚的灯光（图 4-1-9）都使人从喧闹的大街拐进小巷后立即感受到进入了另一个世界，客人获得了即将来到一个奢华酒店的心理预期。摩洛哥蓝色山城舍夫沙万的丽娜莱德 SPA 酒店（图 4-1-12）的入口也位于古城小巷的一条岔道上，避开人流形成了独立安静的入口空间。能有这样的过渡空间是酒店选址的优势条件。也有许多古城酒店并不具备这样的条件，需要在符合文物保护法规的条件下，认真地推敲公共街道的装饰。比如法国蔚蓝海岸的艾泽金羊酒店选了古村里几栋分散的房子，但在这个区域，特别是进入主厅门前的标识、雕像装置、铺地、花卉、窗子的铁艺等都做了特殊的设计，配以精致的装置（图 4-1-10、图 4-1-11）。而摩洛哥的另一座古城菲斯的里亚德菲斯酒店（图 4-1-13）限于基地条件，酒店门前的小巷不是私属的，但好在这条幽深的小巷很少有其他路人穿过，且小巷空间变化丰富，时而幽暗时而开朗，酒店门前的一段街巷恰似一个天井，像是刻意为之，也成为了进入酒店前的铺垫。

4-1-9

图 4-1-9　马拉喀什拉苏丹娜精品酒店入口
图 4-1-10、图 4-1-11　法国艾泽金羊酒店入口
图 4-1-12　摩洛哥蓝色山城舍夫沙万的丽娜莱德 SPA 酒店
图 4-1-13　摩洛哥里亚德菲斯酒店入口

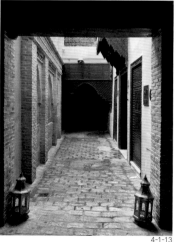

4-1-10　　　　4-1-11　　　　4-1-12　　　　4-1-13

大门是酒店入口的一个象征，但并不是所有的酒店都需要，有些大型酒店或主题酒店会有一个堂皇的门楼或大门，而中小型精品酒店一般会在尺度上强调亲切低调，有的仅是一个小巧的路边标牌，具体的做法应依据酒店周边的环境、基地情况、大门与主体建筑的距离以及主体建筑的特点来决定。比如巴厘岛乌布安缦达瑞酒店（图 4-1-16、图 4-1-17）的设计理念是将度假村塑造成一个村落，因而酒店的前厅大堂如同一个乌布传统乡村的中心，一边是村民庆典可以穿过的敞廊，一边是如当地传统发呆亭一样的接待厅，恰如村民休闲聚集的村头，这里并没有一个明确的大门，大门的形式是由酒店的设计理念决定的。以下示意从开放到封闭、从简约到隆重的几种大门形式（图 4-1-14）。

在设计大门时，要依据酒店所处的环境及酒店自身的特质综合考量。一般大堂建筑标志性越强，大门的设计就会越简单，以免喧宾夺主，许多华丽的酒店大楼前只放一个低矮的标志。欧贝罗伊拉杰维拉酒店城堡式大楼前面的入口是两个石柱。黄金海岸范思哲豪华酒店华丽的新古典主义建筑前面的大门是地面上低矮的标牌（图 4-1-18）。如果并无集中的大体量建筑，而是一组小型建筑，就更不会以突出的体量和

形式来强调大门。一般来说，越是高端的精品酒店大门越是简单低调，但带有主题性质的度假酒店则会将大门作为渲染主题气氛的重要一环来打造，强调体量与形式感。大门的封闭程度要依据内外的环境来确定，通常外部道路环境一般，或有相邻的其他建筑，可以用封闭的大门强调酒店自身的独立性，如果内外环境都非常优美则宜采用开敞的大门让内外景致相互渗透。

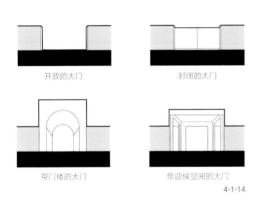

开放的大门　　　　封闭的大门

带门楼的大门　　　带迎候空间的大门

4-1-14

图 4-1-14 酒店大门图示
图 4-1-15 巴厘岛宝格丽度假酒店入口
图 4-1-16 巴厘岛安缦达瑞酒店总图
图 4-1-17 巴厘岛安缦达瑞酒店入口

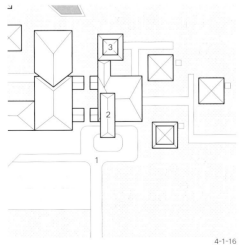

1. 酒店入口

2. 大堂

3. 酒吧

4-1-16

4-1-15

4-1-17

1）开放的大门

在大门处只有一个酒店标志，不设门卫，内外都是开放空间，这样的标志可繁可简。简单的如黄金海岸范思哲豪华酒店只有一个地面上的标志（图4-1-18），而阁瑶岛六善酒店（图4-1-19）只在入口处的路边上立了一个素木的标牌，但却极好地诠释了酒店绿色环保的理念。巴厘岛曼达帕丽思卡尔顿酒店在入口处是一个类似阙一样的巴厘岛传统构筑物（图4-1-20），将道路与酒店大堂前的空间分隔出具有领域感的院落。印度斋浦尔的欧贝罗伊拉杰维拉酒店门口则是用两根带雕像的柱子标定了大门的范围（图4-1-21）。

2）封闭的大门

历史上的古堡或府邸都会用一道厚重的大门将内外空间隔开（图4-1-22），这不仅是安防的需要，更是隐秘性和尊贵感的象征。在今天有些度假村依然使用实体大门与外部隔绝，从外边看不到内部的情况，只有高大的树木透出墙外，让人联想到历史上那些府邸的氛围。比如印度库玛拉孔湖畔酒店（图4-1-23）的实木大门，以及塞舌尔的莱佛士度假酒店（图4-1-24）使用树枝编织的大门将内外完全隔绝。在外部道路环境一般或不佳的情况下封闭大门尤为常见，如果内外环境都非常好，则宜采用透空或低矮的大门，让内外风景互相渗透。比如西双版纳安纳塔拉度假酒店的大门内外都是茂密树林中的道路，大门就是一个栏杆。巴厘岛宝格丽度假酒店的金属仿竹编纹样的大门则较低矮，园内花园从门外就一览无余，金属编织纹样的大门显示出庄园华贵的气质（图4-1-15）。大门离建筑很近的情况下也宜采用镂空的形式，比如暹粒柏悦酒店透着法式浪漫的镂空铁艺大门（图4-1-25），从外部就能够看见内部华丽的门廊。

图 4-1-18 澳大利亚范思哲豪华酒店门前
图 4-1-19 泰国阁瑶岛六善酒店入口标志
图 4-1-20 巴厘岛曼达帕思卡尔顿酒店入口
图 4-1-21 斋浦尔欧贝罗伊拉杰维拉酒店门前
图 4-1-22 摩洛哥塔马多特堡酒店大门
图 4-1-23 印度库玛拉孔湖畔酒店大门
图 4-1-24 塞舌尔莱佛士酒店大门
图 4-1-25 柬埔寨暹粒柏悦酒店大门

4-1-18

4-1-19

4-1-20

4-1-21

4-1-22　4-1-23

4-1-24

4-1-25

3) 带门楼的大门

中东及受阿拉伯文化影响的地区多喜欢用大门楼来彰显酒店的规格和气派，在迪拜（图4-1-27）和阿布扎比的那些城堡或皇宫主题的酒店都有这样一个大门楼。我们在印度阿格拉的欧贝罗伊阿玛维拉等酒店里（图4-1-26）也看到了这种彰显王宫气质的大门楼。印度佩瑞亚自然保护区的香料度假村则是用茅草屋表现高大的寨门。中国传统建筑一般会在大门的位置设牌坊。一些现代风格的酒店也借鉴了传统门楼的模式，比如朱家角安麓（图4-1-28）用一个既现代又厚重的大门楼围合出酒店的前院，与中国传统宫殿的前院异曲同工。我们设计的长城宾馆三号楼以一个简洁的门框标示出大堂门前的领域（图4-1-29）。

门楼对园区内外空间的限定更加明显，门楼下的大门也分为开放与封闭两种形式，封闭的大门加上高大的门楼更显高贵与神秘。

4) 带迎候空间的大门

这样的大门是一个带门廊空间的建筑，可以在这里举行迎候仪式，比如洛迪酒店（原安缦新德里）（图4-1-30）的大门带有一个很深的门廊，且门廊的端头是一个格栅影壁。由于进入这道大门后直接到达酒店唯一的中心庭院，所以设置这种有纵深感的大门阻隔了酒店内部庭院与外部空间的视线，从而保障了庭院的围合感和私密性。客人下车后酒店服务生就在这里为客人献花、递上热毛巾并送上迎宾茶，让这个空间承担了大堂的部分功能。而斯里兰卡的辛哈拉贾雨林生态酒店的大门与其他建筑有一段距离，进入大门后只能沿架空廊道步行前往大堂，因此酒店也在这个大门处进行迎宾和接待，服务生在这里接过客人的行李并送往客房，然后管家领着客人去接待厅办理入住手续。

4-1-30

图 4-1-26 印度阿格拉欧贝罗伊阿玛拉酒店大门
图 4-1-27 迪拜巴卜阿尔沙姆斯沙漠度假村入口
图 4-1-28 朱家角安麓酒店入口
图 4-1-29 北京北方长城宾馆三号楼入口
图 4-1-30 洛迪酒店（原安缦新德里）入口平面图

4-1-26

4-1-27

4-1-28

4-1-29

阿曼绿山阿丽拉酒店

大门至大堂的过渡空间

开放的过渡空间
半封闭和封闭式过渡空间
纵深或曲折的过渡空间

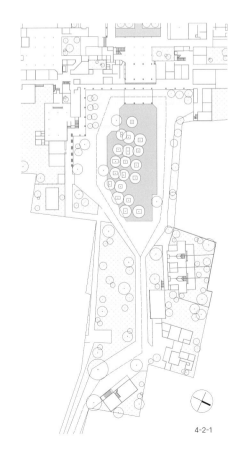

进入度假村大门后的空间是酒店展现给客人的第一印象，是整个空间序列营造的重点之一。这段空间与大门是相关联的，一般不设大门的大型度假酒店的这个空间会比较开放和简短，以保证便捷的交通。而精品酒店则会将这段空间设计得更加丰富有趣，进入大门之后前往大堂的路程可以平顺畅达，也可以蜿蜒曲折，以配合营造生动的主题气氛，让这个过渡空间拥有更加丰富的视觉体验。下面对各种手法做分类阐述。

图 4-2-1 斯里兰卡阿洪加拉遗产酒店平面图
图 4-2-2 斯里兰卡阿洪加拉遗产酒店入口

4-2-1

4-2-2

1. 开放的过渡空间

在接近酒店的道路上就能看见酒店的主体建筑，依据前面对大门模式的总结，这样的酒店园区入口多为开放式，只有一个象征性的大门或一个简单的标志物，通过有简单景观点缀的过渡空间直达酒店大堂，大型度假酒店多采用这种模式。这样的设计方便车辆的进出，且大量频繁进出的客流不适于私密感的打造，彰显酒店建筑的标志性成为设计的首要目标。比如并列在海岸线的那些大型度假酒店，各家都争相强调建筑的商业属性，从道路边就能看见灯火辉煌的酒店大堂。

开放的过渡空间要营造好入口轴线上的景观。这种过渡空间一般由广场、喷泉、柱廊等与酒店特色相匹配的景观组成，可长可短，可简单也可复杂，一切依据酒店的特性来确定。

澳大利亚黄金海岸范思哲豪华度假酒店的门前空间相对较小，只有一个标牌，酒店的圆形广场带有意大利古典风韵，与这个来自意大利的奢侈品牌的气质相呼应，过渡空间简洁明了，以突出这座带有古典装饰的优美建筑（图4-1-18）。巴瓦在斯里兰卡海边设计的阿洪加拉遗产酒店的大堂前是一个方形广场（图4-2-1、图4-2-2），在广场上布置了大片水池，水池中的绿洲种植着高大的热带植物，当年这种带有热带风韵的现代景观设计引领了酒店景观设计的风潮。

印度斋浦尔欧贝罗伊拉杰维拉酒店大堂前的景观设计则要复杂得多，几何形波斯风格的叠水和印度风格的亭子配以鲜艳的色彩，直接表达了这座仿莫卧儿王朝宫廷的酒店主题。由于城堡外观比较封闭，因此这组华丽而气派的入口花园式空间提前昭示了酒店内部的华贵，令人对酒店内部产生期待（图4-1-21）。

也有一些酒店在开放空间的处理上采用了更特殊的手段。比如著名的迪拜帆船酒店坐落在海中的一座人工岛上，进酒店要经过一座保安把守的大桥，令人想起许多电影中那些神秘总部的入口。黑山共和国的安缦斯威提·斯特凡酒店采用同样的进入方式（图4-2-3），它是一座天然的海中岛城，去往酒店的堤也是唯一能够通往小岛路径，这种独特而神秘的气质使之成为了好莱坞大片的外景地。

许多历史主题酒店都采用经过一座桥进入酒店的手法，使人联想起古代王宫或城堡前护城河上的桥，比如太阳城度假区迷失城宫殿酒店（图4-2-4、图4-2-10、图4-2-12），在钻出茂密的丛林之后，首先看到一座桥，前后的各种动物雕塑强化了酒店的神话意境。

类似的手法还出现在我们前面提到的阿布扎比的沙漠皇宫主题的酒店（图4-0-7、图4-0-8）。迪拜卓美亚皇宫酒店（图3-6-4、图4-2-5）的这个空间拉得更长，景观手法也更丰富，经过了林荫大道、带柱廊的桥、带喷泉和雕塑的广场，再来到酒店带天井的大门廊（图4-3-13、图4-3-14），是最典型的追求气派和仪式感的空间处理（图3-6-2）。

开放入口空间的景观要根据主体建筑的特点来设计：如果面对的建筑华丽、宏伟，那么过渡空间处理就要更简洁，让视觉的焦点放在建筑上；如果建筑比较低调或小巧，景观处理则会比较丰富，植物也更高大，环境的氛围渲染得更浓。开放的入口空间多有严谨的轴线，并赋予其较强的仪式感，这种设计是开放性过渡空间中常用的手法。

图 4-2-3　黑山共和国安缦斯威提·斯特凡酒店
图 4-2-4　南非太阳城度假区迷失城宫殿酒店
图 4-2-5　迪拜卓美亚皇宫酒店入口区

4-2-3

4-2-5

4-2-4

2. 半封闭和封闭式过渡空间

4-2-6

图 4-2-6 阿丽拉阳朔糖舍酒店
图 4-2-7 巴厘岛苏瑞酒店入口平面图
图 4-2-8 巴厘岛苏瑞酒店入口景观
图 4-2-9 巴厘岛苏瑞酒店入口院落

1. 酒店前院
2. 酒店廊院
3. 大堂

4-2-7

封闭的大门和大堂之间形成了一个围合的入口院落，如果只有一个门框而不设封闭的门扇，即为半封闭的入口院落，这个空间可能只是一个停车或回车的空间，也可能是一处精心布置的花园。在中型和小型的精品酒店中往往会采用这类院落作为过渡空间，在园区大门和酒店大堂前是一个围合的院子，内院和外界的视线可穿透也可封闭。这样的院落可在周边环境难以控制的地区获得闹中取静的效果，客人从车水马龙的大街进入这个半封闭院落后与嘈杂的外部环境隔离。比如在进入安缦颐和时，我们从狭窄且车速颇高的宫门前街拐进一个宽敞的大院子，再从这里从容地进入酒店大堂（图 5-4-7）。许多古老的宫苑或贵族府邸都有这样一个与外部隔绝的过渡性的围合空间，它源于古代城市环境中对社会阶层与地位的区分。我们看到印度有很多由老宅和府邸改造的精品酒店都有这样的前院，像焦特普尔的 RAAS（图 5-1-13）以及 18 世纪村子里英国贵族的狩猎别墅，当客人从脏乱的街道进入前院后立即感觉进入了另一个世界。

许多现代风格的酒店采用半封闭的前院很容易让人联想到那些有贵族血统的古老宫苑府邸，从而提升其尊贵的气质。在秘鲁帕拉卡斯海边，现代风格的帕拉卡斯豪华精选度假酒店

就是用一道高大的木门将院落与外界隔绝开来，记得那晚我们一车人摸黑在坑坑洼洼混乱的街巷中寻找这个酒店，外围的环境让大家心凉了半截，不知道即将入住的是一个多么可怕的酒店。当终于找到酒店后，看到那扇徐徐打开的高大且厚重的大门就知道来对了地方。阿丽拉阳朔糖舍酒店（图 4-2-6）紧邻一条繁忙的快速道路，这种老厂房的选址并不具备天然的尊贵感，设计上在入口处采用了封闭的大门和围合的过渡空间，取得了比较好的效果。我们设计的北京长城宾馆三号楼位于一个单位大院里，为了使这个新建高端小酒店的自身环境与大院里复杂的环境分割开来，避免落客区域暴露在公共视线之下，也在大堂前设计了这样一个半围合的空间，且该围合空间与道路之间采用了格栅分隔，从而避免了单位大院内出现实体围合的院落与周围的环境不协调（图 4-1-29、图 5-4-16）。这种围合的前院空间也被应用于许多独处一处、环境优美的度假村中，以进一步增强空间序列的仪式感。比如巴厘岛苏瑞酒店的前院就是两个半封闭的围合空间，一个用修剪过的乔木围合而成的方形院落，紧挨着一处用廊院围合的院子，再由此院进入能看到海景的大堂（图 4-2-7~ 图 4-2-9）。

4-2-8

4-2-9

4-2-10

主题酒店不仅偏爱这种封闭式的过渡空间，而且更加注重景观营造。古代的宫苑大多有前院，城堡也大多有类似"瓮城"的过渡空间，在上一节中我们介绍了许多由大门标定出这样空间的案例。比如迪拜的巴卜阿尔沙姆斯沙漠酒店（图 4-1-27）、卓美亚阿纳西姆古城度假酒店等，门前的大门楼、高大的围墙和木门令人想起古代的部落或城堡，南非的太阳城度假区迷失城宫殿酒店（图 4-2-10~ 图 4-2-12）的过渡空间虽然是主题公园中的一条绵长的线路，但在进入大堂之前也做了这样一个围合空间，并以酒店标示性的动植物主题来刻画这个空间，使客人在穿过密林和河流后进入这座神秘宫殿之前感受到一个小高潮。

封闭与半封闭过渡空间的设计有很多不同的手法，有的只是一个简单的停车空间，比如

香料度假村、安缦颐和、曼达帕丽思卡尔顿酒店的前院。如果停车问题可以解决，则宜将这个空间作为序列中华彩的一章来营造。

过渡空间需着重于院落中心景观和四周界面的设计，要依据酒店的环境和风格并反映酒店的主题和特色，手法有廊桥、古树、喷泉、水景等多种设计语汇。比如巴厘岛苏瑞酒店过渡空间的中央是一个巨大的圆形黑色石盘，流水在上面涌动，与酒店的设计风格相一致，并很好地呼应了酒店黑石沙滩的独特资源。再如华丽的印度欧贝罗伊阿玛维拉酒店院落中再现了古代波斯园林喷水池中的十字桥，一下子将客人带入了古代辉煌的王朝盛景之中（图 4-2-13、图 4-2-14）。

而暹粒的贝尔蒙德吴哥宅邸（图 4-2-15）则巧妙地让河水从这个过渡空间穿过，进入酒

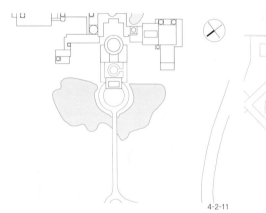

4-2-11

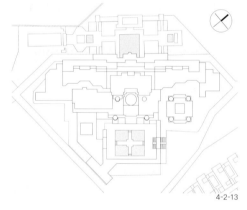

4-2-13

4-2-12

4-2-14

二、大门至大堂的过渡空间

店的小门后可沿着河上的廊桥直达酒店前厅，极富高棉风情。类似的手法可见于巴厘岛的阿雅娜别墅酒店（图 4-2-16），进入大门后要经过一个水面上的弧形连廊抵达大堂。

如果前院只作为停车空间，则要注意院落四边界面的设计处理。比如乌布曼达帕丽思卡尔顿酒店的前院不光只是一个简单的停车场，四周的墙面由巴厘岛风情的红砖柱廊与覆盖的植物组成，营造了一种古老世家住宅的沉静气氛（图 4-1-20）。而巴厘岛乌鲁瓦图阿丽拉别墅酒店（图 4-2-17、图 4-2-18）则在大堂前通过部分功能用房及柱廊围合成了一个过渡空间，并以独特的建筑语汇构建了这个半围合空间的特质。从这些经典案例可以看出，封闭的过渡空间是展现酒店的主题特色与地域文化的重要场所，景观设计和界面设计在其中起着同样重要的作用。

4-2-15

4-2-16

图 4-2-10 南非太阳城度假区迷失城宫殿酒店前庭
图 4-2-11 南非太阳城度假区迷失城宫殿酒店入口局部总图
图 4-2-12 南非太阳城度假区迷失城宫殿酒店前庭
图 4-2-13 印度阿格拉阿玛维拉酒店总图
图 4-2-14 印度阿格拉阿玛维拉酒店入口廊桥
图 4-2-15 贝尔蒙德吴哥宅邸大门的廊桥
图 4-2-16 巴厘岛阿雅娜别墅酒店廊桥
图 4-2-17 巴厘岛乌鲁瓦图阿丽拉别墅酒店入口平面图
图 4-2-18 巴厘岛乌鲁瓦图阿丽拉别墅酒店入口庭园

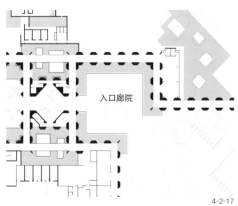

入口廊院

4-2-17

4-2-18

3. 纵深或曲折的过渡空间

延长度假村大门至大堂之间的距离是诸多精品酒店渲染过渡空间氛围的重要手段之一，延长进入的过程可以让客人从外部环境进入园区后提前感受酒店所营造的环境和气氛，并使心绪逐渐平静下来。这种曲径通幽、渐入佳境的空间感受恰如进入桃花源，它往往比开门见山能获得更多的惊喜和戏剧感。有些酒店通过层层递进的空间序列来营造更隆重的仪式感，让客人感受到高贵的礼遇。还有些酒店使用这条延长的线路来展示所占有的资源，令客人进入园区即可充分感到酒店的得天独厚。

许多占地广阔的酒店本身就有这样的纵深空间，比如巴厘岛的阿雅娜度假村，进入酒店大门如同进入了一个占地广阔的大庄园，里面绿树成荫、花团锦簇，汽车行驶一段距离后才到达酒店的大堂。客人进入园区后充分感受到了酒店的价值，从而获得了令人惊喜的第一印象。斯里兰卡的坎达拉玛遗产酒店在进入大门后还需经过原始森林中的悠长的大道才能到达大堂。在规划时为了更充分地展示这样的资源，通常会以曲折的路线设计来延长进入大堂的距离，让客人可以更多地领略酒店的园林特色。比如印度的色瑞咖啡园度假村（图 4-2-19、图4-2-20），进入大门后车辆在咖啡园中蜿蜒的小路上行驶一段路程才能到达大堂，让客人先行了解这个植物园的风貌，突出了种植园中的酒店这一特色。

对于多数酒店来说占地是有限的，如何让过渡空间更有纵深感是设计的着眼点，以下几种方式可以作为参考。

1）避免视线穿透

障景是中国传统园林中常见的手法，可以避免在入口处就对里面的空间一览无余。比如我们进入巴厘岛宝格丽度假酒店（图4-2-21、图4-2-22）的大门后感觉眼前是一个绿树成荫的大花园，但从地图上看这个空间其实并不大，只占园区很小的一个角落，奥妙就在于其规划布局上避免了让大堂正对大门，而是在大堂面向大门一侧堆了一座小山并在上面种树，使大堂建筑被遮蔽。进入大门后首先看见的是一片郁郁葱葱的树林，穿过树林绕过小山，从后面进入大堂，在迂回绕行的路上还能看见印度庙和其他建筑，发散的视点给人以空间广大的感觉。西双版纳安纳塔拉度假酒店也是在大门外对着道路的一侧通过树木、叠石等遮挡正对道路的视线。

图 4-2-19 印度色瑞咖啡园度假村入口区总图
图 4-2-20 印度色瑞咖啡园度假村进入大门后的林中小路
图 4-2-21 巴厘岛宝格丽度假酒店入口区局部总图
图 4-2-22 巴厘岛宝格丽度假酒店大堂隐匿在景观后面

4-2-19

4-2-21

4-2-20

4-2-22

2) 层层递进的仪式感

　　通过不同的空间转换来获得纵深感和仪式感，比如传统的层层递进的院落空间能在有限的距离内使客人觉得如入深宫大院，有强烈的神秘感。除了前面提到的进入甲米普拉湾丽思卡尔顿酒店内丰富的空间序列外，另一个给我们留下印象的案例是印度拉贾斯坦的德为伽赫古堡酒店（图4-2-23、图4-2-24），进入大门后需穿过四道门、四重院，随着庭院的尺度逐渐放大，客人的情绪也逐渐高涨，当走到最后一道门前，玫瑰花瓣雨从天而降，空间序列在这里达到高潮！

　　这种层层递进的古代庭院空间非常值得借鉴，即使做不到这样复杂的多重过渡，也要在临近大堂处规划一个有仪式感的空间。比如像阿曼的绿山阿丽拉酒店（图4-2-25）那样，进入园区后要经过一个带棚的柱廊才能来到大堂前，这一过渡的空间是进入大堂的重要铺垫。

4-2-25

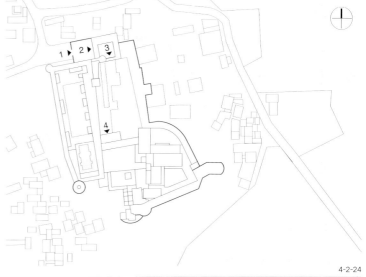

4-2-24

图 4-2-23 印度德为伽赫古堡酒店进入后穿过的三道门
图 4-2-24 印度德为伽赫古堡酒店总图
图 4-2-25 阿曼绿山阿丽拉酒店大堂前的廊架围合空间

1

2

3

4-2-23

3) 让大门与大堂远离

延长大门与大堂之间的距离对于外部环境不佳的地段来说尤为重要，目的是用酒店自身的设计来弥补周边的环境给客人的不良印象，让客人进入度假村之后有一个情绪调适的过程。比如印度乌代浦尔的欧贝罗伊乌代维拉度假村的入口大门在用地最偏远的西北角，这里是连接城市道路的方向，而酒店的大堂没有依惯例设在面对大门的位置，而是放在远离大门的东边，进入大门后首先要穿过一条绿树掩映的小路，绕着建筑行走一段距离来到豁然开朗的湖畔大门廊（图4-2-26~图4-2-29），从这里进入一个开阔的方形院落，然后再进入精致的八角形天井小院，再由此进入酒店华丽的大堂。这个漫长的空间序列包含幽深的林中小径、气派的皇宫庭院、神秘幽深的城堡天井，收放有度，还未进入酒店就先被这一丰富绚丽的过渡空间打动。

前面提到的许多城市度假酒店都以这种手法来获得闹中取静的效果。比如上海璞丽酒店就是将大堂放在远离道路的内部，从道路进入竹林小径，经过庭院进入门廊，再往回折返才进入大堂，迂回的线路很好地体现了酒店"都市桃源"的主题（图2-6-3~图2-6-6）。班加罗尔丽思卡尔顿酒店也是将前厅入口放在用地的最里面，一个很有序列感的柱廊和它一侧的喷水池将客人导向远离街道入口的大门，从而使进入酒店的方式更有格调。

4-2-26

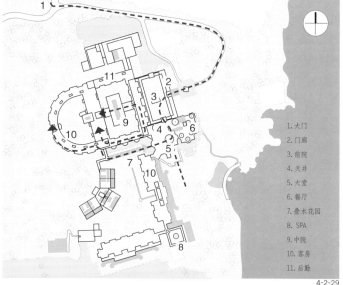

1. 大门
2. 门廊
3. 前院
4. 天井
5. 大堂
6. 餐厅
7. 叠水花园
8. SPA
9. 中院
10. 客房
11. 后勤

4-2-29

4-2-27

4-2-28

4) 穿过酒店园区到达大堂

对于景观酒店来说，大堂要占据最佳的观景位置，但最佳的位置往往不在入口附近，这时客人就要穿过酒店的其他区域来到大堂这一最佳景观点。比如拉萨瑞吉酒店在建筑群中开辟出一条道路通往用地最高点的院落，这个围合的院落是一个仪式感很强的空间，令人想起布达拉宫中的那些空中天井，再由此进入能望得见布达拉宫的大堂（图 4-2-30~ 图 4-2-33）。

香格里拉松赞林卡酒店也要横穿建筑群才能来到酒店的中心大堂区域，这里能直面巍峨的松赞林寺。埃及的海景酒店欧贝罗伊撒尔哈氏酒店也是这种模式，穿过园区走很长的路才来到这个能望见海景的大堂（图 6-3-28），进入大堂之前可预先感知一个高端度假村的氛围。迪拜的卓美亚皇宫酒店也是将大堂设置在园区深处靠海的位置，以延长进入大堂的序列，用树林和水面来分隔两侧的客房（图 3-6-2）。泰国阁瑶岛六善需经过别墅客房区才能来到具有最

佳海景的顶层俱乐部办理入住。这种进入方式虽然对部分客房有干扰，但拉长的过渡空间序列有利于客人产生渐入佳境的感受，同时极大地凸显了酒店面对的景观。这类设计中，园区道路的景观和视线是设计考虑的重点，让行走其中的客人提前感受到高端园区空间的品质，但要注意保障临路客房的朝向及私密性，不能将客房的主景观面朝这条道路。

图 4-2-26 乌代浦尔欧贝罗伊乌代维拉度假村门廊
图 4-2-27 乌代浦尔欧贝罗伊乌代维拉度假村前院
图 4-2-28 乌代浦尔欧贝罗伊乌代维拉度假村八角天井
图 4-2-29 乌代浦尔欧贝罗伊乌代维拉度假村总图
图 4-2-30 拉萨瑞吉酒店总图
图 4-2-31 拉萨瑞吉酒店入口处道路
图 4-2-32 拉萨瑞吉酒店入口内庭院
图 4-2-33 拉萨瑞吉酒店大堂及窗外可远眺布达拉宫

4-2-31

4-2-32

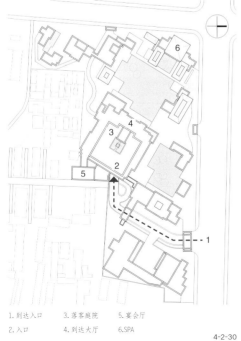

1.到达入口　　3.落客庭院　　5.宴会厅
2.入口　　　　4.到达大厅　　6.SPA

4-2-30

4-2-33

图 4-3-0 云南西双版纳安纳塔拉酒店

　　经过过渡空间来到主体建筑，大堂前厅就呈现在眼前。酒店大堂建筑之前一般都有一个门廊空间，在园区不设大门或建筑与道路之间是开敞空间的情况下，宽大的门廊或类似的过渡空间是进入酒店之前的空间序列中重要的一环。前厅一般是大堂和门廊之间的过渡空间，多数只是大堂空间的一部分，但也有许多酒店的前厅和门廊组合在一起形成一个更有特色的独立空间，且形式多样，在热带地区这样的做法颇为常见，我们把它叫做前庭。

门廊与前庭

作为建筑的最前端，门廊是传递酒店主题和文化的第一载体，在设计上有千变万化的手法，但都要依据酒店的主题特色来设计。有追求高大华丽的门廊，也有简单的雨棚，多雨地区要考虑雨棚下可以停车落客，少雨地区则不用考虑车子进入廊下，依据形式的难易程度可以分为以下几种类型（图4-3-1）。

图 4-3-1 不同形式门廊平面示意图
图 4-3-2 法国安纳西皇宫酒店

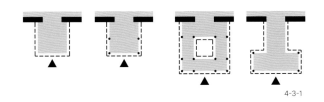

4-3-1

4-3-2

1. 门廊的形式

1) 建筑上的雨棚或遮阳蓬

这样的设计强调门廊与建筑融为一体，它是整体建筑的一部分，离开建筑就不能独立存在，最简单的做法是从建筑上伸出的一个雨棚。法国安纳西皇宫酒店出挑的玻璃雨棚是一种典型的附加在建筑上的做法（图 4-3-2），这种轻盈不占地的雨棚常见于许多由古建筑改造及城市街道旁的酒店。克罗地亚罗维尼罗恩酒店（图 4-3-3）的门廊从建筑主体挑出，并随着曲线的建筑舞动，这个弧线大雨棚以高技术的结构语言塑造了一个前卫感十足的门廊空间。也有一些是带柱子的建筑前廊，但仍然依附在建筑之上，比如迪拜的巴卜阿尔沙姆斯度假酒店的门廊就是大堂的延伸（图 4-3-4），这样的门廊形式往往来自于地域传统建筑，有鲜明的特色，作为酒店建筑立面给客人留下深刻的第一印象，他的光影变化能够产生非常动人的效果。这种设计多见于干旱少雨地区不考虑落客的酒店。

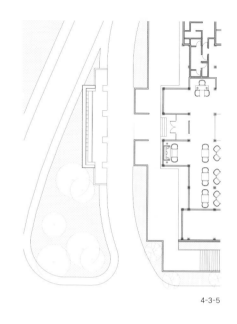

4-3-5

图 4-3-3 克罗地亚罗维尼罗恩酒店雨棚
图 4-3-4 迪拜巴卜阿尔沙姆斯沙漠度假酒店雨棚
图 4-3-5 丽江安缦大研酒店门廊平面图
图 4-3-6 丽江安缦大研酒店门廊
图 4-3-7 不丹纳克斯尔精品酒店古桥式门廊

4-3-3

4-3-6

4-3-4

4-3-7

2) 依附在建筑上的门廊

　　这样的门廊可以落客，它一般进深更大、体型更完整、本身更接近于一个完整的建筑，历史上许多古典建筑的门头都是采用这种形式。它们虽然是主体建筑伸出的一部分，但有自身完整的构图比例。比如北京珠江帝景酒店（图4-3-8、图4-3-9）、印度的拉克西米尼沃斯宫酒店（图4-3-10）、印度的欧贝罗伊阿玛维拉酒店（图4-3-11）的门头虽然采用了不同的风格，但都遵循了相应的古典范式。不同地域的酒店大都会吸取当地传统的建筑元素来塑造这个门廊。比如丽江的安缦大研酒店（图4-3-5、图4-3-6）、西双版纳安纳塔拉酒店（图4-3-17）、腾冲和顺柏联酒店的门头都采用了中式的独立门廊。不丹的纳克斯尔精品酒店（图4-3-7）用一段风雨桥来表达不丹山地建筑的特色，暹粒柏悦酒店高大的门廊则是采用20世纪中叶带有殖民地色彩的新高棉风格，不熄的火焰装点着门廊，古典中散发着东南亚的浪漫风情（图2-6-13）。黄金海岸的范思哲豪华度假酒店门前的环形柱廊，用意大利的古典元素诠释出这个来自意大利的奢侈品牌的历史。万豪哥本哈根贝拉天空AC酒店（图4-3-12）的门廊是这个现代构成主义建筑造型不可分割的一部分。

4-3-12

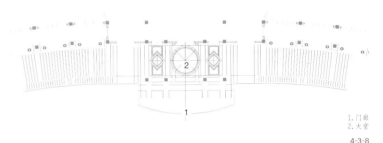

1. 门廊
2. 大堂

4-3-8

图 4-3-8　北京珠江帝景酒店门廊平面图
图 4-3-9　北京珠江帝景酒店门廊（图片来源：张广源提供）
图 4-3-10　印度拉克西米尼沃斯宫酒店门廊
图 4-3-11　印度阿格拉阿玛维拉酒店门廊
图 4-3-12　万豪哥本哈根贝拉天空 AC 酒店现代门廊

4-3-9

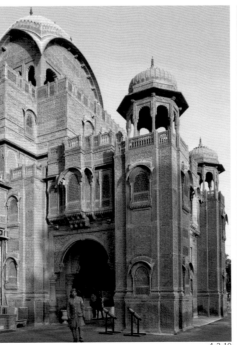

4-3-10

4-3-11

3) 更独立复杂的门廊

　　有些酒店的门廊强调更高大的体量和更丰富的空间，如卓美亚皇宫酒店（图 4-3-13、图 4-3-14）和迪拜棕榈岛亚特兰蒂斯这样的主题酒店的门廊都如同一个独立、开敞的殿堂，门廊中间带有天井，左右还以水池相衬，相当于大堂的一个前厅。这样的门廊也可以做成乡村风格，如印度香料度假村茅草棚大堂门前一个独立的高挑雨廊（图 4-3-15），它比后面的大堂更高大，撑起了酒店的门面，下雨时客人从两边进入，既借鉴传统建筑的形式也符合热带雨林多雨的气候。

图 4-3-13 迪拜卓美亚皇宫酒店门廊
图 4-3-14 迪拜卓美亚皇宫酒店门廊
图 4-3-15 印度香料度假村门廊

4-3-13

4-3-14

4-3-15

4-3-16

三、门廊与前庭

2. 门廊与前庭组合

有些酒店的大堂前不仅有一个门廊，还有和门廊组合在一起的庭院等过渡空间。早期巴瓦设计的塔鲁特拉阿瓦尼度假酒店（图 4-3-16）从入口处的迎宾门廊通过一个夹道进入大堂，夹道两侧是水池和蹿出水面的植物，如同行走在一个浮桥上，在进入大堂之前先让客人体验了南亚风情的水院。这样的空间序列实际上源于传统建筑，世界上很多地区的传统建筑都有这样的入口空间，因此许多精品酒店也设计了前庭来增强进入大堂的仪式感。比较大的前庭见于西双版纳安纳塔拉度假酒店（图 4-3-0、图 4-3-17~ 图 4-3-20），进入迎宾门廊放下行李后首先来到一个四面由回廊围合的大型院落，正对着的影壁挡住了大堂门。雨天可以沿着两侧的柱廊绕过影壁进入大堂之前的一个水边廊院，再由此进入大堂，这个多重空间有沉静而规整的前院，有小巧而浪漫的廊院，是进入华

丽的大堂前很好的铺垫。与其尺度相似的丽江悦榕庄前庭（图 4-3-21、图 4-3-22），院落中央是水面和小桥，体现了丽江小桥流水空间意象。巴厘岛苏瑞酒店的前庭则是由迎宾廊、演奏廊、精品廊围合成的开敞庭院，院子中间是水池和树木，尺度亲切宜人，它与大堂之间有一个九十度的轴线转换（图 4-2-7~ 图 4-2-9）。而印度欧贝罗伊乌代维拉酒店的前庭则是一个精致的八角形天井，中间有一个精美的大理石花坛，泉水从花坛里涌出，在这里会让人联想到拉贾斯坦古代城堡中的那些小天井（图 4-2-26~ 图 4-2-29）。

图 4-3-16 塔鲁特拉阿瓦尼度假酒店前庭
图 4-3-17 西双版纳安纳塔拉度假酒店局部平面图
图 4-3-18 西双版纳安纳塔拉度假酒店门廊
图 4-3-19 西双版纳安纳塔拉度假酒店前庭
图 4-3-20 西双版纳安纳塔拉度假酒店门廊
图 4-3-21 丽江悦榕庄酒店入口区平面图
图 4-3-22 丽江悦榕庄酒店前庭

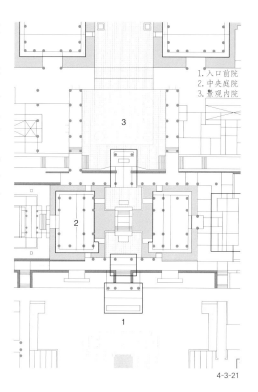

1. 入口前院
2. 中央庭院
3. 景观内院

4-3-21

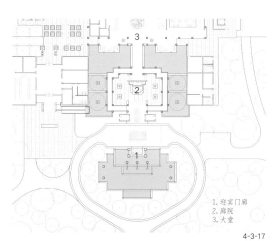

1. 迎宾门廊
2. 廊院
3. 大堂

4-3-17

4-3-22

4-3-18

4-3-19

4-3-20

1）垂直延伸的"前庭"

前庭不一定是院落，也可能是其他特殊的空间，因地制宜、别出心裁的设计能极大地凸显酒店的特色，甚至成为酒店的亮点。一个经典的案例是巴厘岛山妍四季酒店（图4-3-23~图4-3-27），它的大堂是从屋顶进入，酒店依靠着山谷一侧的崖壁，从崖顶的道路跨过一座桥，首先来到酒店的屋顶——一个巨大的圆形的水池倒映着周围山峦，水面上漂浮着莲花，一座木栈桥引导客人通向水池中心的亭子，这个亭子就算酒店的门廊了。进入亭子后一段精巧的楼梯将客人引入下面的大堂。酒店各部分逐级向下完全隐藏在山谷的一侧。

也有酒店采用从下往上垂直延伸的空间，有两个典型的案例分别是巴瓦设计的杰威茵灯塔酒店和沙滩酒店，前者在进入一层前厅后抬头仰望一个四周封闭高耸的垂直空间，犹如身处井下，顶部洒下的光线和幽暗墙壁上的灯火映照着装饰派风格的螺旋楼梯，引导着人们向上行进，从螺旋楼梯攀到顶层进入上层门厅便豁然开朗，海风扑来令人心旷神怡。这些酒店采用多层建筑可最大化利用海景资源，将大堂延伸并提升到酒店的上层强化了这一特征。

4-3-23

4-3-24

4-3-25

4-3-26

4-3-27

3. 门廊的装饰

作为建筑给人的第一印象，门廊的装饰与配饰也十分重要，许多古典建筑的门廊装饰都十分华丽。概括起来无外乎天花、灯饰、地面铺装这几个方面，整体的风格应与建筑统一，重点在于配饰，有特色的配饰能够极大地提升建筑的气质，秘鲁乌鲁班巴的喜达屋豪华精选酒店（图4-3-28）大堂前是一个比较开阔的空间，只有一组叠水景观，因此宽大的廊下就成了展示地域文化的场所，巨大的陶罐让客人还未进入大堂就能感受到浓浓的印加文化气息。本托塔天堂之路别墅的门廊则摆放了巴瓦收藏的中国明代大缸（图4-3-29），这些如今很难寻到的海上丝绸之路的遗物，一下子唤起客人对南亚古老历史文化的兴趣，同时也彰显了别墅主人的品味。而法国罗莱夏朵旗下的阿尔伯特一世酒店则在门廊布置了一些精美的橱柜和很有设计感的家具及古董，营造出精品店的氛围，使这个普通的小楼相比周边那些大同小异的山区建筑更为精致和高档（图5-1-33）。日本松本玉之汤酒店（图4-3-30）的门廊则有一个精致的日式小景观，让这个位于市区道路一侧的酒店一下子显露出与众不同的风韵。地面和天花也是可以做文章的地方，我们看到绿山安纳塔拉度假酒店天花形成的光影变化（图4-3-31），以及奥地利山区小镇中传统民居形式的辛格运动水疗酒店在地面上镶嵌了罗莱夏朵的标志，这些都是与众不同的设计（图4-3-32）。

图4-3-23 巴厘岛山妍四季度假酒店剖面图
图4-3-24 巴厘岛山妍四季度假酒店入口木栈桥
图4-3-25 巴厘岛山妍四季度假酒店入口茅草亭
图4-3-26 巴厘岛山妍四季度假酒店大堂内景
图4-3-27 巴厘岛山妍四季度假酒店入口鸟瞰（摄影师：Christian Horan）
图4-3-28 秘鲁喜达屋豪华精选酒店门廊
图4-3-29 斯里兰卡本托塔天堂之路别墅门廊
图4-3-30 日本玉之汤酒店门廊
图4-3-31 阿曼绿山安纳塔拉度假酒店门廊
图4-3-32 奥地利辛格运动水疗酒店门廊前地面

4-3-31

4-3-29

4-3-28

4-3-30

4-3-32

4. 大堂门

4-3-33　　　　　　　4-3-34　　　　　　　4-3-35

一个特别的大门设计会是门廊空间的画龙点睛之笔。一般城市酒店多使用玻璃大门，它有利于视线的穿透，但对于精品度假酒店来说，大堂门的风格比性能更重要，所以有些精品度假酒店喜欢采用古色古香的实体的大门，更能体现地域特色。一扇厚重而精美的大门是酒店奢华感、价值感和文化底蕴的重要展示，像摩洛哥的塔马多特堡这样的古堡酒店（图4-3-33）自不必说，新建的云南松赞系列酒店（图4-3-34）也是一律采用当地工匠做的镶铜木门，而像拉萨瑞吉这样的大型度假酒店（图4-3-35）的大堂门也摈弃了那种高大现代的玻璃大门，代之以传统尺度、地方特色的封闭木门。但大堂景观非常好的精品酒店有时也会用通透的玻璃大门，像澜沧景迈柏联酒店（图4-3-36）一来到门口就可以看到大堂对着的山景。如果是老建筑配上简约的玻璃门会呈现出一种古今对比的时尚感，比如里亚德菲斯酒店大门（图4-3-37）用传统雕花的门头与通透的玻璃门对比，贝尔蒙德修道院酒店（图4-3-38）用老木门与玻璃门的对比。奥地利山区辛格运动水疗酒店（图4-3-39）是传统的木构建筑，为了突显与周边的传统木屋的区别，采用现代通透的自动玻璃门来体现品质及现代感，但却在玻璃上施以华丽的铁艺装饰，向抵达的客人展示了传统手工艺的精美，来到这里确实能感受到精品酒店独有的气质。中式建筑风格的无锡灵山精舍，在落地玻璃门上装饰了细细的格栅，让现代形式的门具有了禅意。

4-3-36

4-3-37

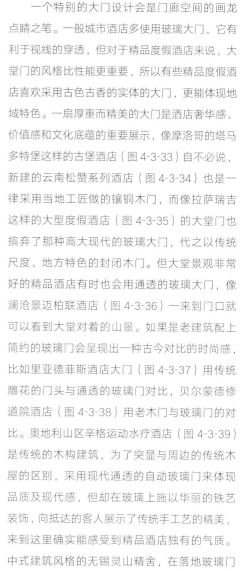

4-3-38

4-3-39

图 4-3-33 摩洛哥塔马多特堡酒店
图 4-3-34 云南松赞酒店
图 4-3-35 拉萨瑞吉度假酒店
图 4-3-36 澜沧景迈柏联酒店的玻璃大堂门
图 4-3-37 摩洛哥里亚德菲斯酒店
图 4-3-38 秘鲁贝尔蒙德修道院酒店
图 4-3-39 奥地利辛格运动水疗酒店

5. 临街面的大门

许多处于城市中心的酒店大堂门是直接面向街道的，而且由于城市规划的原因，酒店建筑前厅一般与其他建筑的红线齐平，门前并没有退让的空间，这在老的城市中心比较常见。这就需要着重塑造酒店的立面，以获得更精致高贵的酒店立面效果。摩洛哥哈桑大楼酒店（图4-3-40）是一个规模较大的酒店，为获得安静与私密，主体客房楼后退，门厅及花园并行临街，门厅立面是一个摩洛哥传统风格的高大门楼，而紧邻城市道路是一处陡坡，在门楼一侧做了一堵高大的墙挡住里面的花园，墙体如同一个宫殿的立面，整体延展了这座大规模酒店建筑的沿街立面，同时也表达了摩洛哥传统的建筑意象。

古城中的古宅大门受限于原来的格局一般相对独立，有条件与其他门面相距一定距离便于塑造酒店独立的环境氛围。比如秘鲁库斯科的因卡特拉拉卡斯纳酒店（图4-3-41）和阿雷基帕的卡萨安迪娜酒店。但在许多热闹的古城商街上，酒店与周围建筑毗邻，门面的设计则需要精心构思使之从平凡的街道中脱颖而出，达到精品酒店的品质诉求，我们设计的巍山云栖·进士第精品酒店（图4-3-42、图4-3-43）处于一个只许翻新不许改动的风貌核心区，设计上在不破坏原建筑形式的原则下，酒店的门面仅作为一个入口，将视觉焦点引入纵深的内部庭院，强调进深感和层次感，从而把一个不好改动的立面转化为空间序列中的一环，并在这一环上以软性手法来刻画精品店的气质，使之达到精品酒店应有的氛围。

4-3-40

4-3-41

图 4-3-40 摩洛哥哈桑大楼酒店沿街立面
图 4-3-41 秘鲁因卡特拉拉卡斯纳酒店大门
图 4-3-42 巍山云栖·进士第精品酒店入口区平面图
图 4-3-43 巍山云栖·进士第精品酒店入口效果

1. 酒店入口　　3. 酒店大堂
2. 入口庭院　　4. 内景庭院

4-3-42

4-3-43

绿山安纳塔拉度假酒店以院落围合的大堂

　　大堂是整个空间序列的最高潮，我们在第三章酒店的功能部分中专门讲述了不同类型的大堂模式，在这里重点讲述大堂空间序列的组织。酒店的前厅是大堂空间的一个过渡，有些酒店的前厅和大堂合二为一，或前厅与大堂在一个连续的空间内，我们都视为集中式大堂。也有许多精品酒店会把从前厅到大堂延伸成一个多重空间序列，其做法类似前庭，只是把这一段融进了大堂的内部空间序列，延伸的模式很多。空间组织原则要围绕酒店的特色资源，如果酒店占据风景资源，则大堂的视线对景要与之相联系。如果是主题酒店或遗产酒店，视觉的焦点要集中于建筑的特色空间上。视线的设计可以是推门见景，也可以是先抑后扬，应具体依据所处的环境、景观对景的特点以及在酒店整个空间序列中的前后关系来确定，最终创造一个或生动、或震撼、或有风情的大堂空间，达到空间序列的高潮。大堂空间序列有各种模式，从最简单的单一空间到复杂空间的变化和组合，依据不同的外部条件和酒店的主题特征来确定采用什么样的模式，下面分别予以介绍。

HOTEL VESTIBULE & LOBBY

前厅及大堂的序列

简单空间
先抑后扬
直线延伸
十字延伸
立体延伸
大堂群组中的焦点

1. 简单空间

前厅与大堂的平面空间大致可分为四类，即简单空间、先抑后扬、直线延伸、十字延伸（图4-4-1）。

如果大堂、前厅与大堂吧同处于一个集中的空间为简单空间。这种模式多见于有极佳视野的景观酒店，由于在进入大堂之前的路途中较难感知酒店所享有的这一独特的景观视角，因此要让进入酒店大堂的客人尽快感受酒店所面对的美景。紧凑的空间设计可以突显这一景观价值，做到推门见景。客人一进入大堂，酒店所面对的景观就展示在眼前。海岸陡坡的酒店多具有居高临下的无敌海景，在这里俯瞰震撼的美景是极大的享受，因此许多陡坡或悬崖酒店都采用这种简单集中的大堂空间，比如通往巴厘岛的宝格丽度假酒店（图4-4-2）的道路两侧基本上是乡野村舍，看不到海景，来到坐落在园区最高点的大堂后，立即能看到令人惊叹的海景，因此大堂的设计不需要复杂的空间序列

组合，只需要一个三面透空的高大亭阁。许多这种地形的滨海酒店大堂都有类似的特点，比如巴厘岛的苏瑞酒店、塞舌尔莱佛士酒店等都是一个直面海景的简单大堂。

面对山景的大堂多可以抬头见山，因而也大多采用这种简单的集中空间。如四面环山的德国贝希特斯加登凯宾斯基酒店（图4-4-11）、能隔着山谷眺望对面山上印度庙的巴厘岛空中花园酒店都是这样一个简单的大堂。这一空间的共同目标是想让客人将目光集中在大堂所面对的景色上。

如果在外部景色稍逊的情况下，大堂会追求更丰富和更有格调的空间形式，比如西双版纳安纳塔拉度假酒店的大堂虽然临江但并不能望到江景，这个酒店将所有大堂功能聚集在一个单一空间，但尺度宏伟，两排柱廊将大厅划分出丰富的空间层次，以大堂高大华丽的空间效果取胜，而观景变为了次要因素（图4-4-15）。

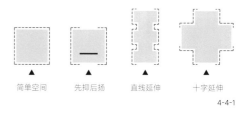

简单空间　　先抑后扬　　直线延伸　　十字延伸

4-4-1

图 4-4-1 空间类型示意图
图 4-4-2 巴厘岛宝格丽度假酒店大堂

4-4-2

2. 先抑后扬

有些酒店在进入大堂之前就已经可以感知酒店所享有的资源特色，因此大堂的空间序列也可采用先抑后扬的手法来循序渐进地展示酒店的景观资源。客人进入酒店的门厅后首先面对的是一个影壁或障景，绕过之后视界豁然开朗。比如在高海拔山区的乌鲁班巴喜达屋豪华精选酒店（图4-4-3、图4-4-4），进入后是带壁炉的影壁墙，可感受到古老粗犷的印加风情，最后绕过壁炉，迎面的大堂吧面对的是一片茂密的山林。巴厘岛曼达帕丽思卡尔顿酒店穿过

大堂门廊后也有一个颇具古宅风范的影壁墙（图5-4-8），然后转折进入酒店开敞的大堂，大堂是一座向几个方向延伸的廊亭，能从各个角度观赏阿漾河谷，画面十分优美。同样是巴瓦设计的坎达拉玛遗产酒店，进入大门后穿过茂密的热带雨林中的小路，首先进入的是一个布满山体巨石的前厅，展示了建筑长在山石之上的意象与理念，然后转弯来到面对湖面的大堂，等待办理入住手续时可眺望美丽的湖景（图4-4-5~图4-4-7）。

4-4-7

图 4-4-3 乌鲁班巴喜达屋豪华精选酒店
图 4-4-4 乌鲁班巴喜达屋豪华精选酒店
图 4-4-5 斯里兰卡坎达拉玛遗产酒店
图 4-4-6 斯里兰卡坎达拉玛遗产酒店
图 4-4-7 斯里兰卡坎达拉玛遗产酒店入口平面图

4-4-3

4-4-4

4-4-5

4-4-6

　　将迎宾区、入住办理区及大堂吧等休闲空间拉伸成一个长长的空间序列，形成开合有致的变化，以此来增强内部空间的体验感和戏剧性，同时强化酒店的特色与主题。此类设计多用于大堂入口距最佳观景点比较远的场所，往往不能做到推门见景，因而需要拉长空间序列，来获得较好的感受。也有的外部景色稍微逊色一些，需要营造更多的人工空间来弥补。典型的案例为巴厘岛乌鲁瓦图阿丽拉别墅酒店（图 4-4-8、图 4-4-9），它建在海边悬崖的一

个高地上，平缓的地形使它无法像宝格丽酒店大堂那样一进入大堂就能看到壮阔的海景，因而设计了一条有收有放并伴有优美景观的空间序列，一条长长的轴线，末端指向大海，两边所有的空间和景观设计都起到了烘托的作用，丰富的流线和情调使之更具有趣味性。而前面提到的阿布扎比安纳塔拉凯瑟尔艾尔萨拉沙漠度假酒店拥有更长的直线序列，这座沙漠度假村在中轴线上打造了一个收放多变、具有阿拉伯古代王宫气质的空间序列（图 4-0-7、图 4-0-8）。

图 4-4-8 巴厘岛乌鲁瓦图阿丽拉别墅酒店公共区平面图
图 4-4-9 巴厘岛乌鲁瓦图阿丽拉别墅酒店入口空间序列

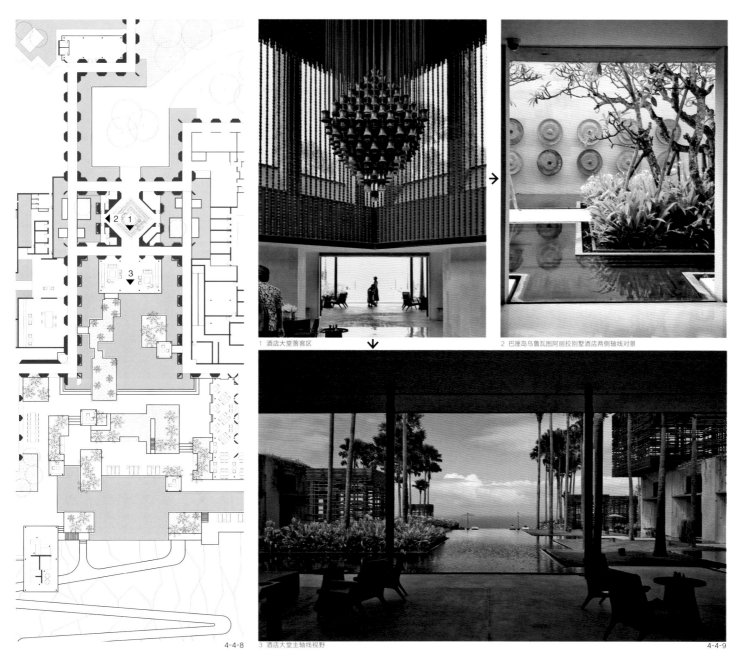

4-4-8

1 酒店大堂落客区

2 巴厘岛乌鲁瓦图阿丽拉别墅酒店两侧轴线对景

3 酒店大堂主轴线视野

4-4-9

4. 十字延伸

在大堂的主轴线两侧延伸出十字形或其他形式的辅助轴线。一种情况是对景的需要，比如德国的贝希特斯加登凯宾斯基酒店（图4-4-10、图4-4-11）在群山环抱的一个小山包上，四面都有极佳的风景，主轴线对着鹰巢险峻的山峰、副轴线一端对着一处山林、另一端则对着远处山峰下的城镇和田园。另一种情况常见于主题酒店，这种发散的空间轴线更有宫殿建筑的韵味，从而利于主题酒店氛围的营造。比如太阳城度假区迷失城宫殿酒店（图4-4-12、图4-4-13）就是一个典型的十字延伸轴线，围绕着充满神话风情的中心拱顶大堂垂直延伸出了十字形轴线，每条轴线上都有相应的廊厅和庭院，并辅以童话色彩的动植物纹样及装饰，有非常生动的故事性。西双版纳安纳塔拉度假酒店（图4-4-14、图4-4-15）的大堂也在尽端对着江景，空间向两边延伸，经过高大的柱廊通向餐厅与其他空间。辅助轴线一般用于连接其他功能用房，但不仅仅是一个简单的交通空间，而能让整个轴线更有特色和仪式感，设计的手法也多种多样，需依照环境、地形和建筑风格创造出独特的空间，我们归纳出了几种最有代表性的形式。

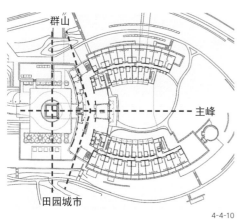

4-4-10

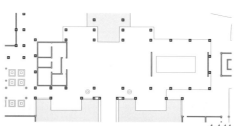

4-4-14

图 4-4-10　德国的贝希特斯加登凯宾斯基酒店平面图
图 4-4-11　德国的贝希特斯加登凯宾斯基酒店大堂
图 4-4-12、图 4-4-13　南非太阳城度假区迷失城宫殿酒店
图 4-4-14　西双版纳安纳塔拉度假酒店局部平面图
图 4-4-15　西双版纳安纳塔拉度假酒店大堂对景及内部

4-4-11

4-4-12

4-4-13

4-4-15

四、前厅及大堂的序列

1) 厅廊连接

大堂前往其他区域的通路是空间序列的延伸，由古代宫殿改造的酒店或古典主义的遗产酒店本身就有这样华丽的过厅及廊道，比如克伦贝格城堡酒店、印度的泰姬宫酒店等。许多新建的大型精品酒店也将大堂与其他部分连接的过厅、过廊塑造得如同古代宫殿一般，典型案例有号称八星级的阿布扎比皇宫酒店（图 5-2-6），各种宏伟的过厅、过廊占据了酒店公共区域的主要部分，比实际的功能用房面积还要大。建筑设计要重视这些过渡厅廊的空间营造。这些厅廊有的追求古典风格的华丽与恢弘，有的追求地域特色的风情或主题，还有的是穿过花园的一段廊桥或爬山廊。不论尺度大小或形式异同，都需要依据整体空间序列的节奏来确定，这样的厅廊可以给客人留下深刻的印象（图 4-4-16~ 图 4-4-20）。

4-4-17

4-4-18

图 4-4-16 云南西双版纳洲际酒店
图 4-4-17 云南西双版纳洲际酒店大堂区平面图
图 4-4-18 迪拜巴卜阿尔沙姆斯沙漠度假村
图 4-4-19 阿布扎比安纳塔拉凯瑟尔艾尔萨拉沙漠度假酒店
图 4-4-20 迪拜 One&Only 皇家幻境豪华度假村酒店

4-4-16

4-4-19

4-4-20

2）庭院连接

　　大堂与其他部分通过庭院分隔、联系，形成虚实相间、富有变化的空间序列。世界上许多地区，不论宫廷还是民宅，庭院都是建筑的中心，是最有精神意义的场所，营造好大堂周边的庭院也就极大地强化了大堂区域空间的感染力。院子是中国传统建筑的精髓，因此在中国许多现代风格的酒店也以院落的穿插来诠释中国传统空间的意象，比如无锡的灵山精舍酒店（图4-4-21、图4-4-22）和青岛涵碧楼酒店（图4-4-23、图4-4-24），大堂正对着一个有着浓浓禅意的枯山水庭院，其他公共设施则围绕着庭院布局。此外，成都的博舍酒店也有这样的中式庭院。同处亚洲的印度建筑也有庭院的传统，曾获世界最佳酒店殊荣的乌麦·巴哈旺皇宫酒店，这座20世纪初的著名宫殿里本身就有许多华丽的庭院。安缦巴格这样的顶级小型奢华酒店同样选用以庭院来展现酒店的地域风情（图4-4-25）。印度另一个蜚声世界的酒店欧贝罗伊乌代维拉酒店大堂是一个八角形的大厅，八个方向由一系列小厅和小庭院围绕着主厅，这种发散的形式创造出如迷宫一般有趣的空间，将古代拉贾斯坦王宫的生活情趣演绎得淋漓尽致（图4-2-28、图4-4-40）。

图 4-4-21　无锡灵山精舍酒店平面图
图 4-4-22　无锡灵山精舍酒店入口庭院
图 4-4-23　青岛涵碧楼酒店大堂面对的枯山水
图 4-4-24　青岛涵碧楼酒店局部平面图
图 4-4-25　印度安缦巴格酒店大堂区域中心庭院

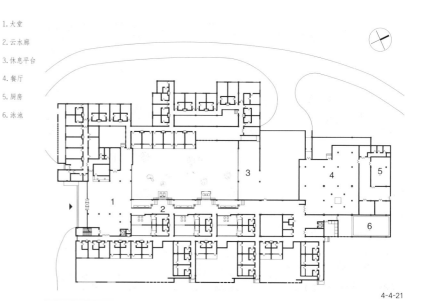

1. 大堂
2. 云水廊
3. 休息平台
4. 餐厅
5. 厨房
6. 泳池

4-4-21

4-4-22

4-4-23

4-4-25

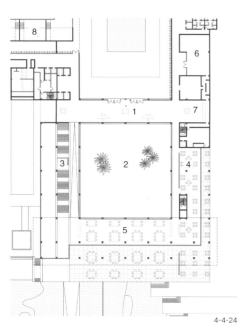

1. 接待大厅
2. 中央花园
3. 特色楼梯
4. 意大利餐厅
5. 休息大厅
6. 团体休息室
7. 接待
8. 画廊

4-4-24

5. 立体延伸

1) 向下延伸

在大堂序列中也常见立体的延伸，一般依据地形和视线的需要向上或向下延伸，同时塑造更加丰富的空间。比如许多海景酒店的大堂往往会设计前后不同的高度，让靠海的一边降低一层或半层，客人进入大堂之后能有更好的视野俯视海景（图4-4-26）。

迪拜的卓美亚皇宫酒店从大厅进入的是大堂挑空空间的顶层，左右两组华丽的大楼梯夹着中央的叠水引导客人来到下层空间，从这里出去就是观海的回廊（图4-4-27）。同样阿格拉欧贝罗伊阿玛维拉酒店的大堂在正对泰姬陵的尽端空间随着大楼梯向下延伸，拉伸了观看泰姬陵的视线（图4-4-28）。秘鲁乌鲁班巴的喜达屋豪华精选酒店（图4-4-29）、德国贝希特斯加登凯宾斯基酒店（图4-4-30）都有向下的延伸的空间，意在将视点引向外部的景观。有些酒店也会在大堂处设计有特色的向下延伸的路径，将地下空间充分彰显，避免给人以地下室的感觉，比如洛迪酒店（原安缦新德里）由大堂通向地下空间的大楼梯（图4-4-31），将下沉庭院及其他空间与大堂更紧密地联系起来。

图4-4-26　立体延伸空间示意图
图4-4-27　迪拜卓美亚皇宫酒店大堂
图4-4-28　阿格拉欧贝罗伊阿玛维拉酒店
图4-4-29　秘鲁乌鲁班巴的喜达屋豪华精选酒店
图4-4-30　德国贝希特斯加登凯宾斯基酒店
图4-4-31　洛迪酒店（原安缦新德里）通向地下空间的大楼梯

4-4-26

4-4-27

4-4-28

4-4-29

4-4-30

4-4-31

2) 向上延伸

　　向上延伸的形式比较常见，在许多老建筑中是司空见惯的手法（图4-4-33），挑空的大堂将二层以上的功能显露出来，形成向上的视线引导，华丽的大楼梯和天花上漂亮的灯具已成为多数酒店大堂的标配。这些源自于欧洲古老建筑的经典空间，被各种风格的大堂借鉴，在中国台湾的南园人文客栈和暹粒贝尔蒙德吴哥宅邸这类木构建筑中也植入了挑空的大堂空间，但却具有浓郁的东方雅韵（图4-4-32、图4-4-34）。有些新的酒店建筑进一步弘扬了这种手法，如迪拜的帆船酒店（图4-4-35），进入一层前厅后迎面而来的是一个从上层跌落下来的水景，客人从两侧走上自动扶梯，伴随着跳动变化的喷泉，来到了二层的大堂，在这里可以看到层层叠叠客房和带回廊的高大共享空间，金色、蓝色的搭配透着富贵和天方夜谭的风韵。由于酒店本身处于一座海岛，过桥进入酒店的过程中已经可以充分感知周边的海景，所以大堂不用再突出海景，而是通过层层展开的华丽的立体空间来展示这个七星级酒店令人震撼的空间结构，而前往客房时，可在高速行进的观景电梯中再一次全角度的俯瞰壮阔的海景。

图 4-4-32　中国台湾南园人文客栈
图 4-4-33　德国法兰克福伦贝伦城堡酒店
图 4-4-34　柬埔寨暹粒贝尔蒙德吴哥宅邸
图 4-4-35　阿联酋迪拜帆船酒店

4-4-35

4-4-32

4-4-33

4-4-34

3）共享大厅

自 20 世纪 60 年代美国建筑师波特曼开始探索酒店共享空间的理论与实践之后，多层共享大厅已经成为许多豪华大型酒店的典型特征。阿布扎比八星级皇宫酒店（图 4-4-36）的金碧辉煌的共享大堂就是这类大厅的极致体现。而精品酒店的共享大厅则应该追求设计感与独特的风韵，比如克罗地亚罗恩酒店（图 4-4-37、图 4-4-38）的曲线形共享大厅与流线型的建筑造型一起形成特色鲜明的母题，虽然在建成 20 年后的今天此类建筑风格已经不再引领风潮，但进入这座设计酒店后仍然会被空间的完美和谐以及超高的完成度所折服。而约旦的佩特拉瑞享度假村（图 4-4-39）大堂的垂直中庭也与我

们常见的那种四面跑马廊的中庭大相径庭，四周粗糙的石墙配着带木格栅的小窗，有着中东传统建筑内天井的独特风韵。这类风格鲜明的设计更多地出现在精品酒店之中。精品酒店不需要追求气派与豪华，个性与风韵才能体现自身独特的价值。

图 4-4-36 阿布扎比皇宫酒店
图 4-4-37 克罗地亚罗恩酒店平面图
图 4-4-38 克罗地亚罗恩酒店
图 4-4-39 约旦佩特拉瑞享度假村

4-4-36

1. 主入口
2. 酒店大堂
3. 酒店接待
4. 管理办公
5. 啤酒吧
6. 咖啡厅

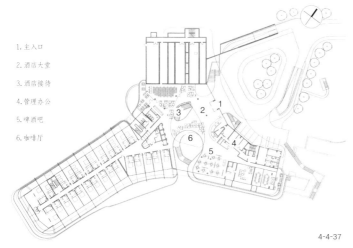

4-4-37

4-4-38

4-4-39

6. 大堂群组中的焦点

大堂通常是酒店中最大的空间，也是聚集最多客人的地方，它是整个酒店空间序列中的高潮，因此在前厅和大堂这个空间组合中必须有一个视觉的焦点，成为序列中最响亮的音符。如果是景观酒店，这个焦点往往就是其所面对的景观和建筑组成的框景；对于非景观酒店来说，则要营造一个令人印象深刻的大堂空间，并着重渲染大堂的风格气质，比如南非的主题酒店太阳城度假区迷失城宫殿酒店的大堂就有这样一个大尺度、有许多奇妙装饰、令人惊叹的大堂，走入之后恍如来到奇幻世界。

在延伸空间组成的序列中总有一处是这组建筑的中心。再现了中世纪的莫卧儿皇宫的欧贝罗伊乌代维拉酒店（图4-4-40）的公共区域是一系列复杂的厅廊、庭院的组合，豪华的八角形中心大堂是整组建筑的核心。阿曼的佛塔酒店群组建筑（图4-4-41）中心是幕帐顶的大堂，有很强的视觉冲击力。许多酒店受限于建筑尺度及环境，并没有条件塑造出一个大尺度的华丽空间，往往会在大堂中增设诸如楼梯等华丽的建筑构件作为点睛之笔，比如阿格拉欧贝罗伊阿玛维拉对着窗外泰姬陵景观的大理石楼梯、哈桑大楼酒店摩洛哥风情的华丽大楼梯，这一源自欧洲古典建筑的手法在酒店设计中经常可以见到。

这个焦点也可以是庭院，比如阿曼绿山安纳塔拉酒店（图4-4-42）大堂区域的中心焦点是一处建筑围合的方形庭院。相比小尺度的大堂及接待空间，它的规格较高，相当于大堂吧的功能，每天傍晚会在这里举行隆重的点火仪式，不仅是空间序列的形式中心也是精神中心。另一个以庭院为视觉焦点的案例是印度的安缦巴格酒店，大堂轴线的尽端是一个围合的小巧院落，中间保留了几棵原生大树与规整的粉红色柱廊，将这一座避世酒店高贵、宁静与空灵的气质传达给客人（图5-2-12）。

库玛拉孔湖畔酒店的大堂是一组非对称的园林式建筑群组，它的焦点是伸向酒店人工河中的亭阁，在这里可以看到河两岸的花园与远

4-4-40

4-4-41

4-4-42

四、前厅及大堂的序列

处浩渺的库玛拉孔湖。这座喀拉拉邦传统的木构架亭阁不仅是中心区的一个景观建筑，更是画龙点睛的一笔，它浓缩了酒店所承载的水乡文化（图5-5-26）。

在简单空间组成的大堂中垂直延伸的空间往往是重点，前面提到的挑空配合垂吊的灯饰很容易成为这个空间的焦点。比如丽江安缦大研大堂中心（图4-4-43~图4-4-45）的挑空成为这个扁平大堂空间的视觉焦点。摩洛哥里亚德菲斯酒店（图4-4-46）在原建筑的一个古老庭院上加上玻璃顶充当大堂，这个华丽的大堂空间在灯光以及天光的映照下成为酒店最光彩夺目的一景。

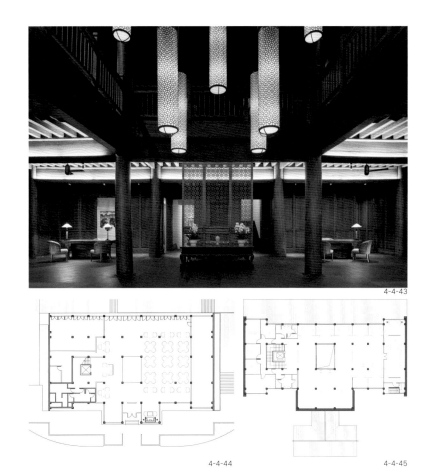

4-4-43

图 4-4-40 莫卧儿皇宫的欧贝罗伊乌代维拉酒店大堂
图 4-4-41 阿曼佛塔酒店大堂
图 4-4-42 阿曼绿山安纳塔拉酒店大堂
图 4-4-43 丽江安缦大研大堂空间
图 4-4-44 丽江安缦大研大堂一层平面图
图 4-4-45 丽江安缦大研大堂二层平面图
图 4-4-46 摩洛哥里亚德菲斯酒店中庭

4-4-44   4-4-45

4-4-46

图 4-5-0 印度色瑞咖啡园度假村

　　客人办理完入住前往客房的路途是酒店空间序列的后一程，是逐渐深入和探索酒店的内部空间的过程。许多精品酒店都把这段路程营造得趣味盎然，让客人每天来往于客房与酒店大堂或餐厅的路上都感到赏心悦目。在上一章中我们介绍了度假村客房的不同组织模式，按照不同类型可以分为独立别墅式客房、联排或聚落式客房以及集中式客房等，因此去往客房的路径也有室外空间、半室外空间和室内空间之分，一般热带亚热带地区的大型度假村多采用室外空间的路径，而寒冷地区则以室内空间的路径最为常见，也有的是室内外交替的混合路径。

大堂至客房的序列

自然式路径

古典园林式路径

街巷式路径

庭院式路径

特殊的路径

组合式路径

集中客房的垂直交通空间

集中客房的水平交通空间

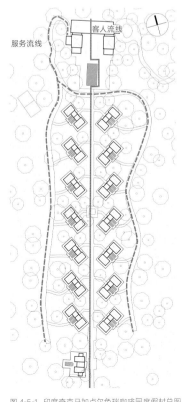

图 4-5-1 印度奇克马加卢尔色瑞咖啡园度假村总图

从大堂去往客房的道路分人车混行和步行两种。占地较大或坡度较大的度假村需要依靠电瓶车才能到达各客房，车行、步行都会以这条路为主，需重点考虑这条道路的景观及空间设计，但也会有一些便捷的园中步行小径穿插其中作为辅助。山地度假村的车道会顺着等高线的走向，客房也会顺着等高线排布，因此需要在垂直等高线的方向做一些林中或溪畔小径，使客人有更便捷的步行道路。在规模适中、坡度平缓的度假村内，可以采用人车分流的形式，这种情况下步行道路就成为了重点，要设计出层次感和仪式感，此外还会有电瓶车道路供接送客人。许多住店客人偏爱散步休闲，喜欢步行穿梭于酒店的各个区域，在行走的过程中享受度假村的美好环境。印度奇克马加卢尔色瑞咖啡园度假村（图 4-5-0、图 4-5-1）的主轴线是一条无法通车的古典波斯台地花园风格的笔直道路，路上有台阶、叠水、树木、花草，客人由此进入两边的院落客房，而服务线路则是在客房另一侧的林边小道，是一种典型的分流作法。安纳塔拉凯瑟尔艾尔萨拉沙漠度假酒店也有两条道路，一条是经过外围沙漠可以直接到达大堂的车行道；另一条则是穿过聚落中心的如同古街巷的纯步行街。去往离大堂较远的别墅式客房，电瓶车和步行都走同一道路，但离大堂较近的聚落式客房区则采用人车分行。巴厘岛乌布的科莫香巴拉度假村（图 4-5-2、图 4-5-3）也在大堂附近安排了车行与步行两条平行的道路通往客房区，步行道要穿过高高低低的山岗，电瓶车道则在山岗之下直行，快到客房区时两条道路合二为一。

是否考虑人车分行要依据度假村的规模、地形地貌、景观因素和客人的活动规律来判定。所谓的车行也只是电瓶车而已，因而在规模不大的度假村内完全没有必要另设车行路。但如果是度假村客房较多、酒店周围景点不多、白天客人外出较少且多在酒店内休闲的情况，则可以考虑人车分行，毕竟在园内散步时不会希

225

望总遇到载着客人或给客房做保洁和补给的电瓶车。度假村内的车行道路应尽可能的窄，国外坡地上的度假村多为单车道，可以不用考虑错车，直接利用转弯或别墅客房的门前空地错车，或每隔一段距离留有一个可停泊一辆电瓶车宽度的错车场地。狭窄的小路利于景观的覆盖，减少地貌破坏，保护原生环境，利于创造贴近自然的度假氛围。但国内的消防规范规定消防道路宽度不小于4m，所以规划时应合理布置消防通道，认真计算消防距离。减少大堂到客房之间过宽的道路，并使之景观化。

前往客房的户外空间序列有花园空间、街巷空间、庭院空间等多种模式，也有许多复杂的组合，可以首先进入花园，然后从花园进入各自街巷或庭院的组团，下面分别予以介绍。

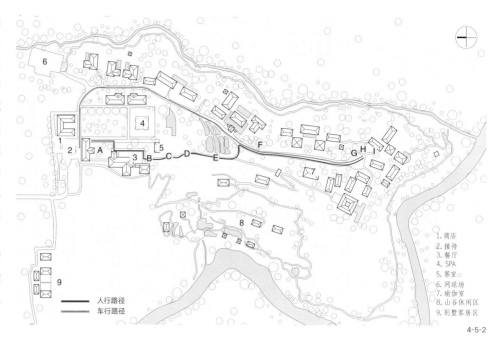

1. 商店
2. 接待
3. 餐厅
4. SPA
5. 茶室
6. 网球场
7. 瑜伽室
8. 山谷休闲区
9. 别墅客房区

人行路径
车行路径

4-5-2

图 4-5-2　巴厘岛科莫香巴拉度假酒店总图
图 4-5-3　巴厘岛科莫香巴拉度假酒店系列图片

A. 从大堂出来首先进入现代人工花园　　B. 穿过这道门　　▼ C. 来到可远眺山谷的平台

F. 与车道合并　▼　　E. 走向山岗上的小路　　D. 顺台阶而下

G. 来到组团前的小路　　H. 进入组团　　I. 下行进入掩映在绿树中的客房　　4-5-3

1. 自然式路径

从大堂前往客房的道路穿过自然风景或花园，这种自然式路径将客人立即带入最放松的休闲度假模式。巴厘岛乌布的科莫香巴拉度假村中道路营造的意境令人印象深刻，从大堂前往客房的路径被分为两段。前一段是设计痕迹较重的花园，高低错落的空间配以现代风格的景观及水池，姿态优美的古树倒映在水面上，整个空间开阔而疏朗，周围散布着餐厅、水疗、商店等酒店公共设施。而走过这个人工花园穿过一道斑驳的石门，来到一个临着山谷的高台，眼前是另一番辽阔的景象，如同走进一处丛林中的仙境，沿着小山岗高处的小径前行，客房成组布置在山岗一侧的低处，行进中除了每个客房组团的小门楼外，几乎看不见客房的建筑。静谧开阔、绿意盎然，头上是参天古树，脚下是翠绿的苔藓，一处逍遥的神仙居所展现在眼前（图4-5-2、图4-5-3）。

别墅式客房酒店多数会用自然式路径来组织通往客房的空间序列，客房是大自然或花园中一栋栋彼此相望的小房子，道路两侧以自然景观为主。采用独立式客房的酒店所在基地内的自然条件下多比较卓越，有的就在自然保护区中，有的在森林里，因此在设计上应尽量保护和利用基地内的自然环境，让客人充分感知酒店得天独厚的优势，比如许多林中小屋类的客房都要通过在林中木栈道穿行的方式前往客房。像南非弗努尔瑞小屋旅馆里的木屋别墅（图4-5-5）、斯里兰卡辛哈拉贾热带雨林度假村里集装箱客房和普吉岛的帕瑞莎度假村海岸茂密树林中的奢华客房，都是采用架空的栈道在林中穿行，完全融入大自然中。阿曼绿山悬崖上的阿丽拉度假村面对着壮观的峡谷，虽然岩石的山体上没有树木，但沿着裸石林立的山崖小路前往别墅，同时眺望远处的峡谷峭壁也可感受另一种沧桑之美（图2-2-0）。有些自然式路径采用直线型，但搭配了精心设计的园艺，像秘鲁的帕拉卡斯豪华精选度假酒店（图4-5-4）在道路两旁精心布置了景观，客房就面对花园。印度的香料度假村（图4-5-6）坐落在佩瑞亚自然保护区的一个植物园中，客房是草坪上一栋栋掩映在高大热带乔木下的茅草屋，阳光透过树木投射在绿茵茵的草坪上，和盛开的鲜花、散落的茅草屋组成了一幅热带的风景画，行走在度假村里的每条小径上都能欣赏到植物园的美景。一般外部景色比较突出的或建在坡地上的度假村规划多采用自然式路径，比如巴厘岛宝格丽度假酒店这类有较好的视角眺望大海的度假村就是采用自然式路径，在前往别墅的路上，远处是无际的大海，近处是花丛和大树，别墅客房就掩映在这如同天堂的花园里。

自然式道路的线路当依据地形地貌来布置，中型以上酒店的道路在坡度允许的情况下尽可能区分主路和支路，支路成尽端路可避免每户的门前穿行的人车过多，塞舌尔莱佛士酒店（图4-5-7）通过支路将客房分成若干区域形成组团（图1-5），避免像西双版纳万达文华酒店那样，要去尽端的客房必须路过所有客房的道路规划。

图 4-5-4 秘鲁帕拉卡斯豪华精选酒店修剪花园式道路
图 4-5-5 南非弗努尔瑞小屋旅馆木屋别墅间的林中栈道
图 4-5-6 印度香料度假村的自然式路径
图 4-5-7 普拉兰岛塞舌尔莱佛士酒店

4-5-4

4-5-5

4-5-6

4-5-7

2. 古典园林式路径

与自然式路径相比，古典园林式路径有比较重的设计痕迹。历史上的皇家园林及私家园林是宝贵的文化遗产，因此许多酒店的规划设计会借鉴一些传统的手法，让从大堂到客房的路途，如同穿越一座古典园林。印度拉贾斯坦地区的古代王宫就有许多这样的奢华园林，受莫卧儿王朝影响，其园林及建筑特色同时兼具了中国皇家园林的空间特征和伊斯兰花园的风格特点。在欧贝罗伊乌代维拉这个享誉世界的酒店中（图4-5-8），空间丰富多变、建筑和景观完美结合，如同皇家宫苑再现。我们从酒店大堂出来之后前往客房有两条路径可以选择：一条是从一层台阶穿过莫卧儿风格的叠水台地花园（图4-5-9），另一条是二层的古典柱廊（图4-5-10），从这里可以看到下面的叠水，两条具有古典仪式感的路径并行，相伴相望别有情趣；然后进入了一个带泳池的巨大方形庭院，四周是华丽的石雕门楼，严谨的空间颇有宫廷之风（图4-5-11）；最后进入半圆形的主客房院落（图4-5-12）。一路亭台楼阁，让客人充分领略到古代皇家宫苑的绚烂与精美。

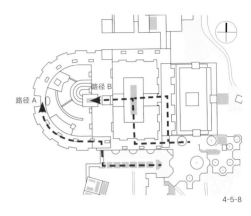

4-5-8

图 4-5-8 乌代浦尔欧贝罗伊乌代维拉酒店局部总图
图 4-5-9 乌代浦尔欧贝罗伊乌代维拉酒店叠水台地花园
图 4-5-10 乌代浦尔欧贝罗伊乌代维拉酒店花园柱廊
图 4-5-11 乌代浦尔欧贝罗伊乌代维拉酒店花园泳池院
图 4-5-12 乌代浦尔欧贝罗伊乌代维拉酒店花园客房院

4-5-9

4-5-10

4-5-11

4-5-12

五、大堂至客房的序列

将东方精致小巧的园林空间运用到这个序列中也是非常有趣的，我们在斯里兰卡看到的依据巴瓦老宅改造的本托塔天堂之路别墅酒店（图4-5-13、图4-5-14），离开大堂后首先进入一连串精巧的庭院，这组空间几乎是苏州私家园林的再现，具有小中见大、曲径通幽的意境。巴瓦的许多建筑空间都有江南园林的神韵，他的设计和中国园林到底有无渊源，无从考证，他本人也没说过，只是亲历这些空间后，感觉与斯里兰卡本土建筑相比似乎离中国江南园林的血缘更近一些，而他早年也确实到访过中国的江南一带。

相对于世界上不同地域再现往日园林盛景的案例，国内的实践尚少，如何将中国传统园林的空间意境应用于精品酒店设计还有很大的发展空间。

最常见的方式是传统与现代风格的结合，比如印度的色瑞咖啡园度假村从大堂前往客房是沿着中轴线走的，这条轴线的中心是一条线形叠水，虽然运用了几何形现代园林的手法，但却饱含古典波斯花园的意象，行走其中可以感受到浓重的仪式感（图4-5-0）。也有纯现代风格的园林，比如巴厘岛贝勒酒店（图4-5-15）穿过中心台地花园前往客房，白色火山岩的阶梯、花台与上面的涌泉、流水有很强的导向性，是清新典雅的现代园林风格。巴厘岛的阿丽拉采取了纯现代的景观设计，前往客房的道路都是成直角的几何形构图，也别有一番情趣（图4-4-8、图4-4-9）。

4-5-14

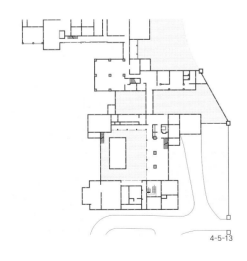

4-5-13

4-5-15

图 4-5-13 斯里兰卡本托塔天堂之路别墅酒店局部平面图
图 4-5-14 斯里兰卡本托塔天堂之路别墅酒店园林空间
图 4-5-15 巴厘岛贝勒酒店现代的台地花园

3. 街巷式路径

如果酒店没有太突出的外部景观，场地内部也没有很多原生的自然资源，设计上往往会通过建筑群的空间形态组织，打造出具有某种传统意象的聚落，让度假村本身就具有旅游景点的特征。将客房组织成街巷式布局就是一种典型的手法，行走在这样的客房区，如同走入了一个古城或古村落，将普通集合式客房的户外空间营造得趣味盎然，如同特色小镇一样精彩。这种模式可以满足客人寻觅异域风情的心理需求。我们看到世界各地的许多度假酒店都是这种组织模式。比如阿拉伯地区几个著名的沙漠酒店的街巷空间就营造得极为成功，在沙漠这种严酷的环境中造酒店本身就对建筑空间的要求更高。迪拜的巴卜阿尔沙姆斯沙漠度假村（图4-5-16）打造了一个静谧的沙漠村落，客房聚落内的小巷幽深而安宁，并透着神秘。它时而幽闭、时而开敞，丰富多变、趣味无穷，迷宫般的街巷、变幻莫测的空间，能在这种魅力十足的小街巷里居住令客人充满了期待。

在不同的国家和地区，酒店营造的街巷随着地域特征呈现出不同的风貌。沙漠中的秘鲁伊卡拉斯登纳斯酒店（图4-5-17、图4-5-18）的街巷被设计成拉丁风情的中世纪古镇，客人通过几条时而狭小时而开阔的中世纪风情小街进入各自的客房，小巷上的拱门、过街楼、廊院、阶梯、门洞等一系列元素都令人想起那些中世纪的西班牙风情小镇，行走其中趣味无穷，而客房的另一面则面对着酒店营造的沙漠绿洲景观，可以看到羊驼和孔雀在悠闲地散步。

4-5-16

图 4-5-16 迪拜巴卜阿尔沙姆斯度假酒店魅力小巷系列图片
图 4-5-17 秘鲁伊卡拉斯登纳斯酒店平面图
图 4-5-18 秘鲁伊卡拉斯登纳斯酒店系列图片

4-5-18

4-5-17

五、大堂至客房的序列

巴厘岛乌布安缦达瑞酒店（图4-5-19）的客房则被组织成巴厘风情的村落街巷，狭窄曲折的小巷透着宁静而淡雅的气质，为了进一步体现了当地的民俗，每家院门上都有一些特殊的标记，比如门上插白旗就代表里面入住的是度蜜月的小夫妻。走在这些小巷内就像在一座小村庄中漫步。同样是安缦酒店（图4-5-20、图4-5-21），在中国丽江则又呈现大研古镇的街巷风貌了。丽江的另外一座著名的精品酒店悦榕庄（图4-5-22~图4-5-24）也采用了当地传统街巷的模式来组织客房，但设计上使用灰砖并突出了当地传统街巷溪水穿街而过的空间特征。所以虽然同在一个地域，但只要善于捕捉不同的传统建筑信息，在色彩和尺度上呈现出完全不同的风格，每座酒店都可以表达出自己的个性。

街巷空间的设计要以步行为主，其尺度、高差及空间的变化都要从传统出发。许多看似高低错落、变化丰富的街巷与聚落实际上是由一些基本单元组合变异而成的，以保证客房的种类不至于过多而难以管理，但这些组合后的街巷看起来像自然村落那样有机和灵活，这就要求在设计中不仅要对基本单元进行拆分、镜像等组合，还要依靠街巷空间的变化、景观小品的设计，以及廊架、门洞、门头、过街楼等建筑元素的添加来实现街巷空间的趣味性与丰富性。

图4-5-19 巴厘岛安缦达瑞酒店系列图片
图4-5-20、图4-5-21 丽江安缦大研酒店
图4-5-22、图4-5-23 丽江悦榕庄酒店
图4-5-24 丽江悦榕庄酒店局部总图

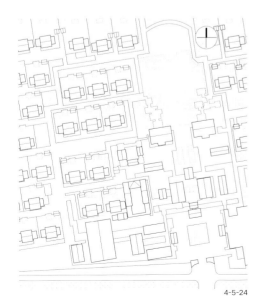

4-5-24

4-5-19

4-5-20

4-5-22

4-5-21

4-5-23

4. 庭院式路径

将客房组成一个个院落，客人穿过层层递进的空间序列产生庭院深深的体验感，这样的设计在有院落传统的地域能更好地体现当地特色。许多酒店本身就是由传统院落改造而来的，历史上的那些贵族宅邸都有这样的重重院落，比如像摩洛哥马拉喀什古城中的许多精品酒店都是由老院子改造的。北京的安缦颐和酒店依据原来的宫廷用房格局来设计，这种院落本身就是颐和园宫苑区典型的空间模式，具有鲜明的北京四合院特征。北京地区许多由传统院落改造的酒店也都是这种模式。当华丽的内院空间一层一层地展现在眼前，可以感受到很强的仪式感，将这种模式运用于酒店的客房聚落特别有感染力。有些新酒店的设计也采用这样的方式，比如埃及卢克索美居卡纳克酒店（图4-5-25、图4-5-26），其客房区是一系列中心庭院和廊院组成的几何形院落，行走其中既可以感受到轴线的仪式感又有能体验空间的丰富变化。但在院落中穿行会降低客房的私密性，因此如果是高端酒店要注意提升客房的隐私感，但老建筑不具备调整格局的条件，只能保持原房间面向庭院的现状，这样的酒店如果要实现高

端，往往会在围合的小院旁边设置一条不穿过院落的廊道，由此再分别进入各自的庭院，形成层级划分的领域空间，会更有隐秘和高档的感觉。老宅改造的马拉喀什拉苏丹娜精品酒店就有这样一条廊道串起各个庭院（图5-4-22），北京安缦颐和也用这种庭院之外的廊道保护了院落空间的私密性，但这样的设计要注意廊道空间的变化，否则行走的过程会比较乏味，不如穿过庭院那样有仪式感。所以兼顾庭院式路径的仪式感和私密性是设计要考虑的重点。阿曼首都马斯喀特佛塔酒店（图4-5-27、图4-5-28、图4-5-31）的别墅式客房区采用松散的院落围合布局，一条小路穿过这些院落，并在院落中的道路上设华丽的亭阁，四周通过水面和景观与周边的客房相分隔，让仪式感和私密性都得到体现。我们设计的柳江居停度假酒店（图4-5-29、图4-5-30）的庭院式客房方案虽然也是采用了仪式感很强的穿越庭院式路径，但在每个庭院四周又划分出一个区域，使庭院四周的客房不是直接面对这个主轴线上的通道，采用庭院式与街巷式路径组合、交替出现的方式，从而既有序列感又满足了隐秘性。

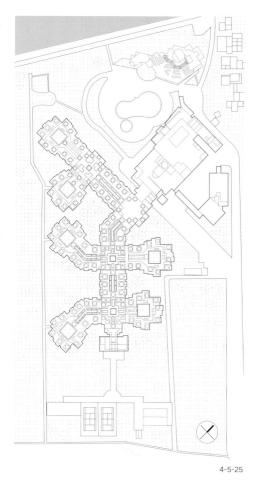

4-5-25

4-5-26

4-5-27

4-5-28

4-5-29

5. 特殊的路径

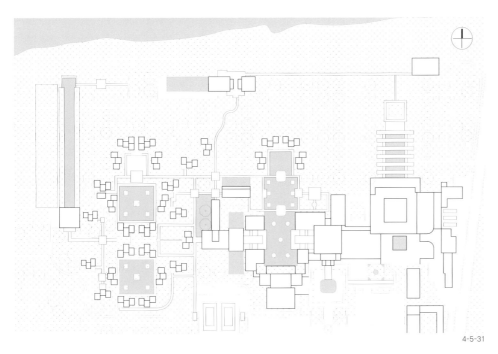

4-5-31

别出心裁的路径设计会极大地增强酒店的特色。比如三亚海棠湾凯宾斯基酒店划船进入客房的方式就十分奇特，在酒店中引入海水倒灌系统的运河，形成贯穿整个酒店长达1200m的海运河道，客人可乘坐"贡多拉船"入住。幽静绵长的河道穿插于酒店之中，顺着河道，一路缓缓行进，欣赏酒店的美丽景色。

摩洛哥海滨的拉苏丹娜沃利迪耶酒店（图4-5-32、图4-5-33）则将客房部分的路径打造得如同进入城堡一般。酒店客房和入住前厅组成了一个古堡式建筑，底层的水疗设施架起上面层层叠叠的客房，客人穿过前厅之后，拾阶而上，左右两边即是各个小院，这种层层抬起的形式也保证了每间客房观海的视野。

图4-5-25 埃及卢克索美居卡纳克酒店总图
图4-5-26 埃及卢克索美居卡纳克酒店
图4-5-27、图4-5-28 阿曼马斯喀特佛塔酒店
图4-5-29、图4-5-30 四川柳江居停度假酒店及平面图
图4-5-31 阿曼马斯喀特佛塔酒店总图
图4-5-32 摩洛哥拉苏丹娜沃利迪耶酒店大堂式客房楼
图4-5-33 摩洛哥拉苏丹娜沃利迪耶酒店通往客房的阶梯

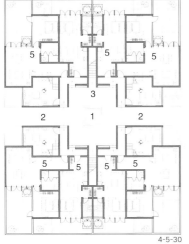

1. 入口庭院
2. 街巷
3. 二层入口
4. 入口花园
5. 室内

4-5-30

4-5-32

4-5-33

6. 组合式路径

多种路径的组合无疑会创造更丰富的空间体验，有些占地非常大的酒店可以满足这样的条件，客人从大堂出来首先进入一个自然花园，然后再进入街巷式或院落式客房。曾被评为世界最佳酒店的印度欧贝罗伊拉杰维拉酒店（图4-5-34、图4-5-35）将公共部分设计成了一个城堡，从城堡出来后乘坐马车穿过一个满是奇花异草、珍禽异兽的自然花园，花园中天鹅在湖面上游曳、松鼠在草坪上跳跃、孔雀在屋顶上飞翔，客人尽览这天堂般的美景，然后分别进入各自的客房组团。酒店将客房分为双拼客房、独栋式客房和帐篷客房三类。双拼式客房由四间或六间围成一个带喷泉的院落，从门楼进入小院，再进入双拼客房建筑中间的门洞，进入后不能马上达到客房，而是要深入过道的尽头才能看到客房的门（图5-4-38），这种层层深入的进入方式彰显了客房的尊贵。另外一组帐篷客房则是散布在一个风景如画的后花园中，首先进入这个花园区的门楼，再进入每间客房自己的小院，周边那些曲线的手工抹灰围墙与沙漠主题的小品点缀在花园中，令人想到沙漠中的村落及昔日王公贵族的狩猎生活，别有一番情趣。而园区中最高档的独立别墅客房则有单独的高大门楼，进门后是一个水院，然后跨过水面的大理石小桥进入主院，三面是独立的客房，庭院是华丽的波斯风格，如王府般高贵。这个占地广阔的酒店集自然、庭院、村落及皇家园林的手法于一体，丰富的路径变化让园内呈现气象万千的景象，令人陶醉其中。

印度的库玛拉孔湖畔酒店（图3-6-15、图4-5-36、图4-5-37）几组客房通过不同的组合方式，形成各有特色的入户路径：从开敞的大堂前往南边的联排客房区，首先需跨过河上的小桥，然后进入一个中心花园，再从这个花园进入各自的组团，这些组团又由水街（河道形的泳池）联系起来成为水乡的聚落；更高档的套房则安排在水街的另一侧，需要跨过水街上的拱桥，较之普通客房又多了一个层次；而北区的独栋客房区也是要先跨过廊桥来到一个更大的湖畔花园，再跨过一座桥来到河对岸，进入掩映在椰林中的别墅客房。每条路线的设计都具有典型的喀拉拉邦水乡特色。

A: 首先进入自然式路径

B、C: 从这个高塔下面进入独立式别墅客房组团

D: 从这里进入帐篷客房组团

E、F: 从这里进入双拼式客房组团

4-5-34

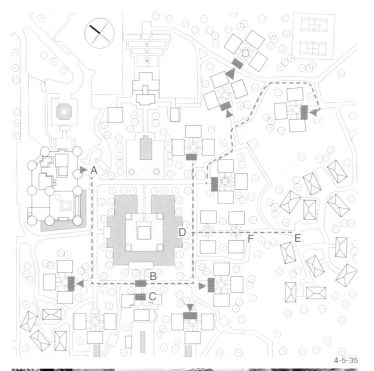

4-5-35

4-5-36

4-5-37

奢华级别的度假村会为每栋客房加上围墙，每家都有独立的门楼，门前有过渡空间，由此进入各家的小院，比如西双版纳安纳塔拉、泰国阁瑶岛酒店六善（图5-4-35）、塞舌尔莱佛士、巴厘岛阿雅娜度假村的别墅客房都是一座座带围墙的小院，安纳塔拉每个小院的门头各不相同，显示了各家各户的特征。

前往客房的空间序列往往还会延伸到客房的内部庭院，这段空间也分为几部分，高端的独院客房往往会刻意延长这段路的距离，进一步获得的私密感，在这方面泰国建筑师的设计手法纯熟，比如我们看到甲米普拉湾的丽思卡尔顿和西双版纳安纳塔拉度假酒店独院的进入方式都是首先走进沿街的门楼（图5-4-36、图5-4-37），经过一段幽深的小巷从院子离道路最远的地方进入院门，极大地增加了序列的层次感和院落的规格感。如果是沿度假村的小路直接进入院门则会在院落之内设置影壁、前院等过渡层次，以打造更高规格的私家府邸，甲米普拉湾丽思卡尔顿酒店与印度色瑞咖啡园度假村的客房小院都有这样的过渡空间（图4-5-38）。

图4-5-34 印度斋浦尔欧贝罗伊拉杰维拉酒店系列图片
图4-5-35 印度斋浦尔欧贝罗伊拉杰维拉酒店总图
图4-5-36、图4-5-37 印度喀拉拉邦库玛拉孔玛湖畔酒店
图4-5-38 泰国甲米普拉湾丽思卡尔顿度假酒店

4-5-38

7. 集中客房的垂直交通空间

　　集中式客房楼的交通空间分为水平和垂直空间，是整个酒店空间序列的最后一个环节，在精品酒店的设计中要使其明显区别于普通酒店。

　　说到垂直交通我们会想到那些大型酒店共享空间中的景观电梯，这种设计在各类酒店中已经流行了半个多世纪，至今仍是大型度假酒店组织客房楼垂直空间的常见手法。但鉴于精品酒店多以低层建筑为主，不一定采用共享空间的模式，设计上更重视客房的景观朝向以及私密性，因此需要在垂直交通的楼梯间的设计上别出心裁，将其打造成一个可以观景的休闲空间，而不是一个简单的封闭楼梯间。欧洲两个小型精品酒店的楼梯间设计就是典型的代表：一个是克罗地亚的斯普利特的卢克斯酒店（图4-5-39），楼梯间的整面玻璃墙对着老城和港湾的风景；另一个是德国埃赫施塔特的美景健康酒店（图4-5-40），上下楼的视线都离不开外面美丽的田园和乡村，还有摆着沙发的休闲空间。秘鲁乌鲁班巴喜达屋豪华精选酒店（图4-5-41）望着森林的楼梯和阿丽拉贾巴尔阿赫达度假村（图4-5-42）眺望山景的楼梯都不只是一个简单的交通空间，这种低层精品酒店的楼梯间使用率较高，因此其景观视野尤为重要。

　　许多由老建筑改造的酒店充分保留利用了原有不规则的非标准楼梯，这种千奇百怪的楼梯成为建筑中的一个趣味点，比如我们在摩洛哥看到由老宅改造的拉苏丹娜精品酒店和丽娜莱德SPA酒店（图4-5-43、图4-5-44），都利用了原有的老楼梯作为主要交通，有些也会将局部放大形成休闲空间。当然这种趣味十足的楼梯间在中国现行的防火规范下如何实现是一个有待探讨的问题。

　　至于电梯间也是不应忽略的，许多精品酒店都会将电梯间装饰得别具一格，比如广州W酒店在轿厢配有一幅动态的液晶画，画上的眼睛和嘴会自动张开、闭合。印象更深刻的是在斯里兰卡高山茶厂遗产酒店，去客房乘坐改造后的原工厂电梯，不仅能体验独特的老式工业电梯，还能一览电梯外老厂房的风采。

4-5-40

4-5-41

图 4-5-39　克罗地亚斯普利特卢克斯酒店
图 4-5-40　德国埃赫施塔特美景健康酒店
图 4-5-41　秘鲁乌鲁班巴喜达屋豪华精选酒店
图 4-5-42　阿曼阿丽拉贾巴尔阿赫达度假村
图 4-5-43、图 4-5-44　摩洛哥丽娜莱德 spa 酒店三种楼梯

4-5-39

4-5-42

4-5-43

4-5-44

8. 集中客房的水平交通空间

4-5-45

4-5-47

水平公共空间即客房楼的走廊，是前往客房序列的最后一程，对这段水平交通也需要精心布局和设计以区别于普通酒店，通常应遵循以下设计原则。

1）借景周边环境

将酒店所享有的景观资源引入进来，使客人出了客房门就能享受美好的景致。比如斯里兰卡坎达拉玛遗产酒店的开敞走廊外缠绕的绿藤和游荡在其中的猴子使得每条走廊野趣十足，热带地区很多酒店的客房走廊都采用这种与自然相融合的模式。在封闭的走廊中也不能忽视其景观，

如坐落在森林中的斯洛文尼亚卢布尔雅那蒙斯福朋喜来登酒店（图4-5-45、图4-5-46），走廊的整面落地玻璃墙面将外部的景色引入其中，感觉像是行走在森林里。克罗地亚斯普利特的卢克斯酒店（图4-5-47、图4-5-48）沿着城市街道的玻璃走廊，将古城的街景以及世界文化遗产戴克里先宫的塔楼收纳进来，这里既是走廊又是一个休闲空间。挨着悬崖的巴厘岛山妍四季度假酒店（图4-5-49、图4-5-50）则在走廊一侧保持山体的自然岩石，另一侧的客房则呈现出石窟建筑的立面意象，伴着小溪，展现出一幅浪漫的山野穴居图。

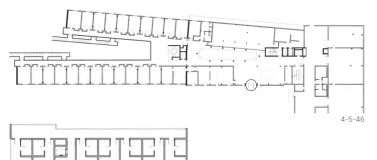
4-5-46

4-5-48

图 4-5-45 斯洛文尼亚卢布尔雅那蒙斯福朋喜来登酒店客房走廊
图 4-5-46 斯洛文尼亚卢布尔雅那蒙斯福朋喜来登酒店局部平面图
图 4-5-47 克罗地亚卢克斯酒店客房走廊
图 4-5-48 克罗地亚卢克斯酒店局部平面图
图 4-5-49、图 4-5-50 巴厘岛山妍四季度假酒店

4-5-49

4-5-50

2) 塑造空间变化

　　在空间线形和空间收放上变化，使走廊更有趣味，比如印度欧贝罗伊乌代维拉酒店的弧形开敞走廊（图4-5-51）、瑞士苏黎世多尔德酒店的弧形玻璃走廊（图4-5-52）都使得行走在其中的视点不断变化，避免常规走廊空间的单调。约旦的佩特拉瑞享水疗度假酒店（图4-5-53~图4-5-56）客房内走廊转角处放大的空间和天井为沉闷的内廊带来了丰富的光影及空间变化，这种手法来源于当地传统建筑的内天井，借用在此使空间增添了情趣。空间变化的另一个目的是增强进入客房的层次纵深感和私密感，避免一排客房门都面向走廊那种缺乏层次的做法，比如像西双版纳安纳塔拉度假酒店和西双版纳洲际酒店都在走廊和客房之间增加了一个天井式的过渡空间，保障了走廊两侧客房的私密性（图5-4-29、图5-4-30）。北京健壹景园的内廊则更加夸张（图4-5-57），在走廊之中又加

了一个木结构的廊子，从这里跨过两边的木桥进入各客房，极大地增加了走廊空间的感染力并提升了客房的规格感。这种做法也见于高层的集中式客房楼，比如青岛涵碧楼（图4-5-58、图4-5-59）在走廊与客房之间做了天井，用印花玻璃将其封闭，从内部能感觉到这是一个有光的室外空间，但却感觉不到高层建筑内天井带来的不适。这样的设计使得这个客房楼的走廊与一般酒店的走廊有了完全不一样的感觉，既为走廊和客房内的卫生间带来自然采光，而且还增加了进入客房的层次感。

图 4-5-51　印度欧贝罗伊乌代维拉酒店
图 4-5-52　瑞士苏黎世多尔德酒店
图 4-5-53~图 4-5-55　约旦佩特拉瑞享水疗度假村天井
图 4-5-56　约旦佩特拉瑞享水疗度假村客房区平面图
图 4-5-57　北京健壹景园的木构廊子
图 4-5-58　青岛涵碧楼酒店客房走廊

4-5-56

4-5-51

4-5-52

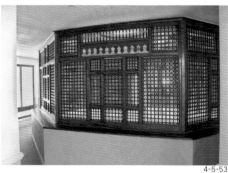

4-5-53

4-5-54

4-5-55

4-5-57

4-5-58

3) 装饰空间特色

通过装修及配饰来烘托气氛是走廊设计最常用的做法，有些小酒店仅通过一些简单的摆设和装饰就能为一个普通的走廊空间增添独特的韵味，比如法国阿尔卑斯山上由一栋普通小楼改造的阿尔伯特一世酒店将走廊打造成了精致的画廊（图4-5-61），摩洛哥瓦尔扎特柯萨易吉安达酒店（图4-5-62）的走廊则以简单的搭配营造出沙漠里的休闲野趣。涉及室内装饰方面的内容本书不展开讨论，仅介绍建筑空间设计方面的内容。

首先要重视走廊空间的光影变化。走廊空间要避免昏暗和单调，比如前面说的苏黎世多尔德酒店走廊采用森林图案的镂空金属板装饰，与附近的树林交相掩映，形成独特而有趣的光影变化。印度焦特普尔的RAAS酒店的红色砂岩格栅挡住了沙漠地区的骄阳，又为走廊空间带来了生动的光影，这些都是建筑整体设计的一部分。另一个设计原则是走廊的风格要和整座建筑的特色相统一，如南非太阳城度假区迷失城宫殿酒店（图4-5-60）客房走廊上的雕饰就与这座酒店的主题气氛非常一致。在材质运用方面建议采用建筑主体的材质来强化其特征，比如北极村度假木屋宾馆（图4-5-64）的木材、中国台湾南园人文客栈（图4-5-63）的红砖，都是建筑主体的建材，从外到内统一使用进一步强化了建筑的特色与性格。

4-5-60

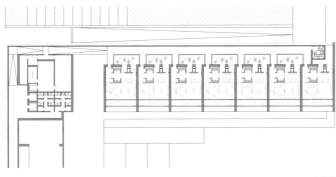

4-5-59

图 4-5-59　青岛涵碧楼酒店局部平面图
图 4-5-60　南非太阳城度假区迷失城宫殿酒店
图 4-5-61　法国阿尔伯特一世酒店
图 4-5-62　摩洛哥瓦尔扎特柯萨易吉安达酒店
图 4-5-63　中国台湾南园人文客栈
图 4-5-64　漠河北极村度假木屋宾馆

4-5-61

4-5-62

4-5-63

4-5-64

图 4-6-0 印度库玛拉孔湖畔酒店

  客人从进入酒店到入住客房的整个过程虽然对酒店的整体空间氛围已经体验完成，但作为一个完整的序列就像许多音乐作品一样还有一个尾声，余音袅袅，留给人无限的遐想。尾声的营造可以在酒店之外或酒店的边缘，如果酒店是栋集中的建筑则往往将这个尾声放在屋顶，比如前面提到的有四重庭院、四道门的印度拉贾斯坦德为伽赫古堡酒店，设计者将这个古堡序列的终点放在了凉风习习的屋顶塔楼，坐在这个印度风格的阁楼中四面拉贾斯坦的山峦风光尽收眼底，类似的手法可见于许多的城市酒店。在大型度假村中，空间序列的尾声更重要也更有意义。尾声可以是建筑，也可以是景观，可以是静态的，也可以是动态的，下面将分类叙述。

EPILOGUE

六

序列的尾声

作为尾声的景观
作为尾声的建筑
作为尾声的场景

1. 作为尾声的景观

　　度假村会有一个明确的节点来强调序列的收尾，比如巴厘岛乌布安缦达瑞酒店在不断深入客房区的道路尽头，有一棵巨大古树的广场标定了这个序列的结束。埃及红海的欧贝罗伊撒尔哈氏酒店（图4-6-1）在海岸架起一座弯弯的木栈道深入大海，木栈道的尽头是一个海中的亭阁，前方是湛蓝无际的红海，回望是岸上宫阙般的酒店，在此瀛海沙洲中令人不禁驻足遐思。秘鲁帕拉卡斯豪华精选度假酒店则以一个严谨的中轴线来组织酒店序列，私家码头伸向大海作为轴线的结束。坐落在丽江古城边狮子山上的安缦大研，在酒店园区的尽头设立了一处观景亭（图4-6-2），这是酒店中唯一能俯瞰古城的地点，从这里可以眺望山下鳞次栉比的屋顶，是酒店最有价值的景观。悬崖上的巴厘岛宝格丽酒店在度假村边缘用一架150m高直通海边的电梯把客人带到悬崖下的孤立海岸，在这里澎湃的海浪与悬崖之上甜美的鸟语花香形成鲜明的对比（图4-6-3）。阿曼绿山安纳塔拉度假酒店在轴线的尽端是一处悬崖边的观景平台（图3-7-65），这里不仅是序列的终点，也是序列的高潮，魔幻世界般的峡谷景象在这里展现在人们面前。阿布扎比安纳塔拉凯瑟尔

艾尔萨拉沙漠度假酒店在园区边缘的一道夯土门依着几棵椰枣树，标志着沙漠奇幻世界的尽头和未知荒蛮世界的开始（图4-6-4）。

图 4-6-1　埃及欧贝罗伊撒尔哈氏酒店
图 4-6-2　丽江安缦大研酒店
图 4-6-3　巴厘岛宝格丽度假酒店

4-6-1

4-6-2

4-6-3

2. 作为尾声的建筑

　　酒店的功能建筑也可以作为空间序列的尾声，我们在本章开篇中介绍了甲米普拉湾丽思卡尔顿酒店（图4-6-5）精彩的入口空间序列，在层层深入之后最终在海边栈桥旁的落日吧结束，椰树、海浪、沙滩、礁石与茅草棚的酒吧构成了一幅优美的画面。另一个将序列尾声延续到海中的酒店是迪拜的卓美亚皇宫酒店（图4-6-6），在中轴线的尽端，一座海鲜餐厅如海市蜃楼一样漂浮在迪拜雾气灼灼的海面上，令人神往。更有那些深藏于酒店园区边缘的历史遗迹作为序列的延伸，引导客人前往探索基地内的古今传奇，成为酒店建筑隽永而意味深长的延续。

比如巴厘岛乌鲁瓦图阿丽拉别墅酒店（图4-6-7）海岸悬崖边的印度教寺庙就坐落在偏离酒店主轴线的海岸草坪尽端，不时飘来的梵香和妙乐为这座现代风格的度假村带来了独特的文化体验。

图 4-6-4　安纳塔拉凯瑟尔艾尔萨拉沙漠度假酒店
图 4-6-5　甲米普拉湾丽思卡尔顿酒店
图 4-6-6　迪拜卓美亚皇宫酒店
图 4-6-7　巴厘岛乌鲁瓦图阿丽拉别墅酒店

4-6-5

4-6-6

4-6-7

4-6-4

3. 作为尾声的场景

尾声也可以是一个令人难忘的场景，在巴厘岛乌布山谷边的科莫香巴拉度假村（图4-6-8）的边缘有一条长满青苔的幽静小道，它通往山下的溪边温泉，行走间不时可以听到山谷中回荡的阵阵欢声笑语，接近谷底时可以看到随激流飘来的皮筏，漂流者每到转弯、跌宕处都会齐声呼喊，并朝谷壁上的酒店客人招手。

在印度喀拉拉邦库玛拉孔湖畔酒店园区最远的湖岸边停靠着喀拉拉邦传统的船屋，这种船屋以前是运送大米的驳船，如今在水乡作为可以住宿的游船在库玛拉孔一带随处可见，被

美国国家地理杂志列入一生必体验的50个地方之一。浩渺的湖水、岸边的椰树与船屋一起组成了一幅水乡风情图，令客人想随船漂向远方。

还有一个让我们难忘的场景是斯里兰卡本托塔天堂之路别墅酒店，它的尾声是酒店花园之外海岸上的铁路，当你在庭院悠闲发呆，忽然呼啸的火车飞驰而过，那如《千与千寻》梦境世界中的场景，使客人心理获得了彻底的放松，这些富有诗意的段落是对整个空间序列绝美的收尾。

图 4-6-8 巴厘岛科莫香巴拉度假村通往溪边的通道

4-6-8

巴厘岛乌布安缦达瑞酒店

第五章

意境氛围

塑造度假天堂独有的意象与气质

　　许多精品酒店与周边的普通酒店处于类似的位置、享有相同的景观资源，而它的价格往往是那些酒店的数倍或十几倍，但客人仍趋之若鹜，这里面的奥妙是什么？我们发现除了硬件配置以及软件服务以外，规划和设计也起到了很大的作用，如何让一个产品或一个空间看起来更高档、更奢侈，如今工业设计和建筑设计中都已进入了有数据支撑的精细研究时代。视觉、听觉、嗅觉等方面定量定性的分析，心理学和行为科学等全方位的研究在国外的学术界已经展开。而精品酒店在国内还处在一个刚起步的阶段，特别是中国人的富裕生活也刚刚开始不久，因此如何定义奢侈与豪华，如何体现酒店的品质和价值还存在许多误区。我们在世界各地看到的许多酒店并没有贴金镀银的名贵材料，只用简单的涂料和恰当的配饰就能营造出很有贵族感的空间环境，许多发展中国家的古老世家所经营的酒店也是如此，在那里感受到的优雅高贵和内涵在国内目前的酒店中还很少体会到，尽管我们许多酒店所用的建筑和装修材料都更名贵，但却没有那样的贵气和精美。在这一章我们将结合一些优秀的案例，就如何营造精品酒店的空间环境，使之看起来更加高档、更有奢侈感以及更有情调来加以阐述。

趣味性与休闲感	隐秘性	独特性	体验感
空间的趣味性	入口的隐秘性	独特的意境与意象	对地域文化的体验感
空间的休闲感	公共空间的隐秘性	独特的设计语言	对自然的体验感
	私属空间的隐秘性	独特的亮点与趣味点	对公益环保的体验感
		独特的画面感	

VALUE

价值感

对环境价值的突出和彰显
对本体价值的挖掘和运用
对附加价值的研究和运用

价值感是客人在享有酒店的设施和服务时与所付出的价格进行权衡后，对酒店的总体心理评价。因此如何让客人感到物有所值或物超所值是精品酒店设计中必须要考虑的。当然价值感的体现是全方位的，包括硬件和软件，硬件包括环境、建筑、设施和设备，软件则是服务与文化。

在设计伊始，就要对酒店的价值做全方位的分析，首先找出酒店周边的显性价值——景观资源，要让其最大化地彰显在建筑中，才能体现酒店的价值感；然后要挖掘建筑的隐含价值，以深藏于基地或建筑主题中的文化因素来增强建筑的价值感。最后在上述两项都不占优势的项目中可以赋予建筑附加价值。举个例子说明，在古城的院落精品酒店设计中，固然传统的院落客房是酒店的特色，但如何从古城众多的院落式酒店脱颖而出还是有很多文章可做的，马拉喀什的拉苏丹娜精品酒店是一个出色的案例，酒店由五个传统的老院子组成，门厅是一个只有 $10m^2$ 左右的小房间，客人到达门厅之后，立即被前台服务生带入酒店内部，穿过一段走廊来到一个装饰着木雕的电梯间，行走的过程可以从这个幽暗的走廊中窥见两侧那些明亮而华丽的庭院（图 5-1-1~ 图 5-1-3），这些摩洛哥传统特色的庭院若隐若现地展示在客人眼前，令客人对这座古宅的价值形成了初印象。之后乘坐电梯到达视野开阔的屋顶露台的沙发吧，

在这里服务生奉上迎宾茶点，客人边休息边等候入住的手续。天台上视野开阔，有酒吧和泡池，花木繁茂流水潺潺，可以眺望近在咫尺的大清真寺的宣礼塔、王宫的屋顶、远处的阿特拉斯雪山。酒店的地理位置优势尽显无遗，这些马拉喀什标志性的景色在古城的幽深街巷和院落中很难看到，露台花园的设计凸显了酒店在古城中地理位置的显性价值，在这里办理入住给客人带来极大的惊喜。服务生办理完手续，端来一个手工铜盘，花瓣中摆放着如古董工艺般的铜质客房钥匙，我们一行八人订了四个房间，

尽管都在同一个四合院里，仍然有四位管家分别带领我们由四条不同的路径来到各自的客房。入住之后，我们马上就注意到了酒店挖掘的建筑隐性价值：这些华丽庭院背后显赫的家族和他们背后的故事、墙上的老照片以及无处不在的古董。入住过程将酒店的价值一步步地展现在客人的面前，从显性、隐性到附加价值。许多精品酒店是历史遗产建筑，房子比较老旧，其品质毕竟不能与新房子的质量相比，因此要特别重视挖掘、展现、增添并放大建筑的价值，在这方面我们必须做好下面这三方面的工作。

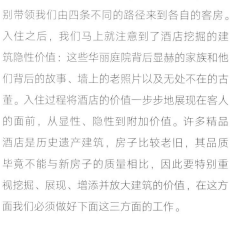

图 5-1-1 马拉喀什拉苏丹娜精品酒店走廊
图 5-1-2、图 5-1-3 马拉喀什拉苏丹娜精品酒店庭院

5-1-1

5-1-2

5-1-3

1. 对环境价值的突出和彰显

体现价值感首先要在对酒店的价值予以认定和甄别，精品酒店之所以特别，在于它占有了独特的资源，而资源有方方面面，在第二章中作了详尽的归纳和整理，能否凸显这样的资源价值则是一个酒店成败的关键。举一个反面的例子——世界知名的建筑师贝聿铭设计的香山饭店，它建于 20 世纪 80 年代初期，那时的精品酒店概念尚未成熟，客观来说建筑本身确实是一个优秀的作品，其设计达到了一个很高的境界，采用的既有中国韵味又有贝式特征的现代语汇，是当代中国建筑史上一个重要的建筑艺术作品，给刚改革开放的中国建筑界带来了极大的启示。但其违背了酒店设计美学，首先就是对环境资源价值的回避，处于北京皇家园林香山公园的内部，有成片的参天古树，但酒店为体现江南白墙灰瓦的建筑特色刻意设计了大片的实墙，上面只开了很小的漏窗用来体现中式风格，结果身处酒店内部对周边美丽的大自然感受并不强烈。在挑高的中心大堂面对花园景观的一面，只在一层开了一个不大的门和一对花窗，建筑各个厅堂也大多无景可观，客房的窗户不大，单向走廊的侧面也以实墙为主，在建筑内部无法感受到周围优美的环境，没有体现出酒店所占有的资源（图 5-1-4）。致使这样一个位置优越、建筑经典、设施齐全、造价不菲的酒店开业以来一直是不到四星酒店的价格，在人们的认知中，它与普通会议酒店和远郊的培训中心没有很大的区别。通过这个案例可以得出一条结论，精品酒店对资源价值的体现和运用要永远高于建筑自身的设计价值的体现。

在酒店设计中突出环境资源价值要注重一首一尾，"首"就是来到酒店的第一印象，"尾"是客人在自己的房间所能看到的风景，如何彰显酒店所占有的资源价值，依据地形地势和酒店想营造的空间氛围目标，会有以下不同的处理方式。

1）门前即景式

在走进酒店大堂之前就先领略其得天独厚的景观资源优势。如印度乌代浦尔的欧贝罗伊乌代维拉酒店坐落在美丽的皮丘拉湖西北方向的一个小山丘上，与东南方向的城市宫殿及湖中宫殿隔湖相望，景色异常美丽。规划将道路引到东南湖畔高地，站在入口门廊即可望到美丽的湖景及对面绚丽的宫殿，无不惊叹酒店竟占据如此宝地（图 4-2-26）。四川青城山六善酒店在进入酒店园区大门之后用电瓶车载着客人穿过一段幽静竹林来到山坡上的亭阁（这个亭阁相当于酒店大堂的门廊），对面的青城山之秀尽收眼底（图 5-1-5、图 5-1-6）。通常门前见景的设计手法要特别重视这个门前的空间设计，使客人在此不仅享有卓越的景观，还能感受酒店的主题文化，比如欧贝罗伊乌代维拉入口处气派的大门廊和大台阶，既是一个开阔的观景台，又使人联想到印度那些河边圣城临水空间的特征，而青城山入口处的翠竹幽径、观景高阁则充满了中国画的意境，借鉴了传统园林中的借景框景的手法。门前即景式的规划模式在精品酒店中并不常见，需仔细评估景观的特性、基地内的最佳观赏角度，以及基地内部抵达大堂的交通情况来确定是否采用。

5-1-4

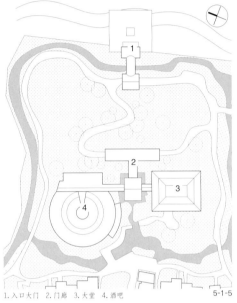

1. 入口大门 2. 门廊 3. 大堂 4. 酒吧　　　　5-1-5

图 5-1-4 北京香山饭店大堂
图 5-1-5 四川青城山六善酒店园区入口局部总图
图 5-1-6 四川青城山六善酒店园区空间序列

5-1-6

一、价值感

2）开门见山式

进入酒店大堂之后的第一眼就能感受酒店所享有的资源，这是最常见的凸显价值的手法，这样的布局比较符合常规酒店的流线，绝大多数景观酒店是采用这样的方式。比如海景酒店进入大堂后要让壮阔的海景立即展现在眼前，如巴厘岛宝格丽度假酒店（图4-4-2，图5-1-7），大堂就是一个空旷的大厅，进入之后山花烂漫、海天一色的景观尽收眼底，还未办理入住就已被眼前唯美的画面感动。许多历史文化名城的酒店也以这种方式展现酒店与世界文化遗产的位置关系，比如拉萨瑞吉酒店大堂的对景就是远处的布达拉宫（图4-2-33），而阿格拉欧贝罗伊的阿玛维拉酒店（图5-1-8）不仅大堂正面的大窗正对泰姬陵，而且每间客房拉开窗帘眼前就是静静矗立的泰姬陵，从清晨到日暮，这座世界文化遗产展示着万种风情，再多的描述都是多余，这座极具价值的酒店在世界各种旅游杂志评选中多次拔得头筹。

5-1-8

图 5-1-7 巴厘岛宝格丽度假酒店大堂俯瞰度假村及海景
图 5-1-8 开窗即可见泰姬陵的阿玛维拉酒店大堂外望泰姬陵

5-1-7

3）先抑后扬式

　　柳暗花明、循序渐进地将资源逐步展现也是一种常用的手法，这样的设计会有出人意料的戏剧效果。印象最深的当属印度焦特普尔古城中的 RAAS 酒店（图 5-1-11 ~ 图 5-1-13），进入酒店大门后首先来到前院停车，院子尽端有一个小巧的玻璃的接待厅，服务生引导客人穿过这个接待厅，通过曲折的小道，再穿过建筑底层的门洞之后，眼前豁然开朗，迎面是高高在上的梅兰加堡，雄伟的景象令人震撼。巴瓦设计的几个斯里兰卡海滨平地酒店也是通过先抑后扬的垂直空间序列来展现酒店所享有的海景。除了在前面列举的灯塔酒店（图 5-1-9、图 5-1-10），沙滩酒店也是在底层进入一个幽暗的洞穴式前厅，然后从一个大扶梯进入上层敞亮的海景大堂，在这里悠闲地办理入住手续，颇有柳暗花明的空间意象。前面讲到的门前即景式也可以是先抑后扬，比如来到欧贝罗伊乌代维拉酒店眺望湖景的大门廊前要先经过一条林中小路，来到青城山六善高处观山的大堂前也要先经过曲折的竹林小径。

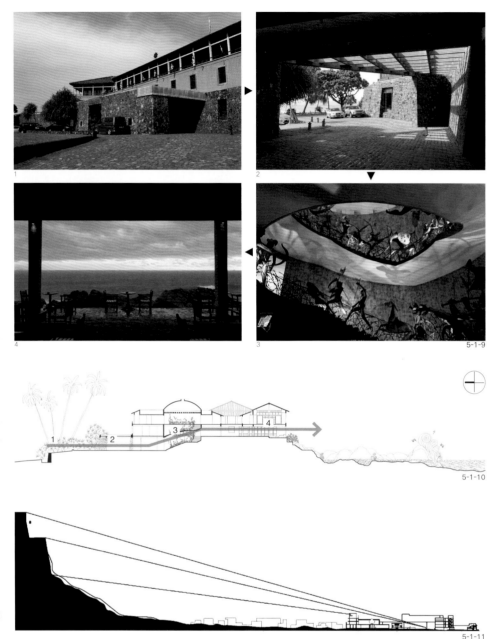

图 5-1-9　斯里兰卡灯塔酒店先抑后扬的空间序列
图 5-1-10　斯里兰卡灯塔酒店剖面图
图 5-1-11、图 5-1-12　印度焦特普尔古城 RAAS 酒店剖面图、平面图
图 5-1-13　印度焦特普尔古城 RAAS 酒店平面空间序列

5-1-13

4）反复呈现式

酒店将要展示的一种或多种景观，在空间序列中多次展示，并延长逗留的时间，而不像前三者多以单一场景来设计，以此来反复强调建筑所拥有的环境价值。比如巴厘岛曼达帕丽思卡尔顿酒店（图 5-1-14）将景观分为了山景、稻田、河景三个部分的内容，并利用高差分段逐渐展示：第一段，客人由隐蔽的小路进入酒店落客区的围合小院后，在这里有一处可以初窥山景的取景框，框景里的远山，云雾缭绕，宛如一幅中国山水画，然后穿过层层序列达到横向展开的大堂，大堂虽然正面山景但并没有直接引入山景，而是在其他两个方向对着河谷的纵深设了许多景框，并配以绝美的近景（图 5-1-15、图 5-1-16）：汩汩的泉水、借景的神坛、漂浮水面的休息亭，大堂的端头的主景框则将整个山谷尽收眼底（图 5-1-17）。然后顺着蜿蜒的

小路逐渐下行，进入依山就势的其他区域，一步一景，一幅幅静谧绝美的世外桃源长卷，就展现在你的眼前。一直布局到谷地的阿漾河畔，宛如乌布宁静的村庄，院舍、庙宇、农田，井然有序，还能看见田中耕作的人们，听见河中漂流的孩子们的笑声。

酒店设计了复杂的观景角度，采用反复呈现的方式将独有的景观最大化地挖掘出来。比如阿曼的阿丽拉酒店面对的峡谷，不同方向有不同景色，酒店就沿着峡谷设置了许多观景平台和功能平台，使客人从早到晚可以欣赏不同方位不同光线的风景，位于同一座山上，规模设施和客房档次与之相似的安纳塔拉度假酒店虽然面对的峡谷景色更加动人心魄，但是酒店只有一处集中的观景点（图 3-7-65），且大堂和餐厅均不在此，相较而言其景观价值利用得就不够充分。最后反映在了两间酒店的价格上，尽管安纳塔拉酒店比阿丽拉酒店距进山的关口

更近（也意味着离山下那些景点更近），其建筑的装饰也更豪华，但价格却略低于阿丽拉，当然除了价值感的体现还有其他设计方面的差别。同样处于悬崖的巴厘岛阿丽拉酒店则更是沿着崖壁做了一连串的鸟笼，可居高临下俯瞰脚下的海岸和波涛，提供了多视角多体验的观赏点（图 3-2-49）。

图 5-1-14　巴厘岛曼达帕丽思卡尔顿度假酒店总图
图 5-1-15、图 5-1-16　巴厘岛曼达帕丽思卡尔顿度假酒店大堂两侧山景景框
图 5-1-17　巴厘岛曼达帕丽思卡尔顿度假酒店大堂主景框
（图片来源：曼达帕丽思卡尔顿度假酒店提供）

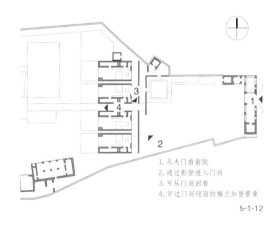

1. 从大门看前院
2. 通过影壁进入门洞
3. 可从门洞回看
4. 穿过门洞迎面的梅兰加堡景象

5-1-12

5-1-14

5-1-15

5-1-16

5-1-17

5-1-18

5-1-19

5-1-20

5）开窗见景式

　　客房也是酒店中最需彰显价值感的地方，能开窗见景的客房最具有价值感，通常景观客房的数量与占比是关系酒店营销最重要的数据，因此会对设计师提出直接的要求，在规划布局中应反复推敲。比如日本星野虹夕诺雅富士度假酒店躺在床上眺望富士山景的客房（图5-1-18），京都星野虹夕诺雅能望到岚山保津川溪谷美景的客房，让每一个窗口均是一幅画。面对风景的窗应尽量大而通透，比如富士虹夕诺雅占据整面墙的玻璃窗、法国安纳西皇宫酒店的落地门，打开窗帘外面的景色扑面而来（图5-1-19）。还有许多酒店会把这种开窗见景的方式用在客房的盥洗空间，比如巴厘岛阿雅娜度假酒店的别墅客房，将泡池伸出客房主体，并三面开窗，在泡澡时可欣赏金巴兰那完全铺展眼前的静谧深邃的大海，正是诗人笔下面朝大海春暖花开的景象（图3-6-31）。除了大堂和客房外，建筑中应不放过任何一处公共空间将有价值的风景收入视野，比如克罗地亚斯普利特的卢克斯酒店客房楼的玻璃走廊就能看到这个古城的著名景点戴克里先宫的塔楼，推开客房门就能感受到世界文化遗产的魅力（图5-1-20）。印度终极旅行营虽然是移动帐篷式客房，但每间客房的落位非常讲究，拉开门帘就面对绝佳的风景（图1-14）。

图 5-1-18　日本虹夕诺雅富士度假酒店客房看富士山
图 5-1-19　法国安纳西湖畔皇宫酒店客房看安纳西湖
图 5-1-20　克罗地亚斯普利特的卢克斯酒店客房走廊
　　　　　　看世界文化遗产戴克里先宫的塔楼

6）对环境价值的弥补与提升

有些酒店受限于基地位置，观赏风景的角度并不完美，不能最大限度地感受景观资源的价值优势，因此需要在设计上采用一些手法来对现有的景观资源进行弥补及提升。比如黄金海岸的范思哲豪华度假酒店由于在第二章所说的选址、定位等原因，建筑的朝向是对着大海反方向的潟湖，而且海岸地势平坦与海平面高差很小，为强化海景酒店的意象，酒店的三个院落均为泳池水院，碧蓝的泳池与远处的海水在视觉上连为一体，建筑仿佛是建在海水当中，极大地提升了观景的效果，强化了海景的意象

（图5-1-21、图5-1-22）。秘鲁乌鲁班巴的喜达屋豪华精选酒店建筑沿着山林中的溪流展开，酒店的大部分厅堂和客房都能看到这片美丽的山林和溪水，但由于用地及交通等因素，客房需要做成双面客房，另一面只有远山的景色，设计上就在建筑的这一面营造了大面积的人工的叠水景观，弥补并提升了这一侧客房的景观效果（图5-1-23）。由此可以看出人造景观是提升酒店资源价值的重要手段，一片无边水池、一丛艳丽的花束都可以将远景衬托得更加美丽，因此我们看到许多面对风景的大堂或餐厅都选用这样的近景来衬托远景，形成的画面令人难忘。如在第三章讲到的甲米普拉湾丽思卡尔顿

几个面对同一片海景的餐厅，以不同的近景来营造不同的氛围（图5-1-24）。

因地制宜，认真分析基地环境的价值优势与劣势，采用恰当的方法凸显优势、补救劣势，往往能化腐朽为神奇。比如基地有巨大高差的酒店，排布客房时虽然不利，但通过巧妙的设计极有可能将这一劣势转换为独特的亮点。像巴厘岛乌布空中花园酒店的落差式泳池，就是建在高差巨大的位置，设置了独一无二的大落差泳池，成功的转化了不利的地形因素，成为酒店最为大众津津乐道的体验（图6-1-0）。

图5-1-21 澳大利亚黄金海岸范思哲豪华度假酒店总图
图5-1-22 澳大利亚黄金海岸范思哲豪华度假酒店
以整个建筑浮在水景上的方式来弥补外部海景的平淡
图5-1-23 秘鲁乌鲁班巴喜达屋豪华精选酒店
以大片人工水景来提升没有森林景观一面的客房景观
图5-1-24 泰国甲米普拉湾丽思卡尔顿餐厅面对海景的近景设计

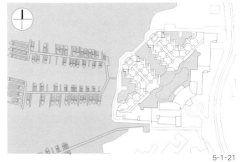

5-1-21

5-1-22

5-1-23

5-1-24

2. 对本体价值的挖掘和运用

从酒店建筑及基地内的历史信息中挖掘有价值的元素，包括历史遗存、历史印记、故事与传说，并运用到装饰及景观中，以此提升酒店整体的价值感。如果是遗产建筑这种历史信息无处不在，在改造成现代舒适的酒店之时，要注意汲取和凸显这些历史信息，来增强建筑的价值感，做遗产酒店的设计要参照文物修复的准则及要点，切切实实地突出那些有价值的历史遗存，千万不能画蛇添足，将有价值的东西变廉价。设计应遵循以下原则：

1）原真呈现历史信息

首先要尽可能原真地保存或再现建筑最有价值部分的历史原貌，修旧如旧。比如印度切提那度的维萨拉姆别墅酒店完全保留了百年前初建时的样貌（图 5-1-25），这是一个商业巨富送给女儿的嫁妆，这座新艺术风格豪宅装修用的木材是来自缅甸柚木，黑色石柱和水晶吊灯来自比利时，大理石地面来自意大利，铁艺装饰来自英国，特别是一种掺了鸡蛋软皮和鱼鳞粉的涂料，历经百年风雨，质感仍如同大理石一般光洁透亮！听着管家的讲解，抚摸着名贵的建材，立即对这座酒店的价值感有了真实的体验。在印度拉贾斯坦乡村的罗拉纳莱酒店（图 2-4-23、图 6-1-6）改造自一栋破旧的贵族别墅，整体的建筑质量无法与皇家建筑相媲美，酒店通过对

每间客房内百年壁画的精心维护，使得这些并不宽敞甚至有些昏暗的百年老屋价值感倍增。

如有可以考证的历史则要尽最大可能予以再现，比如法兰克福郊外的克伦贝格城堡酒店（图 5-2-18），这座英国王室的古堡本身的历史价值很高，建筑质量也是上乘，因此酒店在改造中除了客房内部追求现代及舒适外，其他部分如书房、大堂、餐厅等都尽可能地恢复了十九世纪原来的格调，并将那些原来的皇家古玩和绘画等艺术品重新收集并陈列在走廊的各个角落，走在其中能感受到浓浓的维多利亚风貌。

要尽可能多地捕捉建筑原有的历史信息，应用于新的酒店建筑，毕竟这些历史的碎片是打造酒店独一无二特色可遇不可求的素材。斯里兰卡的茶厂酒店由英国殖民时期遗留的老茶厂改造而来（图 5-1-28），改造过程中注意利用原来工厂的遗存，重新设计组合应用于新的酒店，公共空间的家具、设施都是利用原厂房的老机器和设备的部件来打造的，对老厂房的结构和设备也重新装饰成为新建筑极有特色的内装，保留了工业时期的生产印记，这些独特的历史信息给人留下了极其深刻的印象。

在西班牙马略卡岛一座依据 17 世纪的老房改造的松奈格兰酒店（图 5-1-29），在进入餐厅的过厅摆放了老旧的榨橄榄油的设备，不仅进一步渲染了这座老宅酒店的历史感，也平添了许多趣味。

2）新旧分明历史可读

对于已经破败的历史建筑的改造不一定要完整再现历史风貌，可以采用新旧搭配与对比的手法，旧的要原真保存，新的不要与之混淆，保存历史的可读性是文物建筑修复的原则，对于酒店来说，新旧对比会增添建筑古今交错的魅力。悉尼洲际酒店就是经过改扩建的建筑，在酒店大堂中（图 5-1-26），砖结构的老建筑和新建筑清晰地展示着不同历史时期的建筑特色，总的色调又十分和谐。印度拉贾斯坦的德为伽赫古堡酒店改造之时已经完全破败，但建筑的规模宏伟、空间丰富，酒店在重现古堡的辉煌历史的同时也并不拒绝融入现代简洁的设计，将整理出来的古董作为景观陈设出来，比如有几百年历史的老秋千、老水井、老壁画等，行走在这重重庭院中颇有逛博物馆的感觉（图 5-2-31）。孟买的泰姬宫酒店是一座见证印度近代史的著名酒店，历经百年风云，建筑的风格及装饰细节保留了许多悠久的传统，新建的部分与旧建筑界限分明风格迥异，在老建筑中单设一厅，陈列反映酒店重要历史事件的照片，彰显这座酒店厚重的底蕴。

图 5-1-25 印度维萨拉姆百年老宅来自世界各地的名贵建材历久弥新
图 5-1-26 悉尼洲际酒店大堂

5-1-25

5-1-26

一、价值感

在历史上有着重要地位的罗斯柴尔德凯宾斯基别墅酒店，是一座被称作德意志摇篮的历史建筑，室内陈列曾光临过这座建筑的历史名人的照片，来彰显建筑的历史价值（图 2-4-20）。

3）发掘非遗文化运用

对于由普通的老建筑改造的酒店也要尽可能多地捕捉建筑原有的历史信息，应用于新的酒店建筑。要研究酒店所在地的非物质文化遗产，包括传说、故事与民俗，为酒店增加文化价值。比如法国艾泽的金羊酒店依据古代一只金色的山羊用尾巴迷惑了窃贼，保护了村民财产的传说来命名，并在酒店的各种标志和装饰中不断出现这个金羊的图案，为其增添了浓郁的民俗意义。印度潘那自然保护区帕山伽赫客栈的 12 间石头客房结合当地 12 生肖的古老传说，在每个客房门上标记了一种动物，并在门前的石板上刻着祝福的文字，客人拿到钥匙的时候还会得到一张卡片，上面描述的有关这种动物的神话传说与寓意。西双版纳洲际酒店依据基地上曾有傣王宫的记载（图 5-1-27），兴建了一组宏大而华丽的宫殿建筑作为酒店的大堂，虽然这种商业气质并不适合精品酒店，但其对历史文化的挖掘、运用确实为这个普通大型连锁酒店增添了亮点。

5-1-27

图 5-1-27 西双版纳洲际酒店大堂再现昔日傣王宫
图 5-1-28 斯里兰卡茶厂酒店利用老设备打造的公共空间
图 5-1-29 马略卡岛松奈格兰酒店榨橄榄油的设备

5-1-28

5-1-29

3. 对附加价值的研究和运用

除了外部的风景资源与内部的历史文化资源，还可以通过附加资源给予酒店价值感，附加的价值任何酒店都可以采用，它不具有唯一性，应仔细甄选适合酒店的元素，附加价值可以通过设备、设施、装饰、品牌、名师五个方面来实施。

图 5-1-30 巴厘岛乌布曼达帕丽思卡尔顿度假酒店客房飘窗
图 5-1-31 坐在色瑞咖啡园度假村客房的飘窗上和窗外的猴子互动
图 5-1-32 潘那自然保护区帕山伽赫客栈客房的服务窗口

5-1-30

1）设备

质量上乘的客房设备与设施能够给客人带来最直接的价值感，包括高端的建筑设备、高档舒适的床品等。第一次获得这样的体验是2009 年入住迪拜的七星级的帆船酒店，在客房中听不到任何细微的噪声、精准的温度控制、极其舒适的床具、落地窗前自动控制升降的电视机都大大超越了我们以往的住宿经验。2015 年入住克罗地亚罗维尼的罗恩酒店时，服务生给我们讲解客房的各种高科技智能设备的使用方法，许多都是第一次见到，而且这已经是 20 年前的建筑，可以想见刚开业时它给客人带来的惊喜。在许多高端酒店中，管家带客人初到客房时都会详细讲述房间的各种设备，这时就对酒店的物质价值有了第一印象，之后在使用中会慢慢熟悉客房的各种高端设备，比如在安缦达瑞客房内的静音推拉门，通过这些高档次设备的体验而获得了价值感。

以设备的提升获取价值感的方式，只有通过不断更新更有特点、更高档次的设备才能带给客人惊喜，有时某些与众不同的点子往往事半功倍。比如虹夕诺雅富士度假酒店在阳台上提供电热床具，在寒冷季节躺在这里可以舒适地观赏日暮中的富士山和星空，这种对客人细致入微的照顾，不需要多大的投入就能给客人带来极高的价值感。

2）设施

超出常规的建筑设施与建筑空间也会给客人带来价值感，比如进入苏黎多尔德酒店的客房，看到超大的落地窗可 180°无死角欣赏苏黎世美景，那广阔的视野给人带来惊喜。许多酒店善于利用各种飘窗来增加休闲空间，比如巴厘岛乌布曼达帕丽思卡尔顿酒店客房伸入花园的巨大飘窗（图 5-1-30），坐在印度色瑞咖啡园度假村客房的飘窗上不仅可以欣赏外面的花园，还可以和窗外的猴子互动（图 5-1-31）。一些特别的设计也会有奇效，比如潘那自然保护区帕山伽赫客栈每栋别墅都有一个送餐窗口（图 5-1-32），内外有双道窗，服务生从外面把早餐送到两层窗之间的保温壁龛中，拉响铃铛告知客人餐已经送到，客人打开屋内的窗户就可以取餐而不必更衣开门与服务生见面，这种服务方式源于印度古老的等级制度，运用于现代的酒店确实让人获得了新奇的价值感和尊贵感。我们设计的北极村度假木屋宾馆依据当地的严寒气候在别墅的南侧设置了一条玻璃暖廊，从生态来讲这样的设计是一个被动的太阳房，为木屋吸取充足的太阳能，从空间来讲将南侧水疗、休息厅、起居室、餐厅串联起另一条回路，既有趣，又多了一处休闲、晒太阳、观景的空间。

5-1-31

5-1-32

3）装饰

建筑的装修、配饰等也是增加酒店价值感的重要手段，特别是一些硬件条件一般的酒店，需要在这方面加大投入，除了考究的材料和配饰，有些简单的手法能起到以小博大的效果。法国阿尔卑斯山上的阿尔伯特一世酒店是热闹的霞慕尼小镇上一栋并无特色的建筑（图5 1 33），受限于当地环境风貌的保护和控制，在不可能作较大的改造的情况下，如何区别于小镇上的其他建筑并彰显罗莱夏朵的品牌和品质。除了后面提到的亮点的打造之外，在酒店客房入口一侧精心摆放了一组带有精致靠垫及织品的户外家具、一个老式的躺椅、门旁还放置了两组陈设水晶的玻璃柜，在灯光的投射下晶莹剔透，营造出一种奢侈品店的氛围。同样在很局促的室内厅堂和走廊中也是通过摆放一些高档家具、皮具、配饰来提升酒店的价值感，其中一个重要的配饰元素就是精装书籍，无论是在厅堂的角落、走廊的一侧、还是客房的床头，随处可见精美的画册，书中阿尔卑斯山的风景以及罗莱夏朵旗下酒店的漂亮图片，时刻提醒客人这是一家高端的精品酒店。

4）品牌

目前国际著名的奢侈品牌也开始经营酒店，如宝格丽酒店、白马庄园、范思哲酒店、阿玛尼酒店等，由于其自身全球奢华品牌的定位，也为酒店带来了其他酒店所没有的品牌附加值，得到众多明星及各类富豪大腕的青睐。这些酒店内部的陈设奢华而考究，而且都带有奢侈品牌的印记（图5-1-34、图5-1-35），酒店内还会有专属的奢侈品店，并在酒店的配饰及商品上突出品牌自有价值。精品店和精品酒店在名字上就有着天然的联系，精品酒店中的商店多以古董、高档手工艺品以及奢侈品为主，这样的商店店面本身就是一个奢华的符号，对提升酒店的品质感大有益处，我们在第三章中曾介绍了许多这类案例，那些精品店的精美橱窗会极大地增加酒店的价值感，比如马略卡岛上由老房改造的松奈格兰酒店在走廊里布置的玻璃柜，里面陈设的珠宝首饰等商品在灯光的映衬下美轮美奂，与古老的建筑形成强烈的对比，极大地提升了空间的格调与品质（图3-5-13）。

5）名师

设计附加值的添加往往和著名设计师有关，比如西班牙马德里设计酒店希尔肯门美洲酒店，就通过邀集13个国家的19位世界顶尖的设计师，来共同完成酒店的设计，为酒店增添了另类的价值。该项目吸引了很多设计师的慕名追寻者，并获得了一致的好评。瑞士7132瓦尔斯温泉酒店，继20世纪90年代初请到彼得·卒姆托为其设计酒店的温泉浴场后，又在近几年，邀请包括美国的汤姆·梅恩、日本的安藤忠雄、隈研吾以及瑞士的卒姆托在内的四位建筑大师设计了"建筑师之宅"的客房新区，进一步增加了酒店在全球范围的影响力，在设计圈吸粉无数。以名师来增加附加值的成功案例多见于小型精品酒店，在大型精品酒店中寥寥无几，原因在于主流建筑学潮流的代表人物所表达的前卫的设计意识与主流的酒店美学有较大的差距，服务高端人群的精品酒店有自己选择设计师的标准，这在酒店客房的价格中就能最直接地反应出来，通常建筑圈的大师作品难以带来更高的房价。

图 5-1-33 法国阿尔伯特一世酒店入口廊下装饰
图 5-1-34 澳大利亚黄金海岸范思哲豪华度假酒店的品牌饰品
图 5 1 35 巴厘岛宝格丽度假酒店客房的品牌图册

5-1-33

5-1-34

5-1-35

图 5-2-0　马拉喀什的塔马多特堡酒店

　　比价值感再提升一步就是奢华感，奢华的定义比较宽泛，以前多用字面的"奢侈""华丽"来形容这些场所，按目前的消费观和社会观来看，"奢华"其实是一个中性词，它指的是一种生活态度，一种品位和格调的象征，而且在精品度假酒店中奢华一词往往会被重新诠释，当人们千里迢迢来到异乡寻找心灵的慰藉，奢华的定义就被改写，在这里不再需要享受城市中的豪华，而是要获取异域独特的体验。因此不同于日常生活的体验是度假酒店奢华感的精髓。"奢"的含义有穷极、异常、极致，而"华"在精品酒店中则要从以下几个要素着手。

LUXURY

二

奢华感

对资源的独享
舒适惬意的空间
深厚的文化底蕴
奢华感的营造

1. 对资源的独享

酒店对资源的独享最易令客人获得奢华感，例如私属小岛、私属海湾、私属风景等。我们在第二章中介绍了黑山共和国的安缦斯威提·斯特凡酒店，将整个斯特凡岛上的一个 15 世纪古镇改造成了精品酒店（图 2-4-58），这个风景如画的小岛"二战"后曾是画家的聚集地，后来成为前南斯拉夫总统铁托的度假地，许多明星名流都是这里的常客，安缦集团将这个有故事的小岛整个租下作为酒店经营使它再次受到瞩目。丽江安缦大研则占据了古城中的唯一高地狮子山，这里曾是原丽江电视塔和水塔所在地，酒店为了获得这样的宝贵地段，耗巨资将电视塔整体搬迁并填埋了储水池，从而获得了古城旁唯一制高点的

绝佳位置（图 4-6-2）。世界自然文化双遗产马丘比丘山上唯一的酒店贝尔蒙德桑科图瑞酒店，坐拥壮观的马丘比丘美景，当园区关闭游人散去它就可以独享马丘比丘的清晨与黄昏，这个特权令这个精品酒店的标准间开出了别墅客房的价格。中国台湾新竹的南园人文客栈（图 5-2-1），是将《联合报》创始人的房产改造而成的精品酒店，坐拥整个园林——南园，这座融闽南建筑和江南园林于一体的大型园林，其规模及精美程度在整个华人世界都极为罕见。澜沧景迈柏联酒店坐拥景迈山的万亩古茶园（图 5-2-2），这样的资源使其可以作为世界上首屈一指的茶园酒店被列入罗莱夏朵名下，尽管它的客房远没有达到

奢华的标准。我们在欧洲也看到许多坐拥整片森林的古堡酒店，还有那些占地广阔的别墅庄园。来到斯里兰卡看到由巴瓦庄园改造的酒店就非常感慨，也曾有建筑师享受过这样的顶级奢华的生活（图 5-2-3），难怪他能引领 20 世纪度假酒店的风潮。也有像南非太阳城度假区迷失城宫殿酒店那样建在人造热带雨林中的神奇宫殿。世界上更有许多一岛一酒店的秘境。当接近这些酒店之时，会立即感受其对资源的独享，从而获得了对酒店奢华感的第一印象。

图 5-2-1 中国台湾南园人文客栈坐拥大型园林
图 5-2-2 澜沧景迈柏联酒店坐拥万亩古茶园
图 5-2-3 巴瓦酒店坐拥广阔庄园

5-2-1　　　　　　5-2-2　　　　　　5-2-3

2. 舒适惬意的空间

宽敞舒适而令人赏心悦目的内部空间，让人愿意享受其中，酒店的公共和私属空间要有这种特质才能获得奢华感。这样的空间需要酒店的设计师和业主都要有贵族的生活体验。有两种最易出现弊端的设计要杜绝，一种是我们常见的豪华气派的形式，虚张声势而没有舒适的内外空间，只可欣赏而不能留人；另一种是强调设计师个人理念的炫技建筑，专业人士往往会给予好评，但非专业人士进去晃一眼就想出来，除了看到许多设计技巧外，那个空间并不舒适，这也是高端酒店很少有先锋设计师参与的原因。不论是在酒店的公共空间还是在私属空间都要把创造舒适惬意的空间作为首要目标。

1）公共空间上的奢华感

户外空间：在度假村中，广阔的户外环境比封闭的室内空间更容易产生奢华感，这是源于度假人群的心理需求，他们要寻觅的是一个能接触到大自然的度假天堂。比如在印度拉贾斯坦斋浦尔的欧贝罗伊拉杰维拉酒店的超大花园里，到处是奇花异草、珍禽异兽和亭台楼阁，在这里散步、瑜伽、冥想或仅仅是发呆都是一种享受，这样的酒店会令人流连忘返（图 4-5-34）。由此可见在设计上营造一个宽广而舒适的花园是极其重要的，但许多酒店并不具有这样的占地条件，因此如何通过设计做到小中见大就成了关键。在这方面可以借鉴传统园林空间中的许多设计手法，比如先抑后扬、曲折通幽、避免一览无余等。巴厘岛宝格丽度假酒店在较为紧凑的布局上，营造出空间舒适宽阔的意象，其关键在于视线设计。首先在入口进入大门后看不见大堂而是走入了一个古树参天的花园，而大堂被一座假山遮住，这样的处理给客人空间舒展宽阔的印象。另外在园区中也十分注意使用景观对建筑进行遮挡，建筑掩映在花树之中，减少彼此对望，主视线朝向大海，从而在有限的空间内，通过增加内部的层次感而获得超大园林空间的效果（图 5-2-4）。

室内空间：在建筑室内要获得奢华感，也是要增加空间的层次，大厅除了主空间外，不要吝惜那些辅助空间的设置，包括各种前厅、过厅、侧厅，许多奢华酒店的大堂周围都有许多这样的过渡空间（图 5-2-5）。但作为精品酒店这些室内空间的尺度要拿捏得体。过度铺张反而弄巧成拙有违精品酒店的气质内涵，比如在号称八星级的阿布扎比皇宫酒店，这座金碧辉煌的大型宫殿据说装修用了 40 吨黄金，但在这些华丽宏伟的空间中被震撼过后，住下来的欲望却并不强烈（图 5-2-6）。

5-2-4

5-2-5

5-2-6

图 5-2-4 巴厘岛宝格丽度假酒店
图 5-2-5 皇家幻境 ONE&ONLY 唯逸度假酒店
图 5-2-6 阿布扎比皇宫酒店

2）私属空间的奢华感

　　舒适而惬意的客房空间是客人可以触摸到的货真价实的奢华，这样的品质让客人能够真正愿意花时间在酒店享受，以后还会向往重返。比如身居城市黄金地段的洛迪酒店（原安缦新德里）的客房，由于自身没有卓绝的景观优势，设计上就特别重视客房的硬件。这个高层建筑的客房每间做到近10m的面宽，将卧室、起居、卫生间并排展开，还配有一个同面宽的超大外阳台，甚至还有私家泳池（尽管这小小的空中泳池利用率不高），这种在其他城市酒店中难得一见的做法令人印象深刻。此外靠客房门一侧一字排开的餐吧、衣橱、卫浴区也是极其舒适。第一次看到如此奢侈的集中式客房，带给我们极大的惊喜。以至于来年再路过新德里时，

本应再体验考察其他酒店，但实在不忍放弃这里舒适的客房，最终又选择再次入住（图5-2-7、图5-2-8）。在集中式客房楼中我们还看到摩洛哥的拉苏丹娜沃利迪耶酒店的退台式客房，让每间客房错出一个宽大的院落式露台，并在这里设置了可以观海的泡池，配上宽大舒适的客房，同样获得了奢华的体验。

　　印度的另一间安缦酒店是位于拉贾斯坦的偏远一角的安缦巴格，它的别墅式客房同样也尽显奢华，客房通过华丽的中厅，一边连接八角形的浴室，另一边连接方形的卧室，在加上前院和带泳池的后院，如同一个小宫室，配上高雅的装饰，散发着奢华的贵族气质（图3-6-11，图5-2-9）。在许多精品酒店的别墅式客房的设计中也能看到其他营造奢华感的手段，如甲米普拉湾丽思卡尔顿酒店的皇家套房不仅创造了

庭院深深的空间，还在庭院中建造了华丽且富有仪式感的私人水疗区，令人想起了古典宫廷浴室，很好地表达了私属空间的奢华感（图5-2-10、图5-2-11）。

图 5-2-7　印度洛迪酒店（原安缦新德里）客房平面图
图 5-2-8　印度洛迪酒店（原安缦新德里）客房的阳台
图 5-2-9　印度安缦巴格客房的门厅走廊
图 5-2-10　泰国甲米普拉湾丽思卡尔顿酒店客房平面图
图 5-2-11　泰国甲米普拉湾丽思卡尔顿酒店客房的卫生间与水疗

1. 客房
2. 卫生间
3. 室外泡池

5-2-7

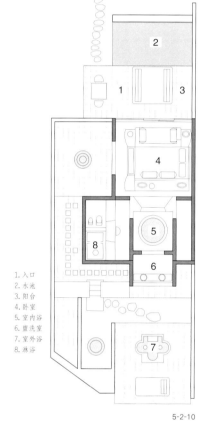

1. 入口
2. 水池
3. 阳台
4. 卧室
5. 室内浴
6. 盥洗室
7. 室外浴
8. 淋浴

5-2-10

5-2-8

5-2-9

5-2-11

3. 深厚的文化底蕴

图 5-2-12 印度拉贾斯坦安缦巴格客房庭院
图 5-2-13 摩洛哥菲斯的里亚德菲斯酒店

奢华感的最高境界是让深厚的文化底蕴引起客人发自心底的共鸣与陶醉，这也是我们见到的绝大多数度假酒店都采用传统地域风格的原因，因为它最符合旅客对异域文化的心理期待。而要把传统文化做深做精从而产生奢华感，这对设计师提出了很高的要求。酒店也并不会因为是豪华或有历史价值的传统建筑就自然会产生奢华感，有些由历史上的王宫改造的酒店建筑虽然令人惊叹，但并不一定会带来奢华感。一个典型的例子是印度比卡内尔的拉克西米尼沃斯宫酒店（图 4-3-10），当我们来到这个偏僻小城看到这座用红色砂岩雕琢成的精美宫殿时，震惊与赞叹可想而知，但住了一天后，发现酒店并没有带给我们奢华的感受，感觉有点将六星级的硬件做成了四星级的遗憾。由此可见传统文化若要让人产生共鸣一定要用今天的眼光和语境来诠释。在酒店的设计中如何体现奢华感呢？我们可以看到许多以皇宫命名的酒店都试图再现古代的奢华，比如阿联酋的一些标榜皇宫的酒店或南非太阳城度假区迷失城宫殿酒店，但成功的设计只是少数。因为时代与环境的变迁使我们今天再现那些古代宫殿往事倍功半，所以必须寻找全新的方式来体现建筑的文化底蕴，要从当今人们对奢华的认知来寻找方向。常见的能反映酒店的文化底蕴方面有以下几点。

1）考究的地方材料与手工艺

在现代工业化社会中，珍稀的地方材料与不可大量复制的手工艺往往是奢华的代名词。因此可以通过有这样特征的建筑材料的使用来体现奢华感。

① 真材实料与传统工法

建筑的真材实料和精致的传统的建造工艺会散发出自然的贵气。比如印度的安缦巴格酒店精心挑选拉贾斯坦当地上好的石材，然后在现场手工雕琢，我们所见到的柱子和其他部位都是用整块的石材雕刻，其成色和工艺都明显区别于当地常见的装饰成品构件，整个度假村所有的建筑墙面和围墙莫不是用这种大尺寸的砂岩筑成，这种天然的材质在光线的变化下从早到晚呈现出从米黄到玫瑰色的微妙变化，显得大气、沉静而高贵（图 5-2-12、图 6-3-5、图 6-3-6）。暹粒的贝尔蒙德吴哥宅邸则邀请当地工匠用名贵的木材及传统工艺，建造了该市最大的传统木结构建筑，所有的细节都十分讲究，建筑散发着浪漫而华贵的高棉风情（图 2-6-12）。而摩洛哥的里亚德菲斯酒店则大量使用当地的石膏、马赛克、木雕等传统手工艺，走进酒店仿佛进入了天方夜谭中的盛景，再现了昔日王族的奢华（图 5-2-13）。

二、奢华感

② 局部的传统手工艺

传统的手工艺散发出的文化底蕴能折射出璀璨的奢华感，许多被列为非物质文化遗产，这在工业社会中弥足珍贵，特别是在简洁的现代建筑中，局部点缀这样的工艺往往也能增加空间的奢华感。比如秘鲁帕拉卡斯豪华精选度假酒店在以涂料为主的建筑构件上搭配竹材，局部的手工竹编细腻而优雅（图6-3-7）。除此之外在许多酒店还可以看到那些用地方特色手工艺和材料打造的面盆（图5-2-14），有木艺、漆器、石雕和金属，看到这样的材质和工艺，就联想到当地的传统手工艺品。这种既有地域特色又运用了现代设计的手法传递着浓厚的贵气与奢华。云南的松赞酒店则专门组建了自己工匠班底为酒店打造铜饰，它不仅见于洗手间的铜盆，在楼梯的包边、门的装饰等部位都有应用。这种藏族传统的工艺为这个被称作藏文化博物馆的酒店增加了传统的色彩。

③ 人工的手艺及制作

度假村园区中需要每天用人力来实现的景观往往会体现出很强的奢华感，随着人工成本的高涨，许多难以实现的手工营造景观往往成为了奢侈的象征。比如我们在印度的许多高档酒店中看到的水盆景（图5-2-15、图5-2-16），就需要工人每天更换和摆放。在拉贾斯坦的德为伽赫酒店中，更是每天晚上都要让工人在楼梯边缘摆放花瓣和蜡烛（图5-2-17），见到这些每日都要更换的精美的花艺不禁感叹其背后大量的人力支撑，并联想起印度古代王族仆人成群的日常。在拉苏丹娜沃利迪耶酒店园区许多路面都是由沙子铺成，这种松软适度粗细适中的沙路，每天也需要像枯山水那样细心的打理，以使其保持外观的平整，这些细节自然会产生一种高贵的奢华感。

5-2-14

5-2-15

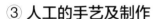

5-2-16

5-2-17

图 5-2-14 酒店客房卫生间的具有传统工艺特色的面盆
图 5-2-15、图 5-2-16 印度几个酒店的水盆景
图 5-2-17 拉贾斯坦德为伽赫酒店楼梯间摆放的蜡烛和花瓣

5-2-18

5-2-19

5-2-20

2）古董及配饰

　　一提到古董就会立即想到贵重，从而联想到奢华，所以我们看到在许多精品酒店的室内，古董或仿古的工艺品作为装饰随处可见，通常以如下形式在酒店中呈现：

① 家具古玩

　　最常见的还是在酒店的走廊和各种厅堂中摆放古董家具、名画和器皿。一些有历史传承的酒店自不必说，像著名的克伦贝格城堡酒店将与自身历史相关的古董都陈列在酒店里，使酒店整体散发着一种奢华感（图5-2-18）。巴瓦庄园中独具匠心地摆放着巴瓦生前收藏的各式艺术品，从木器、铁艺、雕塑到画作，同时也在无数细节中渗透和诠释了身为贵族的巴瓦的生活与艺术品味，客人身处其中，自然被带入这南亚特有的贵族生活氛围中（图5-2-19）。在一些遗产建筑改造的酒店中，原来的文物早已散去，酒店就要专门搜集一些老家具和古玩陈设在走廊和殿堂之中。比如摩洛哥菲斯依据贵族老宅改造的里亚德菲斯酒店，内部的装饰大量采用当地的古董，从灯具、家具到大门等都透着贵族之气。秘鲁库斯科的因卡特拉卡斯纳酒店，这座有近五百年历史的老旧宅邸所选的老家具与饰品品相也如同这个古宅一样沧桑。中国的松赞酒店，在它的各个酒店中大量陈设收集来的藏式家具，被誉为藏文化博物馆（图3-1-20，图3-5-1）。此外一些新建的酒店也会在厅堂和走廊里摆放古董家具作为点缀，大大地提升了酒店的品味。比如现代风格的大型酒店青岛涵碧楼将这些古董来陈列在酒店中，以此来增添酒店高贵的气质（图5-2-20）。

图 5-2-18　德国克伦贝格城堡酒店走廊的古董陈列
图 5-2-19　斯里兰卡巴瓦庄园的陈设
图 5-2-20　青岛涵碧楼酒店走廊陈设

② 老门老窗

　　门窗是与人的行为关联最多的建筑部件，因而众多精品酒店会下大力气刻画门的形象，徐徐推开一扇古老精致的大厅门，会产生一份心理期待，比如在摩洛哥马拉喀什拉苏丹娜精品酒店和菲斯的亚里德菲斯酒店的餐厅我们都能看到那些工艺精湛的老门或仿旧的门（图5-2-21、图5-2-22、图5-2-42），这种对门的偏爱也被用于客房门，雕花的大门配上精美老铜钥匙透着厚重与贵气，有些酒店甚至将其运用到浴室门（图5-2-25、图5-2-26），这个私密但在休闲度假中极为重要的空间。

　　一般大厅的门往往是真的古董，有些收集来的不适合现代尺寸的老门老窗可以镶嵌在墙上作为装饰，比如像库玛拉孔湖畔酒店那样（图5-2-23），当然大量客房的实用的门窗则是仿旧的工艺品（图5-2-24）。这种做法在精品酒店中更常见，比如摩洛哥拉苏丹娜沃利迪耶酒店的老木雕窗，朴实的传统手工传递着价值感。

5-2-21　　　　5-2-22

5-2-24

图5-2-21、图5-2-22 摩洛哥亚里德菲斯酒店的老工艺门
图5-2-23 印南库玛拉孔湖畔酒店墙上的老木雕窗
图5-2-24 印度库玛拉孔湖畔酒店的传统工艺客房门
图5-2-25 阿布扎比安纳塔拉凯瑟尔艾尔萨拉沙漠度假酒店客房卫生间门
图5-2-26 马拉喀什拉苏丹娜精品酒店客房内的木雕浴室门

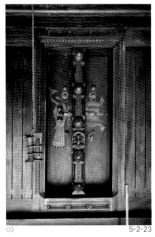

01　　　　02　　　　03　　　　5-2-23　　　　5-2-25　　　　5-2-26

③ 古董灯饰

　　大堂的吊灯往往是视觉的焦点，所以许多精品酒店都会花重金来打造这个吊灯，在摩洛哥的两间精品酒店各处都有这种华丽的灯饰（图5-2-27、图5-2-28）。有些本来就是古董，比如澳大利亚黄金海岸的范思哲豪华酒店的新古典主义的大堂正中间悬挂的那盏750kg重的水晶吊灯原先存于米兰的州立图书馆，范思哲先生发现后几经周折才买到手，放在自己的豪华别墅中，他去世后家人将其放到了酒店大堂，成为这里的一景（图5-2-29）。在中东地区的精品酒店，那些古色古香的阿拉伯传统灯饰所传递的厚重历史感成为了奢华的象征。也有些大型灯饰并非真正的古董，而是参照传统工艺为酒店量身定制的，在材料和做工上努力体现厚重的历史信息，成为空间的焦点。比如约旦佩特拉瑞享度假酒店中庭顶部的八角形铜灯与中庭的天花浑然一体（图5-2-30）。

　　我们在第六章人工光影中还将列举很多灯饰的案例，但要注意的是有些灯具设计只能为空间带来风情，这和奢华感还是有所不同的，因此在设计上要把握好酒店空间的气质和意象，通过灯饰来体现高端酒店的奢华感。

图 5-2-27　摩洛哥里亚德菲斯大堂铜灯
图 5-2-28　摩洛哥马拉喀什拉苏丹娜精品酒店灯饰
图 5-2-29　澳大利亚黄金海岸的范思哲豪华度假酒店灯饰
图 5-2-30　约旦佩特拉瑞享度假村大堂灯饰

5-2-27

5-2-28

5-2-29

5-2-30

二、奢华感

④ 园艺古件

古旧的石雕、铜饰、户外家具及园林小品散布在花园中特别有历史感。比如前面讲到的印度德为伽赫古堡酒店园区里摆放的那些百年历史的老石雕、秋千及原来的古井（图5-2-31），摩洛哥的塔马多特堡酒店的花园中随处可见的古老的吊椅、雕像和天文仪器（图5-2-32），拉贾斯坦由18世纪老宅改造的罗拉纳莱酒店也将原来的古董、石雕、喷泉作为庭院中心（图5-2-33）。这些老物件并不是简单地陈列，而是经过精心的设计，使之如陈列在博物馆中，更显珍贵。也有许多酒店会从别处搜集一些老石雕作为园艺小品摆放在花园中，在库玛拉孔湖畔酒店中的花园里摆放着老马车以及作为花槽的独木舟。这些独木舟以前是周边水乡村民的交通工具，现在收集来摆放在园里，使得这座花园散发着浓浓的怀旧情调（图5-2-34、图6-2-1）。

图 5-2-31 印度德为伽赫古堡酒店内院中的上百年老井和秋千
图 5-2-32 摩洛哥的塔马多特堡古老的休闲椅
图 5-2-33 印度罗拉纳莱酒店的老石雕工艺喷泉
图 5-2-34 印度库玛拉孔湖畔酒店利用旧独木舟做的花钵

5-2-31

5-2-32

5-2-33

5-2-34

5-2-35

5-2-36

3) 专属的设计、艺术与奢侈品

当代艺术和奢侈品同样能够为酒店带来奢华感。我们前面提到的有些酒店专属品牌的工艺品不仅是酒店精品店中的商品，也是酒店的日常用品和装饰品。这种自有品牌的精品不论是店中的陈列还是房间里的装饰都能给酒店带来奢华感，中国台湾南园人文客栈The One 品牌传递着东方美学的餐具（图5-2-35）和诺尔丹营地的诺乐品牌牦牛绒织品（图3-5-3），都是在别处见不到的独特的高品质的酒店用品与装饰品。如果本身就是世界知名的奢侈品牌，那在这方面就会更有优势，例如黄金海岸的范思哲豪华度假酒店就延续品牌的精髓，已故的时尚界巨匠范思哲先生对酒店的每一个细节都亲自把关，使这座酒店不仅在建筑及装饰上完美地表现了经典与优雅，在家具、器皿、布艺、灯具、摆件等配饰上也展现了范思哲品牌的精美与奢华，令客人倍感尊贵（图5-2-36）。摩洛哥菲斯萨莱伊酒店所有的客房单品均出自法国

现代艺术设计师Christophe Pillet之手，从床、桌椅到灯具、电话，都是独一无二的。现代的设计也同样会带来华贵的感觉，比如现代风格的巴厘岛阿丽拉别墅酒店那些现代的树根装饰手笔不俗，一看就是出自大家（图5-2-37）。斯里兰卡依据巴瓦旧宅改造的别墅酒店，目前冠以天堂之路的品牌经营（图5-2-38），这个品牌延续了巴瓦的南亚地域的现代主义风格，是一个集艺术品开发、咖啡厅、画廊、精品酒店、建筑装饰等方面于一体的艺术公司，我们在其改造的巴瓦旧宅酒店中也可以看到许多延续巴瓦美学原则的现代设计和配饰，其格调品味远高于那些没有加进这些艺术品的巴瓦当年设计的老酒店。

图 5-2-35　中国台湾南园人文客栈的汉风餐具
图 5-2-36　黄金海岸范思哲度假酒店的品牌饰品
图 5-2-37　巴厘岛乌鲁图瓦阿丽拉别墅酒店的树根装饰
图 5-2-38　斯里兰卡巴瓦老宅改造的天堂之路别墅酒店

5-2-37

5-2-38

4. 奢华感的营造

把握好前面所述的易产生奢华感的几个要素，进一步的探讨在设计上营造奢华感的技巧。这要求设计师有较高的素养和功力。我们总结了一些优秀的实例，发现可将精品度假酒店的奢华感营造分为以下几个方面。

1）品味与格调

上述这些能体现酒店奢华感的元素如何运用得恰到好处，是最能考验设计师和业主素养的，奢华有重奢和轻奢，有极简也有混搭，有张扬也有低调。在产生奢华感的背后是深厚的文化修养和贵族气质，这也是中国大多数酒店所缺乏的，我们常看到许多酒店用材昂贵、装修复杂却独缺贵气，而另一些酒店采用简单的涂料就获得了很强的奢华感。让我印象深刻的是曾被媒体列为世界最佳酒店集团欧贝罗伊旗下的几座酒店（图 5-2-39、图 5-2-40），当走进那些以涂料为主要饰面的厅堂中所感受到的奢华，是在贴满名贵石材和金属的中国酒店里体会不到的。我们仔细地分析了这里的装饰，仅在门窗局部做了精致的手工金属花边。适度的装饰、柔和的色彩、良好的尺度，其中传递出的涵养是与生俱来的，而像西双版纳万达文华度假酒店大堂这样的奢华感一看就是花费了十二分精力硬做出来的（图 5-2-41）。

5-2-41

图 5-2-39 印度欧贝罗伊拉杰维拉酒店餐厅
图 5-2-40 埃及欧贝罗伊撒尔哈氏酒店的大堂
图 5-2-41 西双版纳万达文华度假酒店大堂吧

5-2-39

5-2-40

2）极简与混搭

　　如上节所述许多酒店要体现奢华感往往习惯采用很繁复的手法，也就是常说的"混搭"。的确，丰富的视觉信息在同一时间集中传递到大脑容易产生目不暇接的感受从而更容易获得奢华感，因此类似西双版纳万达文华酒店所用大量人工材料装饰"设计"出来的奢华就非常普遍。相对而言，在混搭一类的设计中，马拉喀什拉苏丹娜精品酒店的餐厅则是由建筑本体散发出奢华感（图5-2-42）：沧桑的老砖、古老的木雕大门、异域的灯饰、精致的蕾丝花边垂帘、白色田园风的餐桌椅，北非伊斯兰文化与欧洲文化的不解之缘在这里混杂着，这些视觉信息虽然丰富却都统一在同一个文化背景下。

5-2-42

　　相比混搭，另一种轻松简洁的搭配更符合度假酒店要寻觅的低调的奢华。秉承这一理念，安缦集团的大部分酒店虽然都采用地域建筑形式，但装饰适度、含蓄而优雅，从不会过度堆砌。摩洛哥菲斯城外的萨莱伊酒店建筑的整体风格现代简洁，只是在面向菲斯老城的观景廊上采用拱券结构并带有伊斯兰建筑的特点，且建筑手法也非常节制，以简洁切削的大块砂岩砌筑，只在每个拱券的口部镶了一圈砂岩浮雕，一种古雅和华贵的气质油然而生（图5-2-43）。而极简的青岛涵碧楼在建筑上没有一点传统装饰，只是以点缀的古董来和现代风格的建筑对比来体现一种极简的奢华。但它的"简"是以极其高档的材料铜丝网构成，简洁大气中透着华贵（图5-2-44）。

5-2-43

　　在极简主义的设计中往往会非常重视对材料和建构的仔细推敲，比如大理古城既下山（图2-5-8）和阿丽拉阳朔糖舍酒店。这样的设计酒店虽然简洁，但所用的材料都十分精美而富有细节，既下山使用的仿当地土坯墙的小木模板混凝土，阿丽拉糖舍酒店的预制空心砖与石材搭配的砌筑墙体，都是别处看不见的独特设计与做工，较之大众化的材料自然多了一份奢华气息。

图 5-2-42　马拉喀什拉苏丹娜精品酒店
图 5-2-43　摩洛哥菲斯城外的萨莱伊酒店
图 5-2-44　青岛涵碧楼酒店

5-2-44

二、奢华感

3）对比与反差

上面列举的一些案例，都运用了各种对比，包括古今对比、材质对比，意在强化和放大这些能带来奢华感的对比元素的信息，而且反差越大，这种信息传递的效果就越强。比如我们常看到曼妙丝滑的垂帘与粗糙而坚硬的砖石的对比，像焦特普尔 RAAS 酒店古老的石柱厅内四面飘舞的轻纱与古旧的红色砂岩质感的对比（图 2-4-50、图 2-4-51）；马拉喀什拉苏丹娜精品酒店粗糙的砖墙与华美的布艺的对比（图 5-2-45）；还有非洲野奢茅屋酒店中那些舒适的精美的布艺卧具与天然原始的竹材茅草的对比；野奢帐篷酒店简单质朴的营帐和精致舒适的内部配饰的对比（图 1-14）；巴厘岛绿色村庄度假村天然竹编的建材与雪白的布艺配饰的对比（图 5-2-46），原始的竹材与金属灯饰的对比（图 5-2-49）；印度帕山伽赫客栈精致的金属饰品与天然石材的对比（图 5-2-48）；阿雷基帕卡萨安迪娜酒店白色火山岩的建筑与现代铁艺雕塑的对比（图 5-2-47）；奥地利辛格运动水疗酒店无处不在的手工锻造铁艺与粗犷的老木头纹理的对比。这种视觉的冲突既满足了旅行者最想体验的原始与原真，又传递着舒适与享受的意象，这种视觉冲突成了极具奢华感的场景。

5-2-45

5-2-46

5-2-47

图 5-2-45 马拉喀什拉苏丹娜精品酒店
图 5-2-46 巴厘岛绿色村庄度假村
图 5-2-47 阿雷基帕卡萨安迪娜酒店的白色火山岩与铁艺装饰

5-2-48

图 5-2-48　潘那自然保护区帕山伽赫客栈粗犷的石材与细腻的手工艺
图 5-2-49　巴厘岛绿色村庄度假村天然竹材与金属工艺灯饰

5-2-49

4）奢华感的传递

依据前文的这些案例可以总结出来，以搭配和对比的手法能强化酒店的奢华感，旅行者对奢华的独特诉求与日常生活截然不同：原始、自然、古老及独特的文化，如果再加上舒适和享受，这些信息集中在一起形成的画面就会传递出奢华的信息。总结出来就是精致的手工艺、古老或自然的建筑材质以及与现代的设计的融合。比如在印度翻山越岭来到潘那自然保护区帕山伽赫客栈，当走进这座不大的石头小屋，原始粗犷的石头墙面、棉麻质感的舒爽布艺沙发、精致的金属工艺器皿、厚重的雕花座椅，再配上些古董和艺术品，所有这些具有强烈反

差的元素都是旅行中要寻找的异域自然与文化，而且所有这一切都笼罩在一个和谐而优雅的视觉体系里，奢华感不言而喻（图5-2-48）。在摩洛哥的塔马多特古堡酒店，最强烈的奢华感体现在走出门厅之后，来到一处带水池的前院，这里有曼妙的帷帐、舒适的休闲沙发、精致的布艺靠垫、飘着玫瑰花瓣的水池（图5-2-0，图5-2-50）。同样，秘鲁库斯科的因卡特拉卡斯纳酒店，这个近五百年历史的老旧宅邸厚重的雕花门窗、古董家具和饰品、精美的手工安第斯织品，在烛光和炉火的映照下透着贵族的奢华。

奢华感涉及的装修和配饰，是一个很大的题目，本文仅做上述探讨。

图 5-2-50 摩洛哥的塔马多特堡酒店的布艺与垂缓

5-2-50

迪拜巴卜阿尔沙姆斯沙漠温泉度假村

　　许多人会在度假酒店中停留数日，因此酒店要有特别的魅力和趣味性才能留住客人，我们经常有这样的感触，好的精品酒店绝不能只住短短一宿，它会让你不断有新的发现，各种有趣的空间和角落，这种趣味性的营造，让人终日在酒店流连而不觉枯燥。所谓的趣味性就是有趣、好玩，一般表现在室外就是丰富多变的园林空间，而室内空间的有趣则体现在有休闲感的趣味空间上。

INTEREST & LEISURE

趣味性与休闲感

空间的趣味性
空间的休闲感

1. 空间的趣味性

我们在空间序列一章中曾介绍了在度假村中穿过花园前往客房的各种路径及其空间模式，其中有许多迷人且有趣的户外空间，我们可以找到很多出色的案例，但归纳起来其实都离不开对传统经典建筑、聚落及园林空间的借鉴以及对大自然的学习与模仿，也就是把我们最喜欢的那些旅游目的地的特征样貌加以提炼应用于酒店的户外空间。

图 5-3-1、图 5-3-2 甲米普拉湾丽思卡尔顿酒店
图 5-3-3、图 5-3-4 斯里兰卡本托塔阿瓦尼度假酒店
图 5-3-5 印度欧贝罗伊乌代维拉酒店
图 5-3-6 巴厘岛乌鲁瓦图阿丽拉别墅酒店
图 5-3-7 阿布扎比安纳塔拉凯瑟尔艾尔萨拉沙漠度假酒店

1）园林空间的趣味

　　世界各地有各种风格的园林，但丰富多变而不是一览无余的东方园林空间最具趣味性。这方面中国传统园林为我们提供了很好的样板，小中见大、灵活自由的形态特别适于低层酒店的户外空间。我们看到世界上许多奢华酒店都谙熟中国园林的精髓，步移景异、曲径通幽、借景对景、框景漏景、楼台亭榭等应有尽有（图5-3-1~图5-3-8），只不过将建筑和小品的风格换成了鲜明的异域特色。其中最为典型的案例是阿联酋那些阿拉伯风格的大型度假村，我们知道阿拉伯世界的古代园林曾达到了令人惊叹的高度，以至于很久以前基督教传教士手中那些描绘天堂的

图片，许多都是取材于早期的阿拉伯园林，可惜目前仅存西班牙格拉纳达的阿尔罕布拉宫的废墟。我们无从考证历史上中国园林和阿拉伯园林谁影响了谁，但是阿联酋这些当代度假村的空间手法完全符合中国园林的逻辑，行走其中，令人着迷。这些酒店内精巧而有趣味的庭院空间，会让我们忘记沙漠环境的严酷而整日流连并享受其中。许多场景有阿尔罕布拉宫和中国园林的影子。

　　前文多次举例的在世界上屡获殊荣的印度欧贝罗伊乌代维拉酒店则再现了辉煌的莫卧儿宫廷园林，这种带有蒙古和波斯血统的建筑中既能看到鲜明的中国特色也有西亚园林的几何空间特征，院套院、厅连厅、变幻莫测，那些廊、

榭、阁、阙与中国的皇家园林的格局类似，连建筑的比例尺度都神似，只不过将木材换成了石材，飞檐翘角的瓦屋顶变成了平直或圆形的石头盔顶（图4-5-9~图4-5-12）。由著名斯里兰卡建筑师巴瓦的老宅改造的本托塔天堂之路别墅酒店的空间也像极了中国江南的私家园林的规划，只是建筑风格和那些热带的植物呈现出南亚风情，徐徐展开、一步一景的曼妙空间和江南私家园林异曲同工（图4-5-14）。而巴厘岛乌鲁瓦图阿丽拉别墅酒店的园林空间则沿袭了更加古典严谨的模式，开合变换的空间序列、对景、借景、都以严谨的轴线来组织，虽然以极现代的语汇来诠释，但仍能处处感受到古典园林的意境（图4-4-8、图4-4-9）。我们在北京北方长城宾馆三号楼的设计中，也借鉴了江南园林的空间特点，通过一个主庭院五个小庭院来组织空间，并在这些庭院之间通过半通半透格栅形成分隔，传递中国园林中似隔非隔、若隐若现的意境和趣味（图5-3-9）。

5-3-8

图 5-3-8　塞舌尔莱佛士酒店窗景
图 5-3-9　北京北方长城宾馆三号楼

5-3-9

三、趣味性与休闲感

2）街巷空间的趣味

　　古城古镇也是十分吸引人的旅行目的地，因此将酒店户外空间设计成传统的古街巷、古村落，无疑可以增添酒店的吸引力，迷宫般的街巷加上在水平和立体上的空间变化，让人仿佛置身于那神秘的古代聚落。在希腊北部阿里斯缇山区有一些著名的石板村，来到这里的阿里斯缇山区度假酒店（图5-3-10），感觉它的客房聚落就如同这里的石板村一样有趣。这种街巷的组织特别适于外部景观资源不是特别突出的酒店，比如我们进入许多沙漠地区的度假村就如同来到一个中世纪古城，客人通过几条开合有致的风情小街进入各自的客房，街道上有拱门、过街楼、廊院、阶梯、门洞等一系列传统街巷的元素，行走其中趣味无穷。在上一章前往客房的空间序列中我们列举了一些街巷空间组织的案例，比如阿联酋的巴卜阿尔沙姆斯沙漠度假酒店和南美秘鲁伊卡的拉斯登纳斯酒店（图4-5-16～图4-5-18），我们在这里列举同在阿联酋阿布扎比的安纳塔拉凯瑟尔艾尔萨拉沙漠度假酒店（图5-3-11），相比迪拜巴卜阿尔沙姆斯度假村的幽静和神秘，这里则营造出了一个风情万种的沙漠城堡，其实它也是由一组组标准客房组成，但通过一系列的矮墙、廊、棚、阶梯、门洞等元素的叠加，立即有了丰富的变化，走在通往客房区的道路上，就如同来到阿拉伯中世纪古城一样，它虽然和迪拜的沙漠酒店一样同处沙漠，但却营造出完全不同的意象，都设计得惟妙惟肖，客人恍如处在一个真的遗迹里，待在酒店就如同待在一个文化遗产村落。它对在偏远地段的度假村设计有很大的启发，即酒店建筑本身就是一个值得游览的目的地。但对于拥有独特且丰厚建筑遗产的中国来说，我们目前还没有出现一个具有中国古城空间特点的有趣味的群体聚落酒店。

5-3-10

5-3-11

图 5-3-10 希腊阿里斯缇山区度假酒店客房区的街巷空间
图 5-3-11 阿布扎比安纳塔拉凯瑟尔艾尔萨拉沙漠度假酒店有趣的
　　　　　街巷空间

2. 空间的休闲感

体现室内空间的趣味性需要营造有休闲感的空间和角落，将酒店中那些简单的交通或功能空间变得有趣，让每个厅堂、过厅、走廊等处都有独具匠心的布局，令人想驻足和停留。我们都有这样的体验，在一些设计有趣的度假村，入住的过程就是不断发现的过程，那些不经意的转角和过厅总让人想要坐一坐。这里我们要再次对比摩洛哥的两个古城酒店，马拉喀什的拉苏丹娜精品酒店和里亚德菲斯酒店，二者有着同样规模，都是世界著名精品酒店联盟

的成员，同样是位于古城中心的院落式精品酒店，都采用了华丽的摩尔宫廷装饰，从照片上看后者比前者更华丽、更气派，但住过之后，前者却更让我有再次前往的冲动，事实上它的价位也几乎是后者的一倍，当我写这本书的时候仔细分析这两个硬件相近的酒店为何有如此大的差距？仅就设计方面来说，趣味性与休闲感是二者的主要区别。首先在室内空间的趣味性与休闲感方面，后者五个庭院虽然空间华丽，但过渡空间和辅助空间都比较简单，而前者则在这五

个庭院内外设有丰富的廊、凹室、过厅等过渡空间，随处可见趣味盎然的休闲空间，甚至是楼梯间的一角，围绕着壁炉的沙发、簇拥着鲜花的休闲座椅、摆放着画册和报刊的台架，看似不经意，但每一个角落都布置得极为精致与舒适，让人想停留，看看书、喝杯咖啡，或什么都不干，只是静静地待着（图 5-3-12 ~ 图 5-3-14）。

许多由古建筑改造的酒店都特别注重休闲感的塑造，以现代人对休闲与舒适的理解来重塑这个并非为度假而设计的原始的建筑。随处可见

5-3-12

5-3-13

5-3-14

5-3-15

三、趣味性与休闲感

的沙发、躺椅、靠垫不仅为空间带来了些许惬意，
而且精致、舒适的布艺也缓冲了古老建筑空间的
沧桑和冰冷。在许多新建的度假村也可以看到，
越是有魅力的地方越是注重这类细节的设计，这
种舒适惬意的空间令人着迷，使客人愿意长久
地待在酒店中，并成为其重返此地的原因。不
论室内还是室外，这样的空间多多益善。将摇椅、
吊床、美人靠、塌、沙发和建筑小品等巧妙地
结合在一起，能使建筑和园林充满休闲感和趣
味性（图 5-3-15 ~ 图 5-3-19）。

图 5-3-12~ 图 5-3-14 摩洛哥马拉喀什拉苏丹娜精品酒店休闲空间
图 5-3-15 巴厘岛乌布科莫香巴拉酒店树荫中的发呆亭，在园中逛
　　　　　累了可以来这里休闲
图 5-3-16 西双版纳洲际度假酒店大堂中带塌的休闲阁
图 5-3-17 摩洛哥塔马多特堡酒店中的休闲廊
图 5-3-18 四川阆中花间堂酒店中随处可见的休闲空间
图 5-3-19 印度库玛拉扎湖畔度假村许多休闲亭阁中有这样的吊椅

5-3-16

5-3-17

5-3-18

5-3-19

阳朔阿丽拉糖舍酒店

　　私密性是人类基本的心理需求，特别是对于精品酒店来说，具有良好的隐秘感的空间满足了目标客户群的基本需求。隐秘性的体现大到度假村整体，小到每间客房，不同层次都可以彰显，有些酒店的选址本身就有良好的隐秘性，比如碧波环抱的私属小岛、山林掩映的私家庄园。但对于多数普通酒店的选址来说并不具备这样的优势，因此需要从设计上来营造空间环境的隐秘性。

PRIVACY

四

隐秘性

入口的隐秘性
公共空间的隐秘性
私属空间的隐秘性

1. 入口的隐秘性

在上一章节进入酒店的空间序列中我们已经归纳了几种进入酒店的路径设计，包含了一种低调隐秘的设计手法——不太张扬的门牌和幽深的通道的设计为许多精品酒店采用，恰好迎合了高端客户对低调奢华的诉求，概括起来实现隐秘感有以下手法。

图 5-4-1 大理某精品客栈

5-4-1

1）幽深

通常精品度假酒店沿街的入口形象会不同于普通的大型连锁酒店。在入口处打造一条幽深的进入通道，能很好地渲染酒店的隐秘感。在古城热闹的街巷中单辟一条幽深的小径通往酒店的前厅（图5-4-1）；闹市中的酒店入口不是正对繁华的大街，而是经过曲折的小径辗转到建筑的背面，比如营造都会桃源的璞丽（图2-6-3、图2-6-4）、巴厘岛乌布曼达帕丽思卡尔顿和安缦达瑞酒店通往酒店入口的幽深夹道（图4-1-5）、中国台湾南园人文客栈采用低调的门牌和弯曲的林荫小路都很好地塑造了酒店隐秘感（图4-1-6）。

2）封闭

高大厚重的酒店大门往往是隐秘感最好的注脚，这也是许多精品酒店常用的手法，它让人联想到庄园、领地、城堡等私属的场所。比如迪拜巴卜阿尔沙姆斯沙漠酒店的大门（图4-1-27）、秘鲁帕拉卡斯豪华精选度假酒店也是以一扇高大的木门将仙境般的酒店内部与杂乱的外部街道隔绝开来。这种封闭阻隔了外部的视线，引人猜测和联想。但有些酒店不便于使用这种封闭大门，则会利用实体围墙、障景等手法。避免外部视线对酒店内部的一览无余。比如阿曼首都马斯喀特海滨的佛塔酒店，大堂前院用实墙围合，透过入口往里看，掩映在树木中的建筑配上半封闭的门廊多了一份隐秘感（图5-4-2、图5-4-3）。

3）迂回

在纵深空间不足的情况下，一些转折空间则是必须，巴厘岛贝勒精品酒店大门前退让出一个小广场，让低调的大门侧对道路，比正对道路有更好的隐蔽性，进入大门后通过水院上的柱廊进入大堂。在有限的空间中通过转折避让的手法增加了入口的隐秘感（图5-4-4~图5-4-6）。青城山六善酒店在入口处要迂回曲折地穿过一片竹林才能来到视野开阔的大堂，成为在有限的空间内实现隐秘感的成功案例（图5-1-5）。此外上海璞丽酒店的入口也运用了典型的迂回手法（图2-6-6）。

5-4-2　　5-4-4　　5-4-3

四、隐秘性

4）遮挡

　　障景和影壁是传统建筑用于增强隐私感的重要手段，将这种经典手法应用于现代精品酒店会产生很好的效果。北京的安缦颐和酒店在大门处直接搬来了一座传统的影壁（图5-4-7），巴厘岛乌布丽思卡尔顿酒店在进入建筑门洞之后迎面的也是一个影壁（图5-4-8、图5-4-9），绕过影壁才是开敞的大堂空间，像极了中国传统四合院的进入方式，极好地烘托了酒店深宅府邸的气氛。洛迪酒店（原安缦新德里）在入口大门廊前面做了一个垂帘式的格栅（图5-4-10），也起到了影壁的作用，阻隔了落客区域与外部空间的视线，门廊与酒店内院之间也做了格栅，增强了这座顶级酒店的隐密感。

5-4-5　　　　　　　　　　　　　　　　　　　5-4-6

5-4-7

主入口

5-4-9

图5-4-2　阿曼马斯喀特佛塔酒店入口局部总图
图5-4-3　阿曼马斯喀特佛塔酒店入口
图5-4-4　巴厘岛贝勒精品酒店入口平面图
图5-4-5、图5-4-6　巴厘岛贝勒酒店入口
图5-4-7　北京安缦颐和酒店入口
图5-4-8　巴厘岛曼达帕丽思卡尔顿度假酒店入口影壁
（图片来源：曼达帕丽思卡尔顿假酒店提供）
图5-4-9　巴厘岛曼达帕丽思卡尔顿度假酒店局部平面图
图5-4-10　新德里洛迪酒店入口门廊

5-4-10

5-4-8

2. 公共空间的隐秘性

5-4-11　　　　　　　　　　　5-4-12

5-4-13

5-4-14

酒店公共空间的隐秘性主要通过视线的阻隔来实现，让客人总有独身自处的感觉，这样的私密性可体现在建筑内和花园中。

1）在建筑内

在建筑的空间组织上，首先要尽量避免和外部街巷的视线贯通，这点在城市酒店中尤为重要，因为精品酒店不需要招揽路过的客群前来消费，所以通常使用实体的围墙与外界阻隔，营造出大隐于市的空间氛围。比如暹粒柏悦酒店尽管已经采用了院落的布局方式，但临街一侧的一层大堂吧区域仍设置了一道实墙与外界相隔，墙内是狭长的景观院（图5-4-11、图5-4-12）。客人坐在这里眼前是静水浮莲，耳畔隐约传来墙外东南亚街市特有的熙攘市声，仿佛电影《情人》中的声景再现。酒店内部公共区域之间也要避免过于开放与视线干扰，使得行走其中的客人感觉清静、自在，以此来体现酒店的私密性。通常中小型的精品酒店建筑要尽量避免一般豪华酒店的高大通透感，半遮半掩的立面、迂回的入口门廊，将大空间划分成亲切的小尺度空间等是常见的手法，这种安逸、亲切的空间会使客人产生隐秘感。例如上海璞丽酒店的大堂依据空间功能划分为许多独立的区域，形成很多有隐秘感的角落（图5-4-13~图5-4-15）。

图5-4-11、图5-4-12　柬埔寨暹粒柏悦酒店大堂吧及景观庭院
图5-4-13　上海璞丽酒店图书室在大堂旁闹中取静
图5-4-14　上海璞丽酒店大堂图书馆
图5-4-15　上海璞丽酒店首层平面图

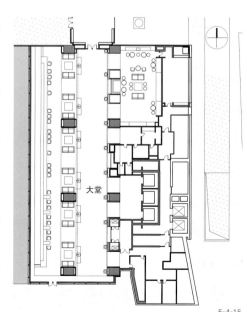

大堂

5-4-15

四、隐秘性

2）在花园里

酒店的户外花园也要有隐秘性，一般会将公共空间划分为不同的区域、院落和层级，每个区域都有自己的领域感，避免视线穿透一览无余。如果条件所限，酒店建筑只能围合成一个主空间的情况下，则应通过各种景观的手法来增加分隔。比如安缦巴格在以泳池为核心的中心花园内设了一圈回廊，增加了其与周边别墅区的空间层次（图 3-7-8）。笔者设计的北方长城宾馆三号楼处在一个单位大院内，是相对独立的一个高端的宾馆（图 5-4-16、图 5-4-17），主体采用围合的院落式，对大院一侧封闭，对山的一侧打开，从而使室外公共活动部分避开了院内的其他视线。在这个中央庭院中，使用抽象的传统园林漏窗的花格栅将庭院划分为三个部分：客房前的庭院、泳池前的庭院、面向餐厅的主庭院，三个庭院之间可以通过漏窗互望，又各自独立，增加了层次感和私密感，采用格栅分隔半通半透、围而不死。前面曾比较了阿曼绿山上的安纳塔拉和阿丽拉两个同规格的酒店由于规划设计上的不同导致价位的差别，安纳塔拉酒店规划的另一个缺陷则反映在花园设计上，一出大堂就来到一览无余的中心花园，花园中只有低矮的植物，周边一圈是两层的客房楼的背面，毫无层次与变化的空间颇有宿舍大院的感觉，作为高端精品酒店来说，这种无隐秘感的空间设计是要避免的（图 3-1-23）。

酒店园区的多线路设计也会增加隐私感，这样的线路设计可以使行走在度假村内的客人减少与其他人碰面的机会。比如阿布扎比安纳塔拉凯瑟尔艾尔萨拉沙漠度假酒店就在客房区设置了多条通道，有花园步道、廊下步道、车行道，大大降低了这个大型酒店内客人间碰面的频率。巴厘岛科莫香巴拉酒店通往客房的路径也是双通道，一条是电瓶车的路线，另一条是穿过山岗树林的步行路线，在这安静清幽的小路上行走，呼吸着新鲜的空气，好不惬意（图 4-5-2）。

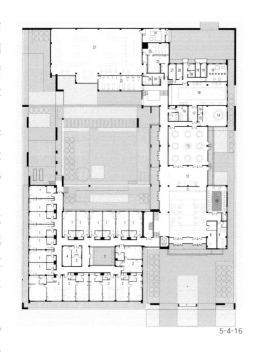

5-4-16

图 5-4-16 北京北方长城宾馆三号楼平面图
图 5-4-17 北京北方长城宾馆三号楼内庭院的分隔

5-4-17

3. 私属空间的隐秘性

　　客人入住的区域是精品酒店最需要隐私的部分，无论是集中式客房还是独栋式客房都应该让客人享有隐秘感，我们在空间序列一章中曾解析了从大堂前往客房的空间序列，隐私感就是在这个序列中逐步营造的，以下结合不同的客房类型说明客房区域如何获得隐私感。

5-4-18

图 5-4-18　大理吾乡寻幽·隐奢酒店客房前院
图 5-4-19~ 图 5-4-21　马拉喀什拉苏丹娜精品酒店
图 5-4-22　马拉喀什拉苏丹娜精品酒店平面图
图 5-4-23　摩洛哥里亚德菲斯酒店平面图
图 5-4-24　摩洛哥里亚德菲斯酒店主厅

1）层次递进空间的隐秘感

　　在大型集合式客房的度假村中将若干客房分组分院布置，从公共空间前往客房的过程中增加一个过渡层级，每个组团客房数量有限，客人不多，使得它们获得组团的领域感与私密感，避免像阿曼绿山安纳塔拉酒店那样全部客房合成一个大院落，从而降低品质感。许多由传统院落改造的酒店，比如安缦颐和这样的四合院酒店也属于这一类型，四间客房围绕着院落成为一组，整个酒店就是一个院落群。在一个院子中通常要加大客房的面宽、减少户数，让四合院或三合院的每边只有一间客房增加客房之间的疏离感。比如像马拉喀什的拉苏丹娜精品酒店、安缦颐和酒店与安缦大研酒店那样，在合院的每边都只设了一间客房，并增加廊下等过渡空间（图 3-6-10）。或在院子中间通过矮墙植物等划分出半私密空间，比如大理的吾乡寻幽隐奢酒店（图 5-4-18），但这样的手法不适用于完整的古院落，会破坏遗产建筑的特色。

　　需要注意的是要避免在组团中穿行，我们在休闲感的小节中比较了摩洛哥的两个庭院精品酒店，马拉喀什拉苏丹娜精品酒店和摩洛哥里亚德菲斯酒店，同样规格同样华丽的庭院，但前者的价位几乎高了一倍，除了前面提到的休闲感的差距，隐私感的差别也是一个重要因素，两个酒店都是由五座两层的四合院组成，客房都是共用合院，因此隐私感主要体现在过渡的空间。前者通过一个时隐时现的幽深而华丽的走廊贯穿一系列庭院，通过主廊分别进入各个院落（图 5-4-19~ 图 5-4-22），再进入客房，这样就形成了从公共到半公共再到私密空间的过渡，虽然不是独院却有很强的隐私感。而后者没有一个贯穿整个酒店的廊道来串起各个空间，而是要从一个院子走入另一个院子，客房主要集中在大堂中的二层（图 5-4-23、图 5-4-24），虽然这个大堂足够奢华，但进入客房的庭院没有层层递进的过程，因此隐秘性也就不如前者。

　　印度终极旅行营虽然是季节性移动的帐篷酒店，但仍精心营造进入客房路径的隐秘感，用围合的植物打造出世外桃源的意境（图1-14）。

5-4-19

5-4-20

5-4-21

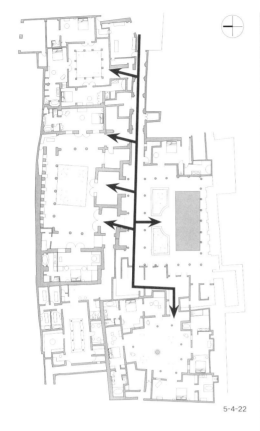

5-4-22

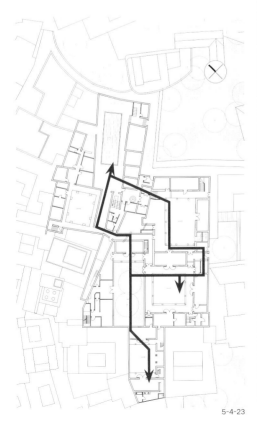

5-4-23

5-4-24

5-4-25

2）客房门前的隐秘性

在精品酒店中处理好客房门前的隐秘性十分重要，特别是集中式客房与聚落式客房，在排列比较密集的情况下要避免像普通酒店那样客房门成排并列的处理方式，尽量让每间客房门前形成凸凹空间，这样当客人进出客房时就不会立刻看到其他客人，像和顺柏联酒店这样的高端精品酒店让平行的一排客房门正对着走廊（图5-4-25），虽然客房门可以面对很大的空间和景观，但达不到精品酒店所需要的隐秘感和品质感。

在多层或高层的内廊式建筑中类似班加罗尔丽思卡尔顿这样采用带装饰的小凹室的做法比较常见，通过这样一个小的过渡空间来营造进入客房的隐秘感（图5-4-26）。前面讲过的青岛涵碧楼的内廊进一步在走廊和客房之间增加了天井形成封闭的光庭，不仅给卫生间带来了采光而且每间客房入户的隐秘感和纵深感更强了（图5-4-27）。

5-4-26

5-4-27

5-4-28

图 5-4-25　腾冲和顺柏联酒店客房走廊
图 5-4-26　班加罗尔丽思卡尔顿客房门前空间处理
图 5-4-27　青岛涵碧楼酒店客房前凹室
图 5-4-28　印度欧贝罗伊乌代维拉酒店客房入口前凹院
图 5-4-29　西双版纳安纳塔拉酒店客房平面图
图 5-4-30　西双版纳安纳塔拉酒店客房前凹室
图 5-4-31　阿布扎比安纳塔拉凯瑟尔艾尔萨拉沙漠度假酒店客房平面图
图 5-4-32　阿布扎比安纳塔拉凯瑟尔艾尔萨拉沙漠度假酒店客房楼入口
图 5-4-33　阿曼绿山安纳塔拉度假酒店客房平面图

四、隐秘性

在气候温和地区低层客房楼会将这样的天井直接设计成开放的小花园。成为门前的过渡空间，如印度的欧贝罗伊乌代维拉酒店这样从弧形公共走廊退让出的小空间增加了进入客房的规格感和隐秘感（图5-4-28）。西双版纳安纳塔拉度假酒店的两层联排式客房，走廊和客房之间退让出一个有绿植的天井式的空间，也让客房的门和公共走廊之间有一个明显的分割（图5-4-29、图5-4-30）。安纳塔拉旗下的酒店都非常重视客房门前的隐秘空间处理，比如像阿布扎比安纳塔拉凯瑟尔艾尔萨尔沙漠度假酒店的客房是一栋十间客房组成的两层小楼，但通过空间的错动让每个客房的入口都获得了一定的私密性（图5-4-31、图5-4-32），避免了客人开门后彼此相望的情况，并通过对门洞等过渡处理，进一步刻画了僻静幽深的意境，使这个集合式客房有了很好的隐秘性，并产生一种独门独户的感觉。前面讲过的阿曼绿山安纳塔拉酒店的案例，虽然规划设计在公共空间部分处理不佳，但在客房的入口仍沿用了安纳塔拉一贯的重视隐私的设计手法（图5-4-33）。将很长的客房楼分段处理并在每个客房门前做出了半遮挡的独立空间，大大缓解了规划设计中让所有客房入口都面对一个没有层次感的公共花园，而导致隐私感不足的情况。

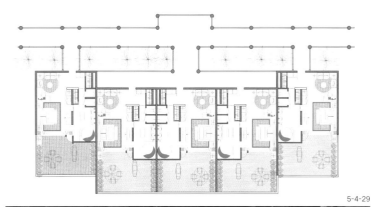

5-4-29

5-4-30

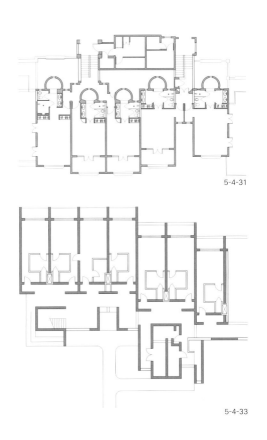

5-4-31

5-4-33

5-4-32

独立或双拼客房由于独门独院，本身就有比较好的私密性，但许多酒店仍会进一步营造其隐秘感。如果是带院子的独立式客房，一般会有院门和实体墙，有些直接以门楼和封闭的大门来强调与外部的隔绝。如果没有门楼或封闭的实体门，则会在入口处增加曲折的路径，避免外界的窥视，比如安缦巴格客房使用实体院墙以及曲折的路径给人很强隐秘感（图5-4-34）。阁瑶岛六善的客房大门从道路后退留出一个门前空间，增加了进入的纵深与层次（图5-4-35）。有些在进门后仍然有一段路程，将院落的入口设在里面，从后面进入客房，进一步增强了过渡的层次感和隐秘感，比如泰国的普拉湾丽思卡尔顿酒店（图5-4-36）的客房就采用了这样的巷道空间，西双版纳安纳塔拉度假酒店的别墅（图5-4-37）也采用了这样的方式，从主街拐进带门楼的小巷，走到底，然后再进入左右的别墅门，泰国建筑师特别擅长这类入口空间的打造，他们设计的印度拉贾斯坦欧贝罗伊拉杰维拉酒店双拼式别墅客房的客房门不对着庭院（图5-4-38），而是通过两间客房中间的一条走廊引入到最里面才能进入客房，也是通过增加进入客房的层次而获得更强的隐秘感。这些设计手法其实都源自传统建筑的空间体验，这种千百年沿袭下来的建筑规格和形制不仅反映了人类共同的心理需求，也潜移默化地影响着我们今天的审美。

5-4-37

5-4-38

图5-4-34 印度拉贾斯坦安缦巴格酒店客房入口
图5-4-35 泰国阁瑶岛六善酒店客房入口
图5-4-36 泰国甲米普拉湾丽思卡尔顿酒店客房入口过道
图5-4-37 西双版纳安纳塔拉酒店双拼客房入口
图5-4-38 印度欧贝罗伊拉杰维拉酒店双拼客房中过道

5-4-34

5-4-35

5-4-36

四、隐秘性

3）客房院落的隐秘性

　　高档的独栋式客房一般都有自己的院子，客人无论处在院子中还是在房间内都不能暴露在公共视线里，也要避免客房之间的视线直视。但许多客房还需眺望外部的风景，这样的客房往往是单向围合的，即沿着进入的道路一侧是封闭的围墙，面向景观的一侧则打开，这需要从竖向高差、平面错动，以及树木景观等反复推敲每栋别墅的位置。在本书所列举的海景酒店中，有很多坐落在山上的客房群，远看层层叠叠，但在各自的小院里游泳、休闲都只能看见大海或邻居的屋顶、围墙，而看不见别人在院内的任何活动，达到这样的效果需要精心地排布别墅的位置并利用高大的乔木来遮挡，而院内的泳池需靠近外缘，形成与外部的高差，庭院活动区域靠内，这样的泳池就可作为视觉屏障减少内外的直视。比如在巴厘岛贝勒精品酒店的客房泳池里能看到外部的道路及花园，但外部只能看到泳池边缘，看不到院内人的活动，如果外面不是公共庭院而是坡下另一间客房的院子，则可以在池边再加一个花池将泳池内外望

的视线也挡住（图 5-4-39、图 5-4-40）。建在平地上的院落彼此之间也要尽量在视觉上远离，比如印度色瑞咖啡园度假村斜向的 45°布局让别墅彼此错开视线，并增加了绿化的过渡空间（图 4-5-1）。

　　在集合式客房中增加后院，让客人有一小块私属的户外空间会大大增强客房的隐秘感。有些客房面向入口的方向不设围墙，而将另一侧围合成安静的院落空间，沿道路一侧是开放的界面，但每户都有安静的私属小院，但这时要精心考虑围墙的高度，让它既不遮挡景观视线，又有很强的私密性。比如埃及的欧贝罗伊撒尔哈氏酒店（图 5-4-41），类似的手法我们在印度焦特普尔 RAAS 酒店的一层客房也可以看到（图 5-4-42），围合的小院挡住了公共区域的视线，围墙顶部露出山顶上梅兰加堡的雄姿。如果是处在城市的密集区，客房的户外空间要注意屏蔽周边的杂乱景象。比如大理深藏精品酒店在每间客房外以围墙来划分小院，围墙的高度恰好遮挡相邻民宅的视线而围墙上沿则刚好露出苍山的顶（图 5-4-43），兼顾了景观与客房的私密性。

5-4-39

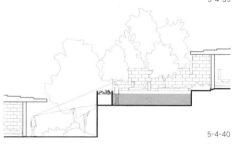

5-4-40

图 5-4-39　巴厘岛贝勒精品酒店从客房院内看公共区
图 5-4-40　客房院落内外空间视线示意图
图 5-4-41　埃及红海欧贝罗伊撒尔哈氏酒店客房内院
图 5-4-42　印度焦特普尔 RAAS 酒店客房内院
图 5-4-43　大理深藏酒店客房内院

5-4-41

5-4-42

5-4-43

图5-5-0 巴厘岛科莫香巴拉度假村

UNIQUENESS

独特性

独特的意境与意象
独特的设计语言
独特的亮点与趣味点
独特的画面感

在酒店云集的风景区如何拥有鲜明的特色而有别于其他酒店，是高端精品酒店规划设计的一个重要的目标。早期的酒店设计不太重视这方面，我们在 2003 年前往巴厘岛时，位于努沙杜瓦海滩的著名国际连锁酒店希尔顿、喜来登、凯悦等一字排开，基本上都是采用相同的布局模式，只是每座度假村的设计手法略有不同，过几年再整理当年的照片，几乎无法区分这些酒店。后来海南三亚亚龙湾沿海酒店的模式也基本如此，这样的结果使得客人在酒店之间可以有定量的比较，它们在硬件设施等方面的差异明显，彼此在价格上的竞争很难避免。前不久我们再去巴厘岛时，看到一批更高端的酒店，虽然在景观资源、硬件设施和服务等方面不分彼此，但都有自身截然不同的格调与气质。在乌布的阿漾河谷一侧，遍布安缦、丽思卡尔顿、四季、科莫这些顶级的酒店，面对同一河谷景观，每个酒店都带给了客人独特的意境与体验，安缦的诗意原乡（图 5-5-1、图 5-5-4）、

四季的神奇幽谷（图 5-5-2）、丽思卡尔顿的华丽聚落、科莫的辽阔寂静（图 5-5-3）。即使他们之间的硬件条件千差万别，但都是唯一的，这种不同的意境与风情让人很难比较和取舍，所以这一批精品酒店与上一批的国际连锁酒店之间有了巨大的价格差。

精品酒店发展至今，一些著名的品牌已经有了自己明确的特色和理念。比如安缦重视文化和地域、六善注重生态和环保、W 酒店彰显时尚和前卫、文华东方依靠品位及明星效应、虹夕诺雅依托日式服务及生态旅游、阿雅娜主打水疗等。这种品牌的特色指明了主题和目标人群，引导设计去突出自身的个性。但仅有理念还是不够的，在酒店设计之初必须为酒店树立其独特的概念、意象或主题故事，并挖掘和调动更多的视觉因素，来凸显酒店的独特性。

图 5-5-1 巴厘岛安缦达瑞酒店

5-5-1

1. 独特的意境与意象

所有打造独特性的出发点，都应源于最先确定的酒店意象。在酒店的设计过程中，应综合分析酒店的环境、地域文化特点以及自身的功能特征，之后要确立设计目标，明确要打造一个什么气质和意境的酒店，然后一切围绕着这个目标来确定从规划到建筑再到装饰等各个方面的设计策略。

正像上一节我们提到的巴厘岛乌布那些相同规模的高端酒店一样，有了精准的定位，才能造就各自独特的意境与情调，虽然我们在其中已体验了一些时光，但若再去乌布面对这些不同气质酒店依旧难以取舍（图5-5-3、图5-5-4）。反之，如果再去亚龙湾则很容易在那一排滨海酒店中圈定一个硬件软件最好的，因为这些酒店还没有上升到拥有自身独特的意境与气质的的层次，仅从硬件、软件及价格上加以比较就一目了然了。但精准的意象定位实践起来却不是一件容易的事，这不仅需要设计师有深厚的文化修养和底蕴，也需要天赋和灵感，这种灵感不是可以轻易获取的，有的时候如果建筑师一时难以胜任，则需要借助多背景多领域的专家共同探讨，包括风景园林、装饰设计、艺术设计、文史研究、广告营销等方面的专家共同参与前期的意象目标定位。灵感虽然不是随时都有，但理性的分析却有助于让意象定位得更精准，一般可以从以下几个方面入手。

1）从环境特征确定酒店的意象

相地是设计师开始规划设计之前必做的事，除了认真地分析地形地貌、基地植被、周边景观资源等基本条件之外，需要长时间感受现场，并尽可能地从早到晚，或在不同的季节和气候条件下观察基地，捕捉这里独特的景象，从中获取设计意象的灵感。我们拿相似环境的几个地块作为比较，位于阿联酋的两个沙漠酒店，阿布扎比的安纳塔拉凯瑟尔艾尔萨拉沙漠度假酒店和迪拜的巴卜阿尔沙姆斯度假酒店都是处于一望无际的沙丘中，虽然两个酒店都采用了相似的建筑风格和相似的材料、配色，但二者让我们感知的意象却完全不同，任何时候闭上眼睛回忆起这两座酒店都是完全不会混淆的两处地方。前者是一座气势恢宏的城堡，风情万千；后者是一座静谧宁静的村落，神秘诱惑（图5-5-5、图5-5-6）。仔细分析起来这两种不同意境的确立，应该是来源于设计师对环境的感知，前者位于大漠的深处，这里的原生态沙漠起伏变化更大，沙丘的尺度更伟岸，而且早晨还会出现难得一见的沙漠云雾，整体环境有雄浑奇幻的色彩，因而酒店的意象定位为错落跌宕、气势壮观的城堡王宫（图6-2-15）。而迪拜巴卜阿尔沙姆斯度假酒店周围的沙漠起伏相对平缓，没有高大的沙丘作为背景，酒店的意象就定义一个沙漠绿洲中的部落。水平展开的村落掩映在椰枣树林中，内部如同迷宫一样神秘，但又透着一股宁静平和的气息（图4-5-16）。而摩洛哥沙漠中的柯萨易吉安达酒店的与阿联酋的那些沙漠酒店相比也有自己独特的味道，拥有一种粗放而寂寞感的独特韵味，与相邻的阿伊特本哈杜筑垒村一脉相承。

我们再对比一下乌布阿漾河谷一侧规模相近的高端酒店，之所以有完全迥异的意境，除了品牌的理念不同之外，设计师依据环境的微妙差别来捕捉那些独特的意境。比如科莫香巴拉酒店选址在河谷较宽处起伏的坡顶，可以远眺对岸的山峦，山谷深不见底，只闻漂流的欢笑声在山中回荡，在这样的地势中设计营造了辽阔与静谧的庄园、一个逍遥的神仙居所。为了达到这样的意境，让公共设施分散布局，保持适宜的建筑体量，客房藏于低处，透过高大的树木能望见山岗、草坡和坡下的房顶（图5-5-3）。而山妍四季酒店则在峡谷的窄处，酒店的基地也是在深入山谷的崖下，从这里只能望见对岸茂密的丛林。在这样的环境下，酒店就呈现了幽谷深潭的意象，建筑设计突出"奇""幽"。来到酒店首先见一个水池，从水池钻下去才是酒店的大堂，逐层而下是大堂吧、餐厅等设施，谷底的对面是森林，回望则是依崖而建的酒店客房，如同古代崖壁上的那些神奇建筑，展现出奇险幽深的气质（图4-3-27、图5-5-2）。而曼达帕丽思卡尔顿则是建在河谷最为开敞的转弯之处，缓缓的坡度从崖顶一直到谷底，且转弯处有大片冲积平缓地段，与其他酒店截然不同的是用地植被较少，但视野极其开阔。因此酒店着重突出建筑的群体及丰富性，呈现出一个人工痕迹较重的华丽聚落，建筑依山就势，一直布局到谷地的阿漾河畔，宛如乌布本地宁静的村庄，院舍、庙宇、农田，井然有序，还能看见田中耕作的人们，听见河中孩子们的笑声，一幅绝美的世外桃源长卷，展现在你的眼前。

而相邻不远的安缦达瑞酒店则位于陡峭谷顶上的一处宽阔而平坦的高地，周围散布着原生的村落、田园，可以远眺河谷对面的山峦，设计师在这样的地段顺理成章地打造了一个质朴而充满诗意的梦乡。布满苔藓的小路、雨水浸润的墙面、隐约飘来的鸡鸣狗吠，还有庆典时的喧哗，仿佛回到令人魂牵梦绕的故乡（图5-5-4）。

5-5-2

5-5-3

5-5-4

五、独特性

2）从文化背景确立酒店意象

地方文化及酒店的主题特征也是建立酒店意象的重要参照。前面介绍的从环境出发来寻找酒店的意象选择的案例其实也往往考虑了这方面的因素。比如巴厘岛宝格丽度假酒店端庄浪漫的意象不仅源于周边的环境也和这个品牌的形象密切相关。安缦达瑞将酒店打造成一个充满生活气息的小村落，也可以看到设计者对地域文化的深刻理解。酒店的接待区如同村头的发呆亭，遇祭祀庆典游行队伍甚至可以穿过这里，客房部分幽深的小巷、斑驳的门墙以及充满民俗韵味的装饰，都是依据巴厘岛的地域民俗与传统文化为背景创造的酒店意象。这样的意象也与环境密不可分，与前边描述的河谷

一侧另外几座酒店的地形相比这里的地势相对平坦，也适宜打造具有地域特征的村落的布局。同时在谷顶的边缘看对岸山体更有层次，酒店核心区域以水面映衬着远山来组织画面，围绕日落的景象来提升宁静感。

约旦死海边上的死海瑞享水疗度假村若论建筑的形式与中东地区的其他酒店有很多相似之处（图 5-5-7），都是平顶、土坯墙加小窗，但建筑所在的位置隔着死海可以远远望见圣城耶路撒冷的轮廓，所以其聚落的形态刻意模仿耶路撒冷老城的街巷，建筑规划都围绕着这个目标而努力，并形成了自己的特色。

酒店的品牌背景也可以主导酒店的意象，比如同样是以年轻客群为主体的 W 酒店品牌与硬石酒店品牌，由于他们的背景和概念的不同

也有着完全不同意象与风情。前者给人的意象是梦幻、时尚与潮流，后者则是动感、活力与激情。这种意象会全方位地体现在酒店的建筑、装饰、景观，甚至选用的背景音乐之中。再比如以环保生态为理念的六善酒店，一进入园区，有机的菜园、没有化学漆面的素木建材、原生态素材的各种配饰环节都区别于一般度假村甜美的印象（图 5-6-19）。

图 5-5-2 巴厘岛山妍四季酒店
图 5-5-3 巴厘岛乌布科莫香巴拉酒店
图 5-5-4 巴厘岛乌布安缦达瑞酒店
图 5-5-5 阿布扎比的安纳塔拉凯瑟尔艾尔萨拉沙漠度假酒店
图 5-5-6 迪拜的巴卜阿尔沙姆斯度假酒店
图 5-5-7 约旦死海瑞享水疗度假酒店

5-5-5

5-5-6

5-5-7

2. 独特的设计语言

　　宏观的酒店意境与意象确立后，可进一步通过鲜明的设计语汇形成酒店独特的气质和氛围，它可以体现在材料、色彩、风格、装饰及景观上，使酒店具有独特的个性。举个例子，在去马拉喀什之前，上网选择古城中的酒店时，各种类型的庭院酒店令人眼花缭乱，绝大多数酒店沿袭了马拉喀什传统的华丽马赛克装饰和石膏雕花的风格。而拉苏丹娜精品酒店的网页却是将马拉喀什传统的小砖外墙特有的粗糙机理独具匠心地运用于室内地面、墙面及天花，并做到了极致，暖色粗糙的砖材与碧蓝的水池形成强烈的视觉对比，再配以华丽的垂帘软装，一种神秘粗野又华贵的奢靡感扑面而来，从众多酒店图片中脱颖而出，形成极具特色的亮点（图5-2-45）。因此在地域风情酒店扎堆的地方，应注意挖掘这种独特的元素。在巴厘岛，火山岩作为当地的特色材料被广泛运用，但采用不同色彩的火山岩及不同的手法也能标榜自己的独特性。如宝格丽度假酒店褐灰色火山岩的沉稳、贝勒酒店米黄色火山岩的淡雅、苏瑞酒店黑色火山岩的凝重，都是在同一地域运用同类材料带来的不同的意象（图6-3-8～图6-3-12）。

　　在同一地区用不同的设计语汇营造出完全不同的意象与风情的案例还有很多。比如阿曼绿山上的阿丽拉酒店的质朴村落，它以与山体一样的粗糙砾石为墙体配以原木搭建，构成了富有野趣的原始山居意象（图5-5-8）。而山上的另一座酒店安纳塔拉则被塑造成格局严整的宫苑，使用和附近民居相同的色彩试图创造出中世纪的城堡意象（图5-5-9）。两个酒店在同一区域、同样的文化背景下，类似的地形地貌与景观，纯粹依靠不同的设计手法来树立各自独特的风情。

　　采用一些特殊的设计语言作为母题，反复出现在酒店中也可凸显独特性。比如格栅造成的光影变化形成的意象，我们可以看到洛迪酒店（原安缦新德里）的米黄色砂岩与米黄色GRC格栅曼妙的光影（图2-6-8）。北京北方长城宾馆三号楼中象征中国园林的瓦和漏窗的灰色格栅墙与灰色石材墙面的光影，都形成了酒店的独特意象（图5-5-10）。还有一些带有强烈风格的设计语言，也有助于增强建筑的独特性使人过目不忘。比如贝聿铭设计的香山饭店、巴厘岛的乌鲁瓦图阿丽拉别墅酒店，都是在吸取传统建筑精髓的基础上演绎出了具有鲜明设计师个人色彩的设计语言，你在其他地方很难发现相似的设计。

　　景观也可塑造酒店的独特性，比如巴瓦设计的碧水酒店（图5-5-11），将一片片平静的景观水池穿插在建筑之中，并发挥到极致，在建筑中穿梭如始终行走在水面上，建筑也仿佛漂浮在水面上，给人留下了深刻的印象。

图 5-5-8　阿曼绿山阿丽拉酒店
图 5-5-9　阿曼绿山安纳塔拉酒店
图 5-5-10　北京北方长城宾馆三号楼
图 5-5-11　斯里兰卡碧水酒店

5-5-8

5-5-10

5-5-9

5-5-11

五、独特性

综合以上分析，依据对环境及文化的不同表达可造就出不同的度假村意境。最后我们再来比较一下巴厘岛乌鲁瓦图海岸的两个著名的酒店，宝格丽和阿丽拉（图 5-5-12 ~ 图 5-5-15）。这两个位置相近的酒店由于地形地貌、品牌文化、设计语言三者的不同形成了两座酒店截然不同的气质和风情。其基地位置都是在远高于海平面的悬崖上，宝格丽酒店的意象是端庄而浪漫，阿丽拉酒店的意象是典雅而时尚。前者位于高低起伏的海岸，悬崖上的地形使园区内大多数地段都能看见壮阔的大海，因而高低错落的别墅配以烂漫的山花在海景的映衬下形成一幅幅

绝美的画卷，传统而端庄的巴厘岛风情建筑结合宝格丽高贵的首饰品牌使这里成为明星热衷的婚礼地。而后者平坦宽阔的地势则需从设计上来弥补海景的视角不足。古典的建筑空间序列在纯白色石材及现代设计语汇的诠释下，呈现了视觉上的丰富性，临崖而建的鸟笼则拉近了建筑与海的关系，整体上时尚而跳跃的建筑意象使这座酒店深受年轻人的喜爱。从这几张类似角度不同意象的对比图片可以看到，为达到这两种不同的意象，设计从建筑形式、景观设计、树种搭配等内容作了全方位的考虑。

图 5-5-12、图 5-5-13 巴厘岛乌鲁瓦图阿丽拉别墅酒店
图 5-5-14、图 5-5-15 巴厘岛宝格丽度假酒店

5-5-12

5-5-13

5-5-14

5-5-15

3. 独特的亮点与趣味点

为酒店打造一个亮点来吸引眼球，在媒体上迅速传播，在当今网络时代已有许多这样的成功案例。比如巴厘岛的空中花园酒店的双层泳池（图6-1-0），由于广泛的传播而成为网红引得许多人前来参观，为限制过多的访客打扰到酒店的客人，酒店采用了先到前台付费才能进入内部就餐参观这个泳池的措施。同样巴厘岛绿色度假村中用竹子编织的别墅也是独一无二的亮点（图2-7-0），酒店采用了收门票和配导游的方式来接待到访的参观者。因此制造尖叫点是打造网红酒店、迅速传播的重要手段。

酒店的设计手法受流行趋势的影响，更新较快，有些创意在若干年后看起来就没有任何的新鲜感了。比如第一个无边泳池出现时曾引起无数惊叹，但现在已经是无泳池不无边的状态，可是仍然有些泳池的创意和设计令人难忘。比如普吉岛帕瑞莎度假村那面向安达曼海的宽大无边泳池，客人仍会被那池顶从悬崖攀

升出来的老树枝头和池底耀耀闪烁的星光打动（图3-7-30）。在泳池几个漂浮的平台上望着安达曼海落日的晚餐，泳池边有一处镶嵌深海宝石并能为身体带来能量的泡池，它们都是酒店营销中的亮点。因此设计师要拥有创造性思维，才能制造出兴奋点，如果没有天才的灵感，则需要从酒店的自然环境和文化背景两方面来寻找。

1）依据环境特色打造

酒店身处的环境和酒店的特色是挖掘其记忆亮点的灵感来源。比如阿尔卑斯山勃朗峰下的阿尔伯特一世酒店（图5-5-16），远看是几栋普通的规模不大的当地传统建筑，凭什么在归到罗莱夏朵这个高端精品酒店联盟之后就可以卖高昂的价格，关键就在于亮点的打造。在酒店正对着雪峰的水疗中心木屋内设置了一个

温水泳池，一半在室内一半在室外，它们之间用透明塑料片分隔，可以自由地从室内游向室外。滑雪归来待在温暖的池畔，身边是跳动着红色火焰的壁炉，在躺椅上或按摩浴缸内仰望雪峰，是一种极致的享受。更绝的是面对雪峰的玻璃幕墙采用的是镜面玻璃，可以照映雪峰，在室外游泳时，无论是对着雪峰的方向还是对着木屋的方向都能够看到壮丽的阿尔卑斯山风景，这样的亮点只有认真地考察并分析酒店的环境后，并切实把握了滑雪屋酒店的特色才能打造出来。当初在订房网站上搜寻霞慕尼小镇上的酒店时被一个画面所吸引：木屋前白雪覆盖的地面露出一片碧蓝的冒着热气的池水，而别的酒店都是地下室昏暗的灯光泳池，所以立即决定去那里住一晚。这种通过与环境的反差和对比来树立酒店的独特性手法也可见于一些其他的案例。比如迪拜沙漠中的巴卜阿尔沙姆斯度假酒店，在酷热的环境中，那清凉的不断

5-5-16

5-5-17

涌动的冷泉浅池，成为我们在40℃高温天气下不去迪拜商城购物，而一整天泡在度假村聊天的理由，那黄沙中的碧水、酷热里的清凉至今难忘。

要善于利用基地内的自然特征来打造亮点。比如巴厘岛阿雅娜酒店运用岩石打造的岩石酒吧，成为酒店的一张名片，在巨大岩石顶上宛如艺术家雕琢出的作品，临风而立，成了整个巴厘岛一道亮丽的风景（图3-2-52）。类似的趣味点我们在很多巴厘岛酒店中都能发现，比如宝格丽酒店的悬崖电梯、乌鲁瓦图阿丽拉别墅酒店的鸟笼、曼达帕丽思卡尔顿酒店的梯田等。斯里兰卡本托塔天堂别墅酒店在大海和平静的泳池之间忽然驶过那《千与千寻》中出现的滨海小火车，也是一个令人终生难忘的画面。在印度拉贾斯坦的树屋酒店将客房做成树上的小巢也给客人带来既新鲜独特又趣味盎然的体验，马略卡岛的松奈格兰遗产酒店则在老宅外面一个姿态优美的大树上安置了一个包房单独出租，成为酒店花园里一道独特的景观（图5-5-17）。

2）依据地域与文化特征打造

传统文化是取之不竭的宝库，许多历史瑰宝直接就是酒店的亮点。比如欧贝罗伊乌代维拉酒店中的镜宫（图5-5-18），就取材于斋浦尔的琥珀堡，穹顶上镶嵌了无数玻璃镜子碎片，在灯光的映照下璀璨迷离，成为酒店的一个趣味点。印度柯钦布伦顿船屋酒店大堂内休息厅两侧两排大布帘原来是旧时代的人工风扇（图5-5-19），手拽绳子，布就会开始摇晃带来阵阵凉风，不熟悉当地传统的外国游客，对这些有趣的装饰充满了好奇。还有迪拜的巴卜阿尔沙姆斯沙漠度假村的地火坑休闲厅，这种对来源于当地的古老民居的空间演绎也为客人带来很新鲜的体验。挪威奥斯陆堪斯的克霍门科伦公园酒店大堂中心，以结霜原理制作的冰花树雕塑，极好地反映了这座靠近北极的首都的气候特征（图5-5-20）。

设计酒店依据酒店的文化与主题所创造出的趣味点更是有无尽的发挥余地，比如悉尼的QT酒店，从前台到房间的门牌，有很多新奇独特的设计创意（图5-5-21），令客人感到惊喜。

5-5-18

5-5-19

5-5-20

图5-5-16 法国普罗旺斯阿尔伯特一世酒店
图5-5-17 马略卡岛松奈格兰酒店
图5-5-18 印度欧贝罗伊乌代维拉酒店以拉贾斯坦传统工艺装饰的镜厅
图5-5-19 印度柯钦布伦顿船屋酒店大堂休息厅的传统风扇
图5-5-20 挪威克霍门科伦公园酒店大堂冰花装置
图5-5-21 澳大利亚悉尼QT酒店客房门牌

5-5-21

4. 独特的画面感

许多客人在浏览订房网站时，往往会因被某个场景打动而下单，面对同一片风景，每个酒店须营造自身独特的画面才能加深记忆点，以后每当想起那座酒店就会有一个印象最深刻的场景浮现。令其离开之后仍不断回味，并成为重返故地的动力。这种画面一般是酒店自然环境与人工环境的结合。

5-5-23

比如面对甲米海中的那片奇异山石的阁瑶岛六善度假村（图 5-5-22），本来俯瞰这片仙境般的海中喀斯特奇石就是酒店最大的资源和价值，但为了区别于其他面对相同景色的酒店，度假村还是在中心的部位以这组海中奇石为背景打造了一处独特的景观。前景是下沉在一片无边水池中的户外沙发吧，水面飘着荷叶；中景是一组姿态优美的树干；远景就是那片海上仙山。每天固定时段有乐者和舞者以此为背景演奏当地传统乐器和表演舞蹈，这个优美而独具风情的场景长久地留在我的脑海中，也成为度假村区别于周边其他酒店的标志性画面。

而洱海边的无舍精品酒店（图 5-5-23），实际上是一个普通标准的小旅店，凭一个与洱海相接的无边水池以及倒映在池中的白族门楼的优美画面而晋升为精品酒店，价格昂贵，还很难

订到房。另一个典型的例子是西双版纳万达文华度假酒店（图 5-5-24），它坐落在万达自己的开发区中，周边并无特别的风景，酒店就在入口处制造了一个非常美的场景：餐厅和大堂之间是一个无边水池，入口是两组建筑间的连廊，因此来到酒店后第一眼看到的就是傣式风格的餐厅

映在无边水池中的倒影，这个画面就成为了酒店的唯一标志，被反复使用。

通常营造出的画面要将酒店面对的主要风景资源展示出来，再辅以建筑局部和景观的陪衬，方能营造出独特的画面。

5-5-22

五、独特性

1）建筑与风景的结合

以建筑局部作为风景的画框既能表现酒店所享有的风景，又通过局部的建筑一角隐约展示了建筑的风情。比如西班牙马略卡岛玛里瑟尔水疗酒店有一列糅合了罗马与摩尔风的柱廊，是马略卡岛传统的建筑形式，从这里眺望大海，形成了一幅优美的画面，湛蓝而平静的地中海，框在米黄沙岩柱廊的画框中，散发出独特的马略卡风情（图5-5-25）。在库玛拉孔湖畔酒店中心亭阁中看到的落日，在建筑装饰的框景下形成了一幅优美的图景（图5-5-26）。印度拉贾斯坦的德为伽赫古堡酒店在空中阁楼中眺望拉贾斯坦的远山也是一幅标志性的画面，为封闭的城堡建筑提供了一处登高远望视野开阔的场所，成为酒店的一个亮点，也是酒店最具代表性的画面。用建筑的局部作为一个取景框，画面中既有风景又有建筑，近景、中景、远景的结合也会使整个画面更加丰富。比如乌代浦尔欧贝罗伊乌代维拉水疗水池上漂浮的凉亭，里面做瑜伽的人与远处的湖水组合成这座酒店的标志画面（图5-5-27），它传递了酒店的多重信息：湖光山色的风景、莫卧儿宫廷建筑的风情、水疗及休闲养生主题等。拉苏丹娜沃利迪耶酒店（图5-5-28）从客房区前往公共区，一道石头拱门框出泳池、亭阁与潟湖，是客人每天都要见到的风景。此外安缦达瑞的无边泳池上漂浮的瑜伽亭、阿丽拉海边悬崖上的休闲"鸟笼"都是酒店最有特色的中心景观，是印在脑海中挥之不去的画面。

5-5-24

5-5-25

图 5-5-22 阁瑶岛六善度假村中心区域
图 5-5-23 大理无舍精品酒店沿洱海的景观
图 5-5-24 西双版纳万达文华度假酒店入口景观
图 5-5-25 马略卡岛玛里瑟尔水疗酒店大堂外柱廊观海

5-5-26

5-5-28

5-5-27

五、独特性

2）人造景观与自然景观的结合

　　将酒店的外部风景与内部人工营造的景观相结合，两种风景相互映衬使得画面更加优美。我们在本章价值感一节中也曾提到过对资源价值的提升往往是依托于人造景观，其中最常用的就是水景。比如布德瓦阿文拉度假别墅借景布德瓦古城教堂的钟塔，从酒店泳池看远处的钟塔就是一幅绝佳的风景画（图 2-5-5），类似的案例还有印度拉贾斯坦的罗拉纳莱酒店，这座由一百多年前的别墅改造的酒店在后院建造了一个泳池，以巨大的山岩为背景、夕阳下呈现粉色的山体与湛蓝色的池水形成了强烈的色

彩对比（图 3-7-55 右上）。印度科钦布伦顿船屋酒店以入海口的港湾为背景（图 5-5-29），一个无边水池衬着宽阔的河面及远处的海港，为一道普通的风景平添了额外的魅力。奥地利辛格运动水疗酒店的泳池映着青山翠谷有如仙境一般（图 5-5-30）。库玛拉孔湖畔酒店池岸的小屋漂浮在如运河般的泳池中（图 3-6-0），还有这家酒店面对广阔的湖岸，一艘喀拉拉邦的传统驳船停靠在这里，平静的泳池，高大的椰子树，这一场景传递着水乡悠闲而惬意的生活图景，令人神往（图 4-6-0）。

5-5-29

图 5-5-26 印度库玛拉孔湖畔酒店中心亭阁中看落日
图 5-5-27 印度欧贝罗伊乌代维拉酒店
图 5-5-28 摩洛哥拉苏丹娜沃利迪耶酒店从泳池区通往度假村内的门
图 5-5-29 印度科钦布伦顿船屋酒店
图 5-5-30 奥地利辛格运动水疗酒店

5-5-30

巴厘岛曼达帕丽思卡尔顿度假酒店的农作体验
（图片来源：巴厘岛曼达帕丽思卡尔顿度假酒店提供）

感受自然的美丽与神奇、体验不同的文化与生活是我们旅行的目的，因此创造这两方面的绝佳体验，是酒店营造独特氛围的重要手段。包括礼仪、观赏、观光、学习、运动、调养等。这种体验属于酒店的软件，但建筑和规划也要做相应的配合，所以应该在前期设计中就有所考虑，同时设计师也要认真地挖掘酒店所在地的文化资源和环境资源，并体现在规划设计中。

体验感

对地域文化的体验感
对自然的体验感
对公益环保的体验感

1. 对地域文化的体验感

游客前往有丰富民俗文化与原住民生活的地区，期待学习了解不同的地域文化。因此在规划上除了要注意保护基地的物质文化遗产外，也要注意保护酒店所在地原有的生活印记与线索，并融入到酒店设计中。如果没有这样的痕迹也可以考虑植入一些当地的非物质文化遗产。

1）保护基址上的文化与生活

最著名与经典的案例应属于巴厘岛乌布的安缦达瑞酒店，设计师秉承"文化比式样更影响建筑的精髓"的理念，设计中融入了文化特色，基地上原来有一条村民进入阿漾河山谷中的神庙做祭拜的道路。为了保留这条道路，特意将大堂断开为两节，暗示并强调这条道路，让祭拜典礼的队伍从中穿过，大堂在这一瞬间仿佛成为了村落的活动中心，使得客人也同时融入了当地的文化中。在此文化内涵的包裹下，产生自己是村落一份子的错觉！斯里兰卡茶厂遗产酒店置身于高山茶园，酒店的存在并没有打扰茶农的生产劳作，反而二者相得益彰，不设围墙的酒店无论在客房中还是酒店大堂，都能看到往来茶农劳作的场景，构成了非常特别的居住体验（图 5-6-1）。

2）建立与文化遗产的联系

将基地周边的文化遗产融入酒店生活，组织能够给客人留下印象深刻的活动，有些酒店园区本身就存在了这类物质文化遗产，可谓得天独厚。比如印度的欧贝罗伊拉杰维拉酒店花园内保留的印度教寺庙及每天的祭祀活动，在巴厘岛的乌鲁瓦图阿丽拉别墅酒店、宝格丽度假酒店、乌布的曼达帕丽思卡尔顿度假酒店内都保留了一座完整的印度庙（图 5-6-5），不仅是酒店的地域文化象征，而且是客人融入并体验当地文化的一个重要窗口。而没有这样条件的酒店则要想方设法建立与周边文化遗产的联系。比如与丽江松赞林卡酒店一路之隔的密林中深藏着一座古刹，酒店在后花园架了一座和寺院相通的天桥，客人可以在员工的引领下于每日固定的时间前往寺院听住持讲经。这种与寺院之间的隐秘联系，让酒店平添了一份禅意。还有云南石头纪酒店每晚面对云峰山顶峰举办的祈祷活动，客人点燃莲花灯放在穿过酒店的溪流中漂流，这也源于当地的一个古老的习俗。

5-6-1

5-6-2

图 5-6-1 斯里兰卡茶厂遗产酒店
图 5-6-2 巴厘岛乌布安缦达瑞酒店

5-6-3　　　　　　5-6-4　　　　　　5-6-5

3）植入地域非物质文化遗产

如果基地附近无任何文化遗存，也可以采用文化植入的方式来增添酒店的文化体验感，这种植入可以是当地的传说、习俗、传统、艺术，可以是物质的植入也可以是非物质的植入。

① 传统经典的植入

将精神层面的东西转译到建筑中，比如印度帕山伽赫客栈的 12 间石头客房结合当地的 12 生肖的古老传说，在每个客房门上标记了一种动物，依据它的神话和传说在门前的石板地上刻上祝福的文字。乌布科莫香巴拉度假酒店将客房分成五个组团，每个组团按照印度教五行风木水火土来命名，为入住这里的客人带来对地域文化的认知。也有植入宗教的，比如巴厘岛宝格丽在度假村内设立教堂（图 5-6-3）、西双版纳万达文华酒店在度假村内设立傣庙（图 5-6-4）、巴厘岛乌布丽思卡尔顿度假酒店保留原有的当地庙宇（图 5-6-5）等。

② 情感礼仪的植入

孔子曰：有朋自远方来不亦乐乎。酒店的迎宾待客之道也体现了浓厚的地域文化传统，这实际上涉及了酒店管理和服务的内容，在设计上也要考虑不同迎宾仪式的需求，比如在空间序列一章中介绍的甲米普拉湾丽思卡尔顿酒店的迎接仪式线路是由建筑空间的一系列变化营造出来的（图 4-0-4）。我们经历过许多不能忘怀的迎宾仪式，比如印度拉贾斯坦的德为伽赫古堡酒店，当我们抵达酒店穿过三个庭院来到第四道门时，忽然天空撒下花瓣雨，此景令人动容！在拉贾斯坦的另一个著名酒店安缦巴格（图 5-6-7），当来到酒店的大堂前，看见地上用彩色的米粒铺成孔雀图案，迎宾小姐为客人行点红、戴花等印度礼之后，站成一排咏唱一曲祝福远道而来的客人，也令我们感受到瞬间的美好，类似的迎宾仪式还见于香格里拉的松赞绿谷（图 5-6-6）。还有在印度的帕山伽赫客栈，在我们一行离开时，酒店的工作人员从经理、服务生到大厨十余人站在前院一起挥手道别，此情

此景令我们久久难忘（图 5-6-8）。

③ 文化艺术的植入

地域特色的艺术展示会增强酒店的体验感，展示分表演艺术与背景艺术，表演艺术又分随机性表演与专业性表演，专业性表演由酒店组织专门的演员表演地方艺术，比如在印南佩瑞亚自然保护区内的香料度假村（图 5-6-11），每晚在草坪上有舞蹈家表演当地的特色舞蹈，而白天在花园中的精品店门口也有艺人随机地演奏乐器。在喀拉拉邦的库玛拉孔湖畔度假村，餐厅的中心隔着庭院有一个小型的舞台，每晚会有当地著名的卡塔卡利的古典喜剧表演（图 5-6-12），这是一种带脸谱的地方喜剧，一招一式与中国的传统戏剧神似，酒店位于千年海上丝绸之路的必经之处，历史上与中国有着密切的往来，类似这样的表演不仅加深了游客对当地文化的了解，而且也加深了对酒店的印象。泰国阁瑶岛的六善酒店还设有沙滩露天电影院，每晚放映 007 系列片中在附近取景的那部电影，烘托出酒店的文艺情

5-6-9　　　　　　5-6-10

5-6-6

5-6-7

5-6-8

调。松赞酒店也会在图书室放映有关喜马拉雅地区藏文化的中外电影，赋予了这个温馨的酒店些许文艺气息。酒店中的随机表演则更常见，有的位于大堂，有的在中心花园，时间分白天、黄昏或日落，表演和场景互相衬托，极大地增添了酒店的情调。让我们印象深刻的巴厘岛的喜来登酒店，一走进大堂，迎面的是三位席地而坐的演奏家，背景是辽阔的海空，耳边是悠扬的巴厘岛音乐，此声此景一下把人带入放空一切的度假模式。摩洛哥拉苏丹娜精品酒店池畔每晚的驻唱歌手的吟唱烘托出这座古宅改造的酒店古老而神秘的气氛（图5-6-9）。另一个令人难忘的场景是在阿曼绿山深处悬崖边的阿丽拉酒店，每天傍晚在悬崖边的酒吧门旁，在斜阳烛光的映照下一个阿拉伯歌手带伤感曲调的吟唱（图5-6-10），背景是苍凉的峡谷，将这个避世酒店的气氛推到极致。比较小型的酒店在没有专人演奏的情况下也会以其他方式来烘托酒店的文化氛围，比如在松赞塔城精品酒店，早餐后耳边飘来轻柔的《心经》，面对着云雾

缭绕的山谷，伴随着缥缈空灵的诵咏，只想静静地坐上一整天。

④ 民俗民艺的融入

地域的传统民俗与当地人的生活是旅行者想要了解和体验的，这种地方特色也往往会被酒店挖掘与利用。最常见的是酒店的各种烹饪课程，客人可以学习地方传统美食的制作，我体验的比较有特色的美食研习在印度切提那度的维萨拉姆酒店，这里完整保留了这座百年老宅的厨房，让客人们在此学习烹饪，从环境和厨房工艺体验最纯正的切提那度美食。在库玛拉孔湖畔酒店还专门设立了传统手工艺的学习与观摩的场所（图5-6-13），客人可以在此欣赏工匠制作的富有当地特色的编织品及陶艺，也可以亲手学习制作，手艺人制成的物件供酒店的日常使用。比如这里的迎宾饮料椰子所用的竹编托盘就令人爱不释手。澜沧景迈柏联酒店依托千年古茶园、酒店集普洱茶加工生产、茶文化传播为一体，酒店提供了自制普洱茶的课程，客

人可将自制的茶饼带走留作纪念。

捷克奥古斯汀尼斯基温泉康体酒店在树林中的休闲亭中还放置了许多小型的民间打击乐器，客人在此拨弄出悠扬的乐声，平添空灵飘渺的意境。

结合地域文化为客人组织各种有趣的活动和课程来丰富客人的度假体验，同时也让客人深入地体验当地传统文化，是精品酒店的必备项目。有些精品酒店则将这些活动外延至周边地区，比如松赞系列精品酒店就将许多民俗民艺的体验活动就放在周边的村落里，从而获得了更强的原真乡土感。

图5-6-3 巴厘岛宝格丽度假酒店婚礼教堂
图5-6-4 西双版纳万达文华度假酒店设立傣庙
图5-6-5 巴厘岛乌布丽思卡尔顿度假酒店保留的家庙
图5-6-6 香格里拉松赞绿谷酒店的迎宾仪式
图5-6-7 印度安缦巴格酒店的迎宾仪式
图5-6-8 印度帕山伽赫客栈员工列队向我们道别
图5-6-9 摩洛哥拉苏丹娜精品酒店驻唱歌手的吟唱
图5-6-10 阿曼绿山阿丽拉酒店阿拉伯歌手的吟唱
图5-6-11 印度香料度假村歌舞表演
图5-6-12 印度库玛拉孔湖畔酒店的卡塔卡利古典戏剧
图5-6-13 印度库玛拉孔湖畔酒店体验手工艺术制作

5-6-11

5-6-12

5-6-13

2. 对自然的体验感

在休闲度假中接触大自然是酒店客人的基本需求，许多酒店本身的主题就是绿色和自然，会将体验大自然这一特色发挥得淋漓尽致。对自然的体验可以在度假村之外，也可以在度假村之内。

5-6-14

5-6-15

1）园区外的自然体验

位于自然保护区中的酒店，亲近自然、观察动植物是酒店每日必备的活动，越野车凌晨出发，带领客人在保护区内追寻动物的踪迹（图5-6-14），途中在风景优美的山岗上，铺开毯子、摆上热气腾腾的早餐，让客人享用一顿丰盛的野外早餐，体现了精品酒店的高端服务。酒店依据不同的周边环境策划各种活动来形成自己的特点。比如沙漠酒店的骑骆驼探险、沙漠冲沙及猎鹰表演，草原酒店的各种马术活动和草原民族的体育活动，河畔酒店的漂流与鱼鹰，高山酒店的徒步健行等，不仅延伸了酒店的空间、充实了酒店的体验，而且拉近了客人与自然的关系。在酒店选址时应扩大范围考察周边资源，在规划设计中就有所考虑。

2）园区内的自然体验

占地比较大的度假村会在园区内规划自然体验的线路。比如阿丽拉贾巴尔阿赫达度假村在阿曼的国家公园绿山之巅，这里景色雄浑，占地广阔的度假村在园区内规划出一条线路，地上用黄色的蝴蝶标记，沿着这条线路，有各种观景休闲设施以及指示牌讲解此处能够看到的植物、动物及地质，一圈下来要花将近一个小时，既是一种山野徒步锻炼也是在向自然的

学习（图5-6-15）。以植物为主题的度假村则会组织户外的植物课堂，我们在印度佩瑞亚自然保护区的香料度假村和色瑞咖啡园度假村中都有专业向导带领我们参观园内的各种奇异的热带植物，一个小时下来既增长了知识，又锻炼了身体。以自然生态为特色的坎达拉玛遗产酒店让建筑生长在雨林之中，酒店布满了爬藤植物，使得周边雨林中的猴子可以轻而易举地攀爬到酒店的建筑中，窗前、露台会有许多猴子与客人互动，甚至你稍不注意，淘气的小猴子就会突然跑进你的房间抓起桌子上的食物就跑。

有的酒店则采用饲养动物或种植吸引鸟类的植物。比如欧贝罗伊拉杰维拉酒店花园中伴着禽鸣鸟语，孔雀在屋顶飞翔、松鼠在树上跳跃、天鹅在水塘里游弋，到处是珍禽异兽如同来到神话世界。这种与动物互动的场景也被小规模地应用到了大堂。比如长白山在之禾度假酒店（原紫玉度假酒店）大堂里的两只自由自在的孔雀（图5-6-16），西双版纳万达文华酒店与腾冲石头纪酒店的门口的大鹦鹉都是进入酒店立马会看到的一道有趣的风景（图5-6-17）。

我们到达马略卡岛非凡桑特弗兰西斯可酒店时临近情人节，酒店在中庭请本地著名花艺师主持设立了一个花市，充满了浪漫温馨的气氛（图5-6-18）。

5-6-16

5-6-17

5-6-18

3. 对公益环保的体验感

国外精品度假酒店的客户群以中产阶级和社会精英阶层为主体，而此类人群热衷公益及环保，如酒店能体现这方面的理念则往往会被追捧并成为网络上的热点。

许多精品酒店非常注重这方面的需求，开办小规模的社会企业既为酒店生产特色工艺品，也成为住店客人参观及体验的场所。它不仅发掘了地方的传统文化，抢救了一些频临失传的传统工艺，而且能够带动当地人的就业，同时促进地方经济。在前面第三章精品店一节中曾列举了甘南诺尔丹营地的诺乐牦牛绒织品、松赞的藏族匠人的铜饰品、印度阿喜亚城堡酒店末代王子开办的手工纱丽工厂。这些社会企业都获得了口碑和效益的双赢，包括社会效益和经济效益，它们和酒店之间也形成了良好的互动，像诺乐品牌还走向了世界。

许多以环保和可持续发展为理念的酒店会特别增加这方面的体验感。比如印度的香料度假村带客人体验传统造纸、度假村内的沼气发电、生物灭蚊等，并学习植物学和生态知识，让客人参与到酒店营造的生态概念中（图2-7-10）。甘南的诺尔丹营地则让客人在自己的客房中体验旱厕的使用、水缸的节水及收集，在点点滴滴中身体力行，实践对草原生态系统的维护。阁瑶岛六善以绿色环保为理念，度假村内有机生态蔬菜园为酒店每日提供新鲜蔬菜，不仅如此，酒店建筑材料和配饰都采用可再生的天然材料，每处细节都向客人透露出其环保的理念（图5-6-19）。

5-6-19

图 5-6-14 南非冈瓦纳猎区酒店安排的自然体验
图 5-6-15 阿曼绿山阿丽拉酒店休闲徒步路线图
图 5-6-16 长白山在之禾度假酒店（原紫玉度假酒店）大堂中漫步的孔雀
图 5-6-17 腾冲石头纪酒店大堂前的鹦鹉
图 5-6-18 非凡桑特弗兰西斯可酒店花市
图 5-6-19 泰国阁瑶岛六善酒店所选用的建筑材料和配饰从取材到加工都秉承绿色可持续的环保理念

巴厘岛乌布科莫香巴拉酒店

第六章

精髓提炼

把握规划设计的原则与纲要

　　面对一个精品酒店的项目，理性的设计加上创意是保障规划设计成功不可或缺的
两个方面，对于大中型的项目尤其这样，天才的创意不是时刻都有，但缜密而全面的
分析与周详而理性的设计同样能保障项目的成功。已在前面几章中详细阐述了精品酒
店从概念综述、类型选址、特色功能、空间序列，再到氛围气质的方方面面，期间为
了解释这些内容的具体要义，结合了精品酒店案例并提及了许多的设计要点，这些要
点不断在书中出现。因此，本章作为本书的收尾，主要的任务就是重新梳理全书的逻辑，
建立框架，理清重点。根据规划和建筑设计的原理和准则整理，便于精品酒店参与者
在实操中能思路清晰、有的放矢。

规划与 环境	风情与 风格	细节与 运用	要点与 总结
基地内部的环境资源	建筑的风情	建筑的材质	整体与局部
基地周边的环境资源	地域风格	建筑的色彩	布局与流线
景色有无的营造策略	设计风格	自然的光影	流线与体验
基地内不利因素的转化	设计风格与地域特点的结合	人工的光影	要点之速览
建筑形体与环境关系	宫苑风格		
	欧洲古典与新古典主义风格		
	生态绿色风格		

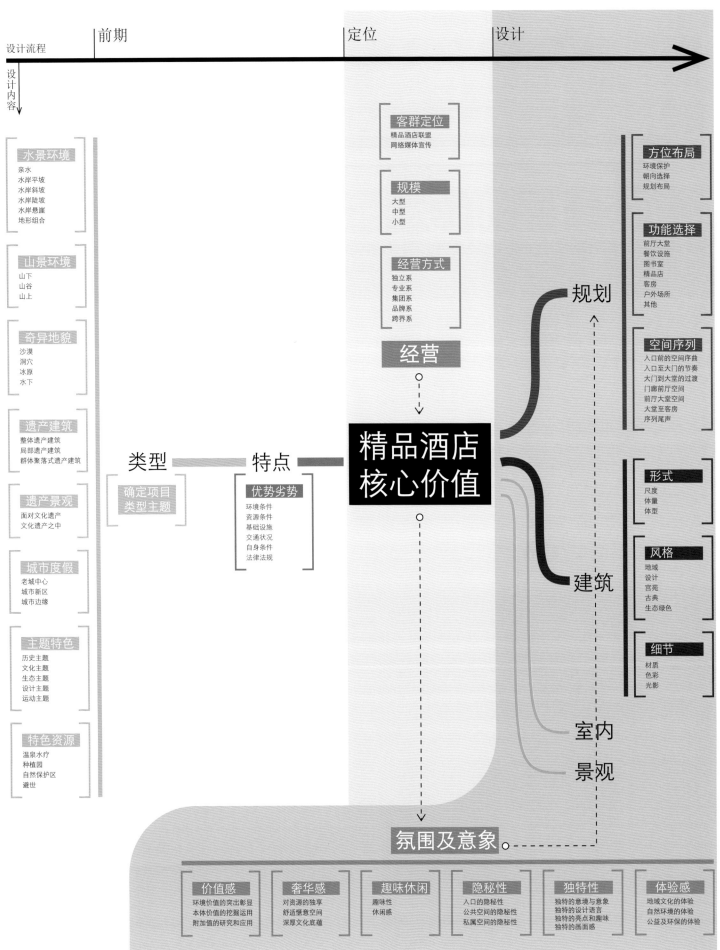

设计流程　前期　定位　设计

设计内容

水景环境
亲水
水岸平坡
水岸斜坡
水岸陡坡
水岸悬崖
地形组合

山景环境
山下
山谷
山上

奇异地貌
沙漠
洞穴
冰原
水下

遗产建筑
整体遗产建筑
局部遗产建筑
群体聚落式遗产建筑

遗产景观
面对文化遗产
文化遗产之中

城市度假
老城中心
城市新区
城市边缘

主题特色
历史主题
文化主题
生态主题
设计主题
运动主题

特色资源
温泉水疗
种植园
自然保护区
避世

类型

确定项目类型主题

特点

优势劣势
环境条件
资源条件
基础设施
交通状况
自身条件
法律法规

客群定位
精品酒店联盟
网络媒体宣传

规模
大型
中型
小型

经营方式
独立系
专业系
集团系
品牌系
跨界系

经营

精品酒店核心价值

规划

方位布局
环境保护
朝向选择
规划布局

功能选择
前厅大堂
餐饮设施
图书室
精品店
客房
户外场所
其他

空间序列
入口前的空间序曲
入口至大门的节奏
大门到大堂的过渡
门廊前厅空间
前厅大堂空间
大堂至客房
序列尾声

建筑

形式
尺度
体量
体型

风格
地域
设计
宫苑
古典
生态绿色

细节
材质
色彩
光影

室内

景观

氛围及意象

价值感
环境价值的突出彰显
本体价值的挖掘运用
附加值的研究和应用

奢华感
对资源的独享
舒适惬意空间
深厚文化底蕴

趣味休闲
趣味性
休闲感

隐秘性
入口的隐秘性
公共空间的隐秘性
私属空间的隐秘性

独特性
独特的意境与意象
独特的设计语言
独特的亮点和趣味
独特的画面感

体验感
地域文化的体验
自然环境的体验
公益及环保的体验

图 6-0-1　设计框架

6-0-1

项目伊始，要建立好设计流程框架(图6-0-1)。将前几章所提及的精品度假酒店设计内容汇总成图，我们将设计的整体流程分为前期、定位和设计三个部分。前期是精品度假酒店设计的基石；定位由前期结论分析推导得出，是精品度假酒店设计的核心；最后落到实操层面的设计则是尽一切力量向定位看齐，以为基准。

前期多为理性分析，对应本书第二章内容。前期要明晰酒店的选址类型，在水景、山景、奇异地貌、历史建筑、景观遗产、城市度假、主题特色、独特资源中明确项目属于哪种或哪几种混合的类型，并根据第二章总结的不同类型的技术要素，明确需要提前了解的细节，包括资源的可利用性、基础设置的状况、交通的可达性、相关法律法规的要求、项目的优劣势等。

从经营方式导向核心价值的过程即是定位的过程。明确项目选址地的特点是取决于风景、文化和区位，或附加内容。本书在第一章概念阶段提及：规模定位、经营和营销方式、服务客群的定位，便有所依据。无论是项目甲方、还是设计团队、策划团队、经营团队都可在此基础上集思广益，碰撞出具有项目特色的火花，

火花的结论直接导向该精品度假酒店核心价值的确立。核心价值的确立也直接影响了塑造精品度假酒店的六大法宝（价值感、奢华感、趣味性、隐秘性、独特性和体验感）所该努力的方向，具体内容参看本书第五章。

项目的实操阶段以核心价值为主线，在六大法宝的辅助下开展，从规划设计到建筑设计，再到室内设计、景观设计均以其为准，感性再次回归理性，总体的框架包含打造精品酒店的方方面面，从策划到规划的全过程。精品酒店在功能特色和空间序列部分需要了解的细节，具体参考本书第三章和第五章的内容。

其次，要明晰酒店的核心价值。精品度假酒店的核心价值理念，即第一章开宗明义所提出的精品度假酒店的"卓尔不群"，"卓"即这个项目具备的超群绝伦的气质，"不群"则指代这个项目有其他酒店不具备的优势。可以看出，它包含了两个不同的概念：品牌理念和设计理念。前者指导，后者践行。对于精品酒店来说，此两者缺一不可，相辅相成。

"卓"即是酒店品牌理念所传达出的气质，比如松赞酒店的品牌理念是"远方的家"；科

莫则以"艺术、设计、避世和时尚"为主旨；安缦酒店的名字出自梵语，意为"和平与安静"。

"不群"便是指设计理念，是此情、此景、此时、此地的酒店所表达的独特性，还以松赞为例，在"家"的气质下，各处酒店所面对的情景都大不相同：松赞塔城酒店以梯田里的浪漫故乡为主题；松赞茨中酒店则以茨中天主堂的历史故事为依托；松赞绿谷酒店叠加了开窗即可见松赞林寺和藏文化收藏的私人博物馆的概念；松赞奔子栏酒店则主打体验藏式民居中的有机菜园理念；松赞梅里酒店则是觅得一处既远离人群，又能朝拜、观看梅里雪山主峰卡瓦格博的村庄。他们的设计出发点各不相同，均根据各自的在地情景，营造出与众不同的气质。

本书在前面各章节中对于精品酒店的设计要点，多有提及，接下来，本章将归纳总结这些要点，在规划设计和建筑设计上提炼出一些设计要点，形成体系。至于室内设计和景观设计在书中也有些许提及，但鉴于领域的专业化差异，本书不做具体归纳。

图 6-10 巴厘岛乌布空中花园酒店正对印度教寺庙

PLANNING & ENVIRONMENT

规划与环境

基地内部的环境资源
基地周边的环境资源
景色有无的营造策略
基地内不利因素转化
建筑形体与环境关系

1. 基地内部的环境资源

我们在前几章讲解精品酒店的规划设计中已经描述了不同环境下的对策，本节将提炼出普遍规划设计的原则及重点。

对基地内原生态的一石一木都应该格外珍惜，它们是酒店宝贵的资源，也是酒店的特色。在规划之时应认真分析研究基地内的地形、植被、遗存、文化印记，这不仅是确立酒店独特性的线索和依据，也是对绿色环保理念的践行。

首先从地形地貌来看，大规模改造地形不可取。我们前面所列举的许多案例，都是利用不同的地貌创造出酒店自身的特色。比如上一章论述了巴厘岛海岸的那些高端度假酒店，各自的地形不同、优劣势不同，规划设计的对策也不一样，只要因地制宜，都能创造出自身独特的意境与意象，也都能实现价格上的诉求。

基地内的植被也是酒店独特的资源，我们看到泰国的许多高端度假酒店在设计时会认真地考虑如何保护现存的高大乔木，有些甚至宣称保留了所有的原生大树，在热带雨林中规划密集的别墅客房其难度可想而知，而且还要仔细考虑每栋别墅客房与海景的关系，这样的酒店隐秘在浓密的热带雨林中，不仅酒店的价值得到了极大的提升，而且确实为环境保护做出了很大的贡献和示范。干旱和沙漠地区基地内的原生树木就更加宝贵了。比如印度拉贾斯坦安缦巴格酒店的布局也是参照基地内的树木排布的，没有破坏任何一棵树，这里姿态自由的高大棕榈树遍布酒店的每个院落，而低矮的浅色沙岩建筑与这些高大的树木形成了极强的对比（P88 图）。丽江松赞林卡保留了用地内的一排六十多年树龄的老梨树，并分布在首层每间客房的小院落里，对于这样一栋坐落在有悠久历史并正在迅速商业化地区的建筑，那些苍老的梨树为酒店带来了怀旧的气息，赋予了新酒店很强的历史感。

为了减少土方对地貌的破坏、在植被丰盛的地段，常采用架空的手法，能最大限度地维护地面原有的生态系统。比如甘南的诺尔丹营地，所有的木屋别墅都用废旧的轮胎架空，草原的原始风貌得以维持（图 2-7-11）。斯里兰卡辛哈拉贾雨林生态酒店将小巧的集装箱客房架在轻巧的钢架上，采用了对基地植被破坏最小的策略（图 6-2-20）。南非自然保护区中的弗努尔瑞小屋旅馆建在一个遍地蕨类植物的森林中，酒店的大地景观以这片原生的蕨叶丛为依托，形成了自己的特色，因而酒店的名字：The Fernery Lodge & Chalets 意为蕨类丛生之处的小木屋，也强调了酒店的这一特色，园区内大量使用木栈道，最大程度地保护了原生地貌。

基地内的各种遗存更是酒店的财富，大到历史文化遗产：古寺庙、古遗址、古井，小到漂亮的山石都是需要保护的资源。在印度教地区这样的遗迹非常之多，我们在印度和巴厘岛看到许多文化遗产得以保护，并作为酒店宝贵的资源，如前文介绍过的巴厘岛几个度假村对印度教寺庙的保护和应用。独特的山石也是可利用的资源，巴瓦设计的杰威茵灯塔酒店（图 6-1-1）、坎达拉玛遗产酒店（图 4-4-5、图 4-4-6) 都保留了基地内的自然山石，裸露在建筑的庭院之中，成为了极富特色的景观元素。

2. 基地周边的环境资源

一般情况下，有价值的环境资源多分布在度假村的周边，因此处理好建筑与周边环境的关系尤为重要，一般重点从两方面入手：

1）借景周边景观

将周边有价值的景观规划组织到酒店的视线范围内。比如乌布空中花园酒店将建筑的轴线与峡谷对面的寺庙轴线对应，大堂、餐厅及著名的双层泳池在斜坡上连成一条轴线，每处都可以看到轴线尽端指向的峡谷对面的印度庙，每逢祭拜活动，对面乐器的喧鸣与飘动的华盖是一道动人的风景（图6-1-0）。法兰克福郊外的罗斯柴尔德凯宾斯基别墅酒店建筑中心的轴线则与草坪、森林敞开处、远处的古堡和更远处的城市景观连成一线，也令人感叹这种古典的借景手法的巧妙应用（图6-1-2）。除了轴线的联系，还可以用景框收取周边的景色，这其实是中国传统园林的典型手法，我们在国外的许多酒店也可以看到这样的案例，比如阿联酋迪拜的卓美亚皇宫酒店，轴线尽端的一个观景廊，将附近的迪拜地标-阿拉伯塔卓美亚酒店收入画框之中（图6-1-3）。我们在北京北方长城宾馆的设计中也通过现代的手法演绎中国传统的漏窗，来收纳周边的山景（图6-1-4）。

图 6-1-1　杰威茵灯塔酒店内保留下的石头
图 6-1-2　德国罗斯柴尔德凯宾斯基别墅酒店轴线对着古堡及
　　　　　法兰克福市区
图 6-1-3　卓美亚皇宫酒店以观阿拉伯塔卓美亚酒店为借景
图 6-1-4　北京北方长城宾馆观山峦的景窗
图 6-1-5　斯里兰卡坎达拉玛遗产酒店以绿植来降低形体影响
图 6-1-6　印度拉贾斯坦罗拉莱纳酒店建筑表面爬满植物

6-1-1

6-1-2

6-1-3

6-1-4

2）减少对周边环境的影响

　　用植物将建筑遮挡起来不仅使其对周边环境的影响降到最小，而且赋予了酒店浪漫的气息。斯里兰卡坎达拉玛遗产酒店采用植物隐蔽的手法，深色墙面上布满的绿植将这个大体量的建筑完全融于自然，从某些角度看几乎感受不到建筑的存在（图6-1-5），巴瓦设计的这座建筑在20世纪一问世，就引起了建筑界的关注，这座建筑也成了他的代表作之一。而更浪漫的手法是让建筑表面爬满盛开鲜花的植物，胜过任何高档材料的堆砌，直击人心。我们在印度的拉贾斯坦罗拉纳莱酒店中看到这座18世纪的老宅斑驳的墙面上布满鲜花和爬藤，绿茵馥郁扑面而来，十分动人（图6-1-6）。

6-1-6

6-1-5

3. 景色有无的营造策略

6-1-7

6-1-8

在本书中反复出现各类对于景色组织的描述，大致的策略为有景观景，无景造景。我们看到只要是身处优美环境的酒店无一不把酒店最璀璨的刹那，让给惊鸿一瞥的美景。阿丽拉贾巴尔阿赫达度假村有雄浑的山崖，酒店公共空间和客房均临崖而设，大多数空间都能看见峡谷的壮丽景色，为了更好的观景，在悬崖边特别设置了观景平台（图6-1-7）。普拉湾丽思卡尔顿酒店可以看海面仙山，酒店为客人设置了五个观海的餐厅及海边的水疗吧。巴厘岛安缦达瑞酒店可以在夕阳下观赏田园山峦，因此餐厅、大堂吧、泳池户外餐饮都面向西边（图6-1-8）。松赞绿谷酒店窗前能看到闪烁着金光的寺庙大殿，推开房门便能满足客人朝圣祈福的心境。斯里兰卡坎达拉玛遗产酒店有映衬着清晨薄雾的山湖一色，一进酒店大堂就在眼前。巴厘岛阿雅娜酒店的网红岩石酒吧能让客人欣赏到被评为全球十大落日的金巴兰日落美景。

然而，并不是所有的酒店都能像阿丽拉贾巴尔阿赫达度假村那样，几乎做到了全方位观景，大部分酒店只能做到局部可观景，像古城内的酒店，只能登上屋顶观景。那么就需要通过人工景观来弥补部分缺失。阳朔阿丽拉糖舍酒店受限于老厂房的位置及四周的山体，只有厂房及泳池一带可看到漓江，因而在园区内营造了一片水景来弥补无法望到漓江的缺憾。比如书中第四章曾大篇幅解读得普拉湾丽思卡尔顿酒店迂回曲折的入口空间和安纳塔拉绿山度假酒店轴线井然的大堂空间，它们都致力于营造人工景色。还有马拉喀什拉苏丹娜精品酒店穿过前台小屋的门洞，一次流线上的转折，传统摩洛哥的柱廊便呈现在眼前，将酒店功能组织串联在一起，并利用传统院落的格局，一院一景，移步异景，既有文化带入感，又美得不雷同。印度库玛拉孔湖畔酒店的湖中有喀拉拉邦水乡小船随着湖光摇曳，在酒店散步时能感受到浓浓的异域风情。

图 6-1-7 阿丽拉贾巴尔阿赫达度假村观山崖的公共空间
图 6-1-8 巴厘岛安缦达瑞酒店观田园山峦

4. 基地内不利因素的转化

在精品酒店的规划中，基地若是出现了一些"不寻常"往往是一种机会，可有效的转化为酒店独一无二的标志。比如阿丽拉阳朔糖舍酒店以废弃的糖厂作为酒店选址就噱头十足，设置在蔗糖运输所用工业桁架下的泳池，就成为了酒店对外宣传的金字招牌，也成为客人们争相前往打卡的取景地。糖厂的老烟囱摇身一变成为了酒窖，世界上唯一的烟囱酒窖也为人津津乐道（图 6-1-9~ 图 6-1-13）。巴厘岛乌布的空中花园酒店最让人惊艳的双层无边泳池，是其闻名的关键。泳池向前延伸至茂密的山林，所传达的出世感，为其赢得了世界顶级无边泳池的桂冠，它建在基地内高差巨大无法做客房的地段。斯里兰卡天堂之路别墅酒店前隆隆驶过的滨海火车，为酒店的客人带来一种奇妙的穿越感，斯里兰卡的铁路基本在英殖民时期修建，1948 年殖民统治结束后，铁路和火车一直沿用至今，百年历史的交通工具随着悠悠的轰鸣声缓缓开来，酒店毫不避讳，直面铁路，为客人赢得了独特的体验。由此可见，当精品酒店中出现一些不利的因素时，多投入一些思考与畅想，说不定就可以转化为酒店最宝贵的特色！

图 6-1-9　阿丽拉阳朔糖舍酒店知名取景地
　　　　　（图片来源：阿丽拉阳朔糖舍酒店提供）
图 6-1-10　阿丽拉阳朔糖舍酒店的烟囱酒窖
　　　　　（图片来源：阿丽拉阳朔糖舍酒店提供）
图 6-1-11　阿丽拉阳朔糖舍酒店工业桁架下的泳池
　　　　　（图片来源：阿丽拉阳朔糖舍酒店提供）
图 6-1-12　阿丽拉阳朔糖舍酒店鸟瞰
　　　　　（图片来源：阿丽拉阳朔糖舍酒店提供）
图 6-1-13　阿丽拉阳朔糖舍酒店平面图

6-1-9

6-1-10

6-1-11

6-1-12

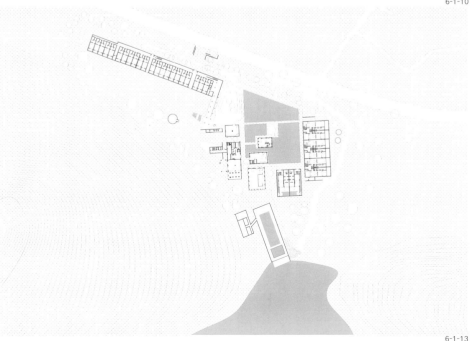

6-1-13

5. 建筑形体与环境关系

体形的设计原则应依据两个方面，首先是建筑所处的环境，保护环境并与周边景色相协调是设计应遵循的基本原则。精品酒店多处于风景名胜或文化遗产附近，避免对风景名胜造成任何负面影响是设计要首要考虑的问题，对环境的尊重是精品酒店与其客户群共同的信仰，任何突兀的设计都会与精品酒店的宗旨和理念相悖。其次是要符合酒店的意象，我们在第五章中论述过，每一个精品酒店都应该依据自身特质在设计伊始确立意象与设计目标，然后所有的设计原则都应该围绕着这个意象，方能树立酒店独特的气质与氛围。

建筑的尺度与体量对人的感官影响很大，是要重点考虑的因素。有宏伟得让人震撼的体量，也有亲切宜人让人感觉舒适的尺度；有简单利落令人放松的建筑形体，也有复杂多变趣味盎然的空间。是采用集中的大体量建筑，还是采用分散的小体量建筑，是采用垂直的的延伸还是水平的展开，是让建筑组合丰富多变还是简单明了，不同的体型处理会给人以截然不同的感受，这些都应该依据设计之初设定的酒店整体意象为宗旨来确定对应的策略。

精品酒店多采用小巧分散的体量，更能体现精品酒店所追求的宁静、精致的气质，同时有利于建筑与景观的结合，形成丰富多变的内部空间。本书第一章中所列举的世界上很多著名的精品酒店的案例都是将大堂、餐厅、水疗、图书室等分散在不同的小体量建筑里，很少像中国目前的度假酒店那样以集中的宏伟的建筑为主导。客人度假的首要目的是体验和享受大自然，因此大多以自然风景为主打的顶级度假村都是以分散的小体量来突显环境优势的。比

如前面提到的巴厘岛乌布科莫香巴拉度假村，在园区内行走只能看到高岗上的森林，分散的建筑皆隐于坡下和树丛中。

处在风景名胜区或传统风貌区的酒店采用小体量有利于降低建筑对环境的视觉影响，当我们走进法国的普罗旺斯吕贝隆地区方圆数百平方公里的田园和乡村，几乎看不见大体量的建筑，这里的酒店建筑也是如此，即使在旺季一房难求，也没有人乱盖大体量酒店。像波利斯温泉酒店那样，33 间客房和精巧的公共空间集中在一栋两层错落的具有戈尔德风貌的石头建筑内，维护了吕贝隆最纯粹的普罗旺斯乡村风情（图 6-1-14）。同样阿尔卑斯山区的那些精品酒店多以当地木屋的形式呈现，这种传统木屋的体量与阿尔卑斯山区的小镇风光相协调。法国勃朗峰下阿尔伯特一世酒店的餐饮、水疗、

6-1-14

6-1-15

6-1-16

6-1-17

一、规划与环境

客房都是分散布局的，是与夏莫尼小镇融为一体（图6-1-15）。奥地利的辛格运动水疗酒店，将酒店主体的SPA中心设在两栋建筑里，分别位于道路的两侧，化整为零的手法使酒店看起来完全是小镇的一部分。

希腊阿里斯缇山区度假酒店更是沿袭了周边山村的布局模式，一群聚落式客房如同山区里的一个自然小村落（图6-1-16）。另一座值得一提的酒店是阿曼绿山悬崖上的安纳塔拉度假酒店，设计师非常重视保护这片大自然的风貌，虽然后退崖边的建筑若采用高层有利于眺望山下的峡谷，但设计师仍然选用了两层的建筑，从山崖对面的村庄望过来，低矮的水平条状建筑与山体的断层浑然一体，几乎感觉不到它的存在（图6-1-17）。

通常来讲一般越是卓越的环境，越是要减小建筑的体量来突出环境的优美，只有环境资源一般或面临拥挤的左邻右舍时才会考虑以建筑的体量和体形取胜。但集中的体量有利于观景，因此在对建筑控制不是很强的风景区还是有优势的，同时对于主题酒店来说大体量建筑更适用，它更有标志性，比如阿联酋卓美亚海滩的那些豪华酒店（图6-1-18）。南非的太阳城度假区的迷失城宫殿酒店则是一座丛林中宏伟的城堡。确定建筑的体量时还应注意因地制宜，比如同样是巴厘岛的海岸度假酒店，宝格丽度假酒店的地势高差较大，用地内各处都有较好的观景视线，因此建筑采用分散式的布局，几乎每个功能都是一栋独立的建筑，建筑掩映在绿树中，行走在园区可以充分感知大海（图5-1-7）。而巴厘岛乌鲁瓦图阿丽拉别墅酒店则处于悬崖上的平缓高地，建筑互相遮挡海景，因此将其建成了一个相对集中的群落，通过丰富的空间序列和趣味庭院等来提升度假村的环境（图4-4-8）。

在应该采用小体量建筑却因地形所限不得不采用大体量的建筑时，一般会使用让建筑消隐的手法。巴厘岛山妍四季度假酒店和曼达帕丽思卡尔顿度假酒店（图6-1-19）均采用了视线消隐的手法，二者都有集中式客房，但二者在高点的入口处都采用了化解体量的方式，来到酒店，曼达帕丽思卡尔顿度假酒店映入眼帘的是无边水池上一片空灵的廊亭，而四季酒店更是一片屋顶水池。走入酒店之后看不见大体量的建筑，只有郁郁葱葱的山谷、远山及无边水池中的倒影，和水池上轻巧的廊亭（图4-3-27）。

图 6-1-14 法国波利斯温泉酒店尺度与普罗旺斯乡村建筑和谐一致
图 6-1-15 法国阿尔伯特一世酒店与阿尔卑斯山夏莫尼小镇风格一致
图 6-1-16 希腊阿里斯缇山区度假酒店化整为零的群落客房
图 6-1-17 阿曼绿山的安纳塔拉度假酒店与山崖浑然一体
图 6-1-18 阿联酋卓美亚皇宫酒店以大体量来营造主题
图 6-1-19 巴厘岛曼达帕丽思卡尔顿度假酒店的屋顶水池

6-1-18

6-1-19

图 6-2-0　摩洛哥塔马多特堡酒店水池展现的浪漫风情

　　如果说体量对环境和规划最为重要，那么建筑风格则对度假酒店中的建筑最为重要。客人对酒店的第一印象往往就是酒店的表象，也就是我们最常谈到的风格，在上一章中提到的许多感官的体验最终也还是要落实到建筑的风格。精品酒店的风格通常有以下选项：地域风格、设计风格、设计风格与地域风格的结合、宫苑风格、欧洲古典风格与新古典主义风格、生态绿色风格。但更重要的是度假村的风情。

AMBIENCE & STYLE

风情与风格

建筑的风情
地域风格
设计风格
设计风格与地域特点的结合
宫苑风格
欧洲古典与新古典主义风格
生态绿色风格

1. 建筑的风情

风情是比风格更高一级别的内容，任何酒店都可以像勾选菜单一样选择不同的风格，它可以便捷地区分出酒店的差异性，但同一地域的风格往往趋同，体现酒店的独特性则需在风格的基础上加入风情与气质来塑造，才能将酒店提升到更高的境界。但风情与气质的捕捉往往难度更大，需综合体现在建筑风格、场景营造、空间形态、序列组织、装饰配饰、景观园艺等方面才能实现。首先，景观设计在风情的塑造上起着重要的作用，同样是水岸宽阔的草坪，印度喀拉拉邦的库玛拉孔湖畔酒店摆放的古老的舟车与鲜花散发着浓浓的印南水乡的味道（图6-2-1）。而阿曼的佛塔酒店，整齐的椰枣投射在草坪上的树影如阿拉伯传统图案那样有序而精美（图6-2-2）。在摩洛哥塔马多特堡酒店的蓝色水池上，漂浮的玫瑰花瓣将这个酒店的浪漫风情渲染到了极致（图6-2-0）。印度蓬迪切里的马埃宫酒店由一栋殖民地时期的老建

筑改造而成，虽然建筑本身就混合了法式及南亚风格，是典型的科洛尼亚风格的老建筑，但在修缮中，建筑的色彩、家具、配饰等又进一步强化了这一特征，在这里可以强烈地感受到与印度其他地方迥异的风情与气质（图2-4-12）。

同是新古典主义风格，不同的设计也会体现出截然不同的风情，比如柬埔寨暹粒柏悦酒店的新高棉风情，这种诞生于上个世纪中期的，融合了现代派、简约法式及带有新古典主义特色的殖民地风格建筑被重新演绎，传统高棉器物的配饰、火炬的应用，幽深的庭院及泳池，街道上传来的市井喧声，都让这里充满了浓浓的怀旧气氛（图 2-6-2，图 2-6-13）。范思哲豪华度假酒店采用的是新古典主义装饰风格，虽然这是一种非常典型并普遍的酒店风格，但是范思哲豪华度假酒店还是做出了自己独特的风韵，在色彩和细部上，柔美与华丽的气质散发出独特的魅力、令人着迷（图3-2-57）。

6-2-1

6-2-2

图 6-2-1 印度喀拉拉邦的库玛拉孔湖畔酒店的印南水乡风情
图 6-2-2 阿曼的佛塔酒店草坪上整齐的椰枣投射在草坪上的树影

2. 地域风格

　　地域风格是度假酒店最广泛采用的，旅行的目的是体验不同于我们所熟知的环境与文化，因此极强的地域风格拉开了旅行目的地与我们日常生活场所的反差，它是酒店价值感、文化感、休闲感和风情最佳着力点。因此在世界各地成熟的旅游目的地看到的绝大多数精品酒店都是地域风格的建筑。它全面传达了地域建筑、材料、习俗等多种信息。

　　首先不同国家有不同的特征，其次同一地区的文化也有差异，比如在本书所列举的南亚

次大陆区域，从南部的香料度假村的茅草屋到最北的不丹碉楼，从东边斯里兰卡的锡兰庭院到西部喀拉拉邦的水乡木屋，这些纯粹而精致的传统建筑构成了每个地方的度假建筑主体，在好的设计中每一道栏杆、每一扇门窗都散发着独特而乡土的情调，令人着迷。而同样是木屋或茅草屋，不同地域有极大的差异，因此设计者必须要把握住这种建筑文化的差异，避免错用。比如同样是茅草屋，但在巴厘岛、非洲和印度是截然不同的（图6-2-3）。此外也要把

握好同一地域的差异性，比如同样在西双版纳傣族自治区，这里的高端酒店都采用傣族建筑风格，但彼此之间也有明显的不同，西双版纳洲际度假酒店以浓烈的色彩再现了傣王宫的华丽与传奇（图5-1-27），而安纳塔拉西双版纳度假酒店则以素雅清新的木构，营造了傣家的优雅与风韵（图4-3-0）。这种对同一文化的不同演绎，产生了完全不同的建筑意象，这也是在高端酒店扎堆的区域树立自身的独特形象的途径。

不同地域和国家的鲜明特色

图 6-2-3 建筑风格的地域性差别示意

印度次大陆从北到南的风格变化

同样的茅草屋在不同地域的特点

6-2-3

现代时尚的风格是酒店设计的一个重要选项，它有独特的个性、重视空间及形式的创新并以极强的设计感吸引年轻、时尚的人群，这类酒店的风格符合主流建筑学的美学追求，多数被划归为设计酒店，在第二章中提及的北欧地区最大的酒店，丹麦的万豪哥本哈根贝拉天空 AC 酒店就是典型代表（图 2-7-17），这个酒店出现在设计之都哥本哈根显得非常自然。但在除了城市以外的传统风景度假区，纯粹设计风格的精品度假酒店并不多见。

设计风格一般分三类，一种是追赶潮流的设计，比较符合建筑学的流行趋势，比如克罗地亚罗维尼的罗恩酒店以曲线造型、精致的工业化风格及高科技的客房设施展现出的时尚气质令人印象深刻，从而成为了这个著名度假小城最高端的酒店（图 4-4-37、图 4-4-38）。其他还有青岛涵碧楼（图 5-2-44）、斯洛文尼亚波尔托罗宫凯宾斯基酒店新楼（图 6-2-4），都采用了当下流行的设计语汇及材料，在落成之时成为众人关注的焦点。但这类建筑也往往容易过时，当新潮的设计语言被普遍效仿，建筑便会丧失新意，外观并不像内装一样可以随时更换，缺乏个性和韵味的现代风格较难获得精品度假酒店所需要的风情及奢华感。比如德国的贝希特斯加登凯宾斯基酒店的风格就与城市里的现代建筑很难区分（图 2-2-12），因此需要功力深厚的建筑师将其做成经典才能经得起时间的考验，同时应带有比较鲜明的个性，方能历久弥新。比如乌鲁瓦图阿丽拉别墅酒店和苏瑞酒店、洛迪酒店（原安缦新德里）等都是极富设计师特色的作品，在落成之时引领了时尚风潮，而虽然过去了十多年，但其细腻而纯熟的设计仍然经典耐看。

另一种是难以复制的个性化的造型，比如迪拜的阿拉伯塔卓美亚酒店、金字塔酒店、北京雁西湖凯宾斯基日出东方酒店，湖州喜来登温泉酒店等，都是以夸张的难于模仿的造型使酒店鹤立鸡群。这样的设计酒店采用比较特殊的非典型形态，不具有普适性，做得成功确实能带来轰动效应，但把握不好很可能会成为低俗品味的象征。

最后是极简主义的设计风格，不过分强调自身的个性，简练的线条和空灵的设计，建筑完全是环境的配角，把酒店所享有的资源放在首位，这样的风格永远不过时，但要做工精细，细节精美方能体现酒店的价值感。比较成功的代表是青岛的涵碧楼（图 5-2-44）和成都的博舍酒店（图 6-2-5）以及阳朔的阿丽拉糖舍酒店（图 2-7-21）。

许多老城的设计酒店会在室内设计和景观设计上下功夫，外观则保持原有的模样，现代的设计语汇与古典建筑形式形成强烈的反差，既反映了历史文化又体现了现代时尚，这在欧洲的城市中十分常见。

6-2-4

6-2-5

图 6-2-4 现代设计语汇的斯洛文尼亚波尔托罗宫凯宾斯基酒店
图 6-2-5 极简设计风格的成都博舍酒店

4. 设计风格与地域特点的结合

设计风格结合地方材料、地域文化和自然元素是精品酒店的普遍追求，设计师对传统元素重新诠释并加以演绎，不盲目复制传统，融入现代的设计审美和语汇往往会有令人惊艳的效果，它不仅大大提升了建筑的舒适度，而且还提高了品质感。巴瓦早期设计的酒店都采用了传统的地域特色与独特的现代设计手法相结合的方式，重新演绎了南亚风情，使用建筑、景观相融合的一系列设计手法，如今在许多东南亚酒店中都能看到它的影子。但时过境迁，许多新的酒店兴起，巴瓦设计的绝大多数酒店已沦为中档酒店，其理念虽然超前但建筑的品质有很大的历史局限性，而后续的精品酒店既注重地域风情又注重精致的细节，其中以安缦为代表的许多酒店建筑都将传统风格演绎得更为经典与精致。

1) 现代设计和地方材料融合

酒店设计不强调地域形式而注重使用当地的材料，整体建筑虽然现代感十足，但仍然有浓郁的地域特色。典型案例如巴厘岛的绿色度假村，使用了巴厘岛随处可见的竹材创造极具特色的空间和形式，建成后轰动一时，在网络上广泛传播（图6-2-6）。摩洛哥菲斯的萨莱伊酒店建在古城菲斯旁的高地上，远离文化遗产古城，因而采用了现代风格的建筑，使之与菲斯众多的传统风格酒店形成反差，客人日间浸淫在菲斯古老而绚烂的氛围中，夜间回到酒店感受到清新和放松。当然在酒店的空间局部和配饰中，客人仍然能感受到传统的韵味，只不过经过了现代的诠释，形成不一样的观感，具有独特的设计韵味（图5-2-43）。

阿曼绿山的阿丽拉贾巴尔阿赫达度假村则是以山上的碎石为外墙建成简洁的体块与山脉融为一体，粗糙原木构成的格栅投射在石墙上的光影既原始又现代（图6-2-7）。洛迪酒店（原安缦新德里）仿砂岩的GRC格栅，令人想起拉贾斯坦古代宫殿中精致的石雕窗，独特的设计风格和用材让人留下深刻的印象（图2-6-8）。秘鲁的帕拉卡斯豪华精选度假酒店采用现代简洁的语言配以编织的竹材使建筑既有很强的设计感又有手工艺的细腻，它不是传统竹楼的乡土式样，而是通过现代材料与地方材料结合在一起呈现出清新脱俗的气质（图6-2-8）。印度焦特普尔RAAS酒店的客房楼运用现代的设计语言，但选用了两种特色鲜明的地方材料来表达，一种是红色砂岩的遮阳格栅，这是对面山体及山上古堡、酒店内老建筑的材料，另一种是蓝色涂料，这就是被称作"蓝色之城"的当地民居的色彩（图6-2-9），走在园区感觉这个现代建筑与古迹交织在一起毫无违和感，将古堡与城市，历史与现代完美地结合起来，是一个极具特色的设计酒店，在各种杂志上屡获殊荣。

现代设计除了与地方材料的结合也可以与抽象的自然元素相结合。比如秘鲁乌鲁班巴的喜达屋豪华精选酒店，树枝状的木结构与外部森林相呼应（图6-2-10）。苏黎世多尔德酒店树林图案的镂空金属板装饰与附近的树林互相掩映（图6-2-11），都是取材于周边环境的现代设计。

图6-2-6 使用传统竹材料及结构的巴厘岛绿色度假村
图6-2-7 采用当地木石材料的阿丽拉贾巴尔阿赫达度假村
图6-2-8 帕拉卡斯豪华精选度假酒店的现代简洁的涂料配以编织的竹材
图6-2-9 印度焦特普尔RAAS酒店源自传统的色彩
图6-2-10 秘鲁乌鲁班巴的喜达屋豪华精选酒店的树状结构与外部环境契合
图6-2-11 苏黎世多尔德酒店的镂空金属板装饰与环境契合

6-2-6

6-2-7

6-2-8

6-2-9

6-2-10

6-2-11

2）设计风格和地方风格的结合

很多高端精品酒店会在传统风格的基础上融入新的设计元素，这样的设计既满足了客人对异域文化体验的需求又提升了酒店的格调，通过设计为酒店增加附加值。安缦旗下很多酒店就在反映地方传统风格的同时融入独特简约的现代设计，其低调奢华的理念受到追捧。如安缦大研的设计来源于纳西传统民居，但摈弃

了过于繁复的细节，以简洁的线条、虚实相间的均衡构图重新诠释了设计师眼中的纳西民居（图6-2-12）。印度拉贾斯坦独处一隅的安缦巴格酒店周围并没有传统印度风格的建筑，但酒店所在地曾是皇家的狩猎场，因此采用了印度古典王宫的风格来渲染皇家的气息，但并不像欧贝罗伊酒店那种纯粹的拉贾斯坦古代建筑模式，而是进行了大量的简化，使用了传统材料和局部的古典装饰，比如柱头、屋顶等，但

线条更简洁、空间也更开放自由，景观设计也更现代（图6-2-13，P88图）。我们总结安缦酒店的建筑设计手法，即把握远、中、近三个关键点：远看建筑轮廓和色彩的大感觉要有地域特征，特别是屋顶要采用传统形式；走近看建筑和周边的景观则应更多地展现舒适和时尚、简约而轻松的气氛；四壁及家具配饰则是当代美学和传统工艺相结合，体现清新而雅致的情调。三个层面从文化印记、精致设计，再到时尚舒适，既关注了旅行者的心理与情感的诉求，又满足了其对舒适与精致的生理需求，提供了一个既有文化内涵又令人心情愉悦的居所。这样的设计手法在高端酒店中被普遍采用，但不同的品牌体现出各自追求。比如丽江悦榕庄就是一个典型，仿木结构的钢柱支起纳西民居的屋顶，四壁是通透的落地窗，只在局部以整片落地的、均质的格栅装饰而摈弃了传统民居的繁复划分，实墙部分采用当地的灰砖，但干净利落的形式完全是现代的手法，只是局部点缀了民俗的元素（图4-5-23）。宝格丽度假酒店的风格类似于安缦，但设计元素更少，更沉稳大气（图3-1-0）。六善酒店在传统的形式中融入了自身环保和绿色的理念，因而度假村整体的感觉更显自然纯朴（图5-6-19）。丽思卡尔顿则是在传统的形式中融入了更多样的设计元素，因此它的度假村风格更为丰富（图5-1-15～图5-1-17、图6-1-19）。

许多纯粹的遗产建筑加进时尚的装修配饰，会极大地提升建筑的品质感。对比印度的两个酒店，德为伽赫城堡和比卡内尔王宫就可以看出理念的差异带来不同的结果，前者在古堡中做了大量的内部改造，室内几乎是现代的装修，现代设计能体现出品质，品质意味着舒适，整个古堡改造后是一座令人赏心悦目的度假天堂。而后者则完全保留了古建筑而没有加入任何现代的设计，这样的空间环境会使人联想到老旧和不舒适，即使水电等硬件设备已完全满足现代人的需求，但仍然不能带给客人舒适的感官享受，酒店如同一个建筑博物馆，虽配有六星级的硬件，却感觉是不到四星级的水准（图2-4-2）。

6-2-12

6-2-13

图6-2-12 安缦大研酒店以简洁的设计重释设计师眼中的纳西民居
图6-2-13 印度拉贾斯坦安缦巴格酒店采用传统材料和局部古典装饰

古代宫苑是旅游的重要目的地，因而许多酒店也热衷于把自己装扮成王宫的模样，不同的国家有不同的宫苑风格，因此带有异域风情的王宫建筑酒店对旅行者来说是十分有诱惑力的。首先要说的还是真正有王宫背景的酒店，如印度焦特普尔的乌麦·巴哈旺皇宫酒店至今仍是末代王子的私宅，只不过是他私人拿来做酒店经营，这座18世纪由英国建筑师设计的宏伟的建筑堪称印度近代四大经典建筑，从宏观来看遵循典型的欧洲古典建筑的构图法则，但细部上却是印度莫卧儿的装饰风格，曾多次被评为世界最佳酒店（图2-4-1）。而阿布扎比的酋长皇宫酒店，号称八星级，其本身就是皇宫的附属建筑，整个酒店金碧辉煌，欧洲建筑师在欧陆建筑形式的基础上加了一些中东的符号，设计本身没做到极致，与花费的30亿美元的投入不太匹配，建筑更像会堂而非酒店（图4-4-36）。

更多的主题酒店则是模仿古代宫廷，这些酒店再现了昔日的辉煌。如印度的欧贝罗伊旗下的酒店大多以传统的宫殿风格再现昔日皇家的奢华。每座酒店依据当地的历史传统呈现出独特的样貌，绝无雷同。比如拉贾斯坦邦的三家酒店中拉杰维拉酒店带护城河的古城堡、波斯宫廷风格的园林、精致的庭院别墅与帐篷别墅，令人想起拉杰普特王公贵族昔日的奢华生活（图2-7-3、图4-5-34）；乌代浦尔的欧贝罗伊乌代维拉则充分体现了这个被称作印度威尼斯皇宫的浪漫与绚丽，在这里可以参观并体验独特而丰富的文化遗产（图4-5-9～图4-5-12、图6-2-14）；而欧贝罗伊阿玛维拉酒店则是依托当地的世界文化遗产，糅合了摩尔和莫卧儿的建筑风

格，营造出华美的古代宫廷风情（图4-2-13、图3-7-17）。三个相距不远的现代仿古宫殿依据不同的历史文化背景打造出迥异的意境。这种对文化的深谙与挚爱体现了深厚的文化积淀与底蕴。在阿拉伯地区也可以看到许多再现古代阿拉伯王宫的酒店，比如前面提到的迪拜卓美亚海滩的皇宫酒店（图3-6-4、图4-4-27、图6-3-26）和沙漠里的王宫酒店分别演绎了两种不同的古

代阿拉伯宫殿（图6-2-15）。更异想天开的则是著名的南非太阳城度假区迷失城宫殿酒店，依据一段历史传说打造出世界上未曾有过的宫殿式样，可谓登峰造极（图4-2-11）。但对传统宫殿演绎的酒店建筑在中国却是难得一见的，即使有也似是而非，我们有丰富的建筑文化遗产却没有产生有文化内涵的中国宫苑风格酒店，这可能与我们的文化断层有关。

6-2-14

6-2-15

图6-2-14 印度欧贝罗伊乌代维拉酒店
图6-2-15 安纳塔拉凯瑟尔艾尔萨拉沙漠度假酒店

6. 欧洲古典与新古典主义风格

受18世纪以来欧洲殖民文化的影响，欧洲古典建筑风格流传到世界各地，以至于世界上许多酒店都是以欧洲古典建筑风格来定义奢华，酒店的名字也冠以皇家（Imperial）或皇宫（Palace）等词汇。这种风格的高端酒店遍布全球，欧洲的安纳西湖畔的皇宫酒店，享有仙境般的湖畔风光，虽然宫殿风格的建筑放在俊山秀水面前略显生硬，但开阔的湖面和花园为酒店提供了足够的舞台（图6-2-16）。笔者于2002年设计的北京珠江帝景酒店，采用了较为纯正的法式风格，在国内算是做到了极致（图6-2-17、图6-2-18）。但如果将宫殿风格的酒店放在风景区或有鲜明民族特色和地域传统文化的地区还是有悖于精品酒店的宗旨的。

更多的酒店则是在欧洲古典主义风格的基础上融入民族建筑风格，比如印度的泰姬宫酒店是融合了伊斯兰和文艺复兴风格，按照欧洲古典建筑的构图打造了带有地域风格的古典主义建筑，一度成为印度的骄傲，至今仍是孟买的地标（图6-2-19）。世界各地这种类型的设计在20世纪有很多不错的案例。

在欧洲古典主义之后兴起的新古典主义建筑成为了主流并影响至今，新古典主义诞生在18世纪末至19世纪初，许多世界的奢侈品牌也诞生在这个时期。成熟、经典、细腻并不失时尚是新古典主义的精髓，这也是众多高档酒店使用的风格，特别在都市中十分普遍，比如前面列举的澳大利亚黄金海岸的范思哲豪华度假酒店、曼谷的凯宾斯基酒店等。

图6-2-16 安纳西湖畔的皇宫酒店（图片来源：张广源摄）
图6-2-17 北京珠江帝景酒店
图6-2-18 北京珠江帝景酒店总图
图6-2-19 印度孟买泰姬宫酒店

6-2-16

6-2-19

6-2-17

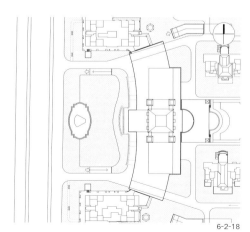

6-2-18

7. 生态绿色风格

环保是一种新的时尚，倡导绿色低碳与精品酒店的主体客户群的生活理念高度吻合，因此有些精品酒店便以此为特色，自然地反映在建筑风格上。首先是利用可再生能源，比如太阳能、风能、沼气等，建筑的外观也因此具有典型的被动式太阳房的特征，利用自然能源的设备和防止热辐射的建筑构造；然后是循环利用废弃物和环保材料，比如利用废弃的集装箱搭建的辛哈拉贾雨林生态酒店（图6-2-20），使用天然材料的建筑和装饰的阁瑶岛六善酒店（图5-6-19）；最后是低技术的建筑物理节能，比如水景对小气候微循环的作用、物理遮阳、绿色覆盖等使建筑形态具有典型的生态建筑特征，如坎达拉玛遗产酒店被绿植覆盖的主体建筑（图6-2-21、图6-2-22）。

图6-2-20 利用废弃的集装箱搭建的辛哈拉贾雨林生态酒店
图6-2-21 斯里兰卡坎达拉玛遗产酒店平面图
图6-2-22 被绿植覆盖的斯里兰卡坎达拉玛遗产酒店

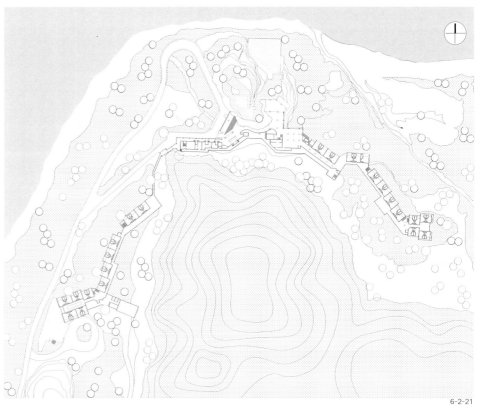

6-2-21

6-2-22

6-2-20

图 6-3-0 阿曼阿丽拉贾巴尔阿赫达度假村的当地的玫瑰石碎石

深入建筑设计的细节，我们需通过材质、色彩和光影等来进一步塑造酒店的性格，使之更加感性和动人，这些设计元素通常与室内设计和景观设计相辅相成，通过全面综合地调动设计手段，精品酒店度假天堂的气氛会更加浓郁。

DETAIL & APPLICATION

细节与运用

建筑的材质
建筑的色彩
自然的光影
人工的光影

1. 建筑的材质

除了都市型设计酒店，精品度假酒店应尽量选用天然材料，强调自然和放松的度假氛围及远离都市的质朴生活，关于材料的运用我们提倡就地取材、和谐搭配、精雕细琢、独具特色的原则。

1）就地取材

选取当地独特的材料会突显精品酒店的地域性和独特性，也符合低碳绿色的建筑理念。比如希腊阿里斯缇山区度假酒店的石头屋就是当地村落的再现（图5-3-10）。阿丽拉贾巴尔阿赫达度假村的石材取自基地附近，建筑与山体浑然一体（图6-3-0）。约旦佩特拉瑞享度假村选用当地的石材恰好表现了这里著名的玫瑰山谷的色彩，那些浅红色石材在每日不同时段阳光的映照下会发生微妙的变化（图6-3-1）。

印度洛迪酒店（原安缦新德里）以当地的石材作为立面构件的元素，十分和谐（图6-3-2）。巴厘岛绿色度假村的竹屋由当地茂密的竹材编织而成（图2-7-0）。印度香料度假村茅草屋中的茅草就来自于这个生态度假村的植物园（图4-5-6），北极村度假木屋宾馆的木屋取材于当地林区的木材加工厂（图1-8）。这些就地取材的建筑本身就是一段有趣的故事。

6-3-1

6-3-2

图 6-3-1 约旦佩特拉瑞享度假村的石材
图 6-3-2 洛迪酒店（原安缦新德里）的墙体砂岩

2）和谐搭配

通过不同材质之间的巧妙搭配，让建筑的造型语言更加丰富生动。比如同样是竹材的运用，秘鲁帕拉卡斯豪华精选度假酒店不是采用纯竹子编织而是与其他材料搭配来获得设计感（图6-2-8）。乌鲁班巴的喜达屋豪华精选酒店用木和石的搭配与谷地森林的环境融为一体（图6-3-3）。阿丽拉贾巴尔阿赫达度假村也是用石块和老木头的搭配，显得纯朴自然。在搭配中要注重和谐统一，以一种材料为主，室内外可采用同一种主材装饰，达到视觉的统一。比如长城宾馆三号楼中长条型的石材在建筑的外墙、内墙、地面都得到了广泛应用，具有和谐完整的视觉效果（图6-3-4）；阁瑶岛六善酒店将不施油漆的自然材质用在度假村的每一处，连配饰也完全是各种素面的天然材料（图5-6-19）。材料过杂、手法过多是酒店设计常犯的错误，要注意避免。

6-3-3

6-3-4

3）精雕细琢

客人在度假酒店中往往会待上数日，可以仔细品味每一处细节，因此认真研究所选材料的特质，并巧妙地应用，使之耐看有美感尤为重要。比如安缦巴格的石材在阳光的照射下呈现米黄色，而太阳落山时伴着华灯初上又显现出粉红色，使我们总想拿起相机记录下它一天之中不同时段的变化（图 6-3-5、图 6-3-6）。秘鲁的帕拉卡斯豪华精选度假酒店用简单的涂料与竹材搭配，但细节处理透出的精致与品味，值得借鉴（图 6-3-7）。

尽量使用真材实料，避免使用假材料，比如用水泥或金属仿木，面砖仿石材等，一旦漏出破绽，酒店的价值顿然失色。这点可以对比安纳塔拉西双版纳度假酒店和西双版纳万达文华酒店，前者仅用朴素的涂料和天然的木材就塑造出了高雅的格调，而后者虽然采用了大量的石材和金属装饰，但许多部位的水泥仿木或仿金属暴露出来显得品味全无。

4）独具特色

要让酒店建筑的材质具有自己的特征，避免与相邻的建筑雷同，特别是异域风情扎堆的酒店。巴厘岛的火山岩是当地度假酒店普遍使用的建材，但不同的酒店会选择不同的色彩，比如贝勒酒店的浅米色，苏瑞酒店的黑色，宝格丽度假酒店的灰色（图 6-3-8 ~ 图 6-3-11），颜色的差别使每座酒店呈现出各自不同的特性。同样，安缦大研与丽江悦榕庄也是两座具有地域风格的酒店，但在材质和色彩上都各具特色，悦榕庄以灰砖为主，安缦则以白粉墙和暖色石材为主，它们都是从当地传统民居中汲取素材，对不同元素加以取舍和组合，形成各有特色的传统形式（图 4-5-20 ~ 图 4-5-23）。普通建筑材料的独特运用也可以让设计更具特色，比如阳朔阿丽拉糖舍酒店用特制的空心砖与石板搭配，组合成剔透的格栅（图 2-7-21）。另外不同的砌筑方式会产生不同的材质印象，普通的石材，独特的切割和表面处理方式都会影响材料肌理的呈现，北京北方长城宾馆三号楼就是采用最普通的石材直接切割而成，成本低廉、效果素雅。独具特色同样也反映在景观的用材上，比如我们在巴厘岛宝格丽度假酒店看到的黑色火山岩和嵌草的组合，每天清晨工人撒过水后，那鲜活的色彩对比令人感觉无比惊艳（图 6-3-12）。

6-3-7

图 6-3-3 乌鲁班巴的喜达屋豪华精选酒店的木石选材与环境搭配
图 6-3-4 北京北方长城宾馆三号楼中长条型的石材在建筑的外墙、内墙、地面都广泛应用
图 6-3-5 安缦巴格度假酒店石材在阳光的照射下呈现米黄
图 6-3-6 安缦巴格度假酒店太阳落山时分伴随着华灯初上又呈现粉红
图 6-3-7 秘鲁的帕拉卡斯豪华精选度假酒店的竹子扶手

6-3-5

6-3-6

6-3-8

6-3-9

6-3-10

6-3-11

6-3-12

图 6-3-8　巴厘岛宝格丽度假酒店火山岩墙面
图 6-3-9　巴厘岛宝格丽度假酒店大堂看台的火山岩
图 6-3-10　巴厘岛宝格丽度假酒店的火山岩墙面
图 6-3-11　巴厘岛宝格丽度假酒店大堂两种火山岩石的拼接
图 6-3-12　巴厘岛宝格丽度假酒店地面火山岩材质铺地

建筑的色彩与材质密切相关，度假建筑提倡发挥天然材料本身的特性，只要是天然材质，理所应当呈现出材质本身的色彩，但若采用人工材料，比如金属和涂料时就不得不面对各种色彩的选择和搭配，通常应把握好以下的设计原则：

1）与环境的融合

在风景名胜区要注重与环境的协调，让环境和风景成为主角，而不要让建筑的色彩过于突兀，因而提倡使用自然质朴的色彩，如果是人工材料也提倡使用含蓄、中性或深色的色彩。比如坎达拉玛遗产酒店就是使用黑色的外墙涂料，布满绿植的建筑外观完全退隐在环境里（图6-2-22）。在以涂料为主的建筑中，白色涂料最为常见，

这种中性色彩不会对环境造成太大的影响，容易与环境色相称，现代风格的成都博舍酒店，以灰砖为面材，配合周边灰砖青瓦的老城（图6-3-13）。安纳塔拉绿山度假酒店采用的黄色是周边村落的主色调（图5-5-9）。非中性色彩的使用一般也是为了与周边建筑相呼应。前面讲过的焦特普尔RAAS酒店看似鲜艳的色彩也是来自周边环境，红色源自于对面红色砂岩的山体及古堡、古建筑，蓝则是这座蓝色之城民居的颜色，也有人说这个蓝色涂料可以防虫，还有种说法是与传统种姓有关（图6-2-9）。被植物覆盖的建筑与环境融合得最彻底，而且充满了浪漫色彩，比如由印度老宅改造的罗拉纳莱酒店建筑上遍布的长满鲜花的爬藤植物，让这个老旧的18世纪乡村宅院生机勃勃且充满温馨（图6-3-14）。

6-3-14

图 6-3-13　成都博舍酒店的灰砖面材与周围老城协调
图 6-3-14　印度罗拉纳莱酒店带爬藤的墙面

6-3-13

6-3-15

2）与环境的对比

在非自然的文化遗产名胜区内，也可采用对比强烈的色彩来凸显建筑的主题风格，独特的用色本身就是一种设计语言，有助于突显酒店的独特性。比如斯洛文尼亚卢布尔雅那蒙斯福朋喜来登酒店建在郊外的森林之中，这个设计酒店的造型采用虚实体块叠加，实体体块分别为暗、红、黄色等不同色彩，而客房的实体是几块彩色的拼图，构成森林中很有个性的一景（图6-3-15）。巴瓦设计的杰威茵灯塔酒店也可以看见色彩对比的应用，这种鲜明的色彩有很强的异域特色，但应该不是出自本土建筑（图6-3-16）。有些设计会在传统的用色的基础上进行演绎，比如普拉湾丽思卡尔顿酒店就到处可见浓烈而鲜艳的对比色的应用，比如黄和紫、红和绿，据说这是皇室喜欢的用色，大胆地用在酒店建筑上，有一种独特的气质，区别于此地众多的泰式色彩的度假村（图6-3-17～图6-3-19）。同样的鲜艳色彩可见于西双版纳洲际酒店以傣王宫为主题的大堂（图5-1-27）。

6-3-16

6-3-17

图 6-3-15 斯洛文尼亚卢布尔雅那蒙斯福朋喜来登酒店强烈的色彩
图 6-3-16 杰威茵灯塔酒店的色彩
图 6-3-17 普拉湾丽思卡尔顿酒店的色彩
图 6-3-18 普拉湾丽思卡尔顿酒店的色彩
图 6-3-19 普拉湾丽思卡尔顿酒店的色彩

6-3-18

6-3-19

3）留旧与做旧

在精品酒店中恰当地运用老旧的印记会增加建筑的历史感，对一些老建筑改造的精品酒店尤为重要，许多文化遗产或普通老建筑改造的酒店在翻新时，往往会刻意保留一些原有建筑的斑驳痕迹，以体现沧桑感，彰显建筑的历史价值，与文化古迹保护公约里倡导的修旧如旧的精神相一致。比如普罗旺斯莱博的鲍曼尼尔酒店改造了几个上百年历史的老房子，在对其进行翻新的同时，老宅外表被风雨浸淫的痕迹历历在目，一处处沧桑的百年老宅掩映在参天的古木之中，仿佛在诉说古老的故事，令人浮想联翩（图 6-3-20）。同样中国安徽碧山黟县的何府乡村酒店，对原徽州民居白粉墙上的雨痕、霉变和苔藓未做任何翻新，置身其中不觉忧古思今，沉浸在小城故事中（图 6-3-21）。

许多新建的酒店也会故意任建筑被雨水浸淫形成斑驳或苔藓，使之更有岁月感，比如乌布的安缦达瑞度假村就如同一个经过岁月洗礼的原生态小村落，充满了怀旧与诗意（图 5-5-1）。留旧的手法不仅见于室外，做旧的饰面如同做旧的家具那样，使得空间散发出历史感和文艺感，比如中国台湾的南园人文客栈，这座由原台湾联合报的房产改成的精品酒店，使用了做旧的饰面来体现这座历史建筑的文化积淀（图 6-3-22）。

6-3-22

图 6-3-20 法国普罗旺斯莱博的鲍曼尼尔酒店
图 6-3-21 安徽碧山的黟县何府乡村酒店
图 6-3-22 中国台湾南园人文客栈做旧的饰面

6-3-20

6-3-21

3. 自然的光影

　　光影是营造酒店气氛的重要手段，设计上主要分为自然光影和人工光影，自然光影是建筑师需重点把握利用的，而人工光影则主要与室内设计和景观的夜景照明有关。在此我们仅对建筑空间序列中的自然光影予以阐述，并简单介绍人工光影在规划中对环境氛围所起的作用。世界各地许多优秀的传统建筑都有着丰富动人的光影变化，酒店通常会在大堂延伸出的空间里借助光影的变化渲染气氛，特别是在从大堂到客房的路径上，变化的光影使这段空间序列丰富有趣，无论东西方，许多经典的古建筑都通过柱廊、格栅等创造出光影交错的画面。因此在比较长的路经中，加入光影的变化不仅可以传递出一定的历史感，而且会为路途增加许多情趣。我们在空间序列一章中曾列举了许多这样的经典案例，阳光通过在走廊外部的格栅照进来，形成的光影让这个幽闭的空间立即生动起来。比如印度洛迪酒店（原安缦新德里）客房走廊，阳光穿过的富有东方情调的格栅投射在走廊上，每当走在这里都会被这个有着莫卧儿风情、光影交错的空间所打动（图6-3-23）。由巴瓦设计的杰威茵灯塔酒店，通往客房区域的光影变化可明显地看出受到了地域气候的影响（图6-3-24）。焦特普尔RAAS酒店透过红色砂岩格栅的光影，既遮挡了沙漠地区的骄阳，又让走廊空间变得生动、浪漫。苏黎世多尔德酒店树林图案的镂空金属板装饰，与附近的树林互相掩映，形成独特而有趣的光影变化。除了客房的走廊，有些大型度假村在通往客房的户外空间中也有许多这样的光影变换空间。比较典型的案例是阿布扎比的安纳塔拉凯瑟尔艾尔萨拉沙漠度假酒店，这个单一土坯材料的建筑，不靠材质和色彩的变化，仅用空间和光影就营造出了具有雕塑感的生动空间，行走其间趣味无穷（图6-3-25）。

　　这一手法还广泛应用于酒店的各种位置，比如大堂的延伸空间、庭院中的走廊都是营造有美妙光影的绝佳场所。许多酒店都会重点打造并渲染这些空间的气氛，令其成为让人印象深刻、富有感染力的地方。比如迪拜的卓美亚皇宫酒店的柱廊，在大堂与大海之间，客人在这些富有魅力的柱廊中穿梭，眺望远处的风景（图6-3-26），欧贝罗伊撒尔哈氏酒店的柱廊适度的装饰在光影的映照下散发着优雅的摩尔风情（图6-3-27、图6-3-28）。

　　在一些很长的路径中要特别注意光影的运用，避免单调，奥地利辛格运动水疗酒店从主体建筑到水疗区域隔着一条街道，之间用一条地下

6-3-23　　　　　　　　　　　　　　　　6-3-24

01　　　　　　02　　　　　　03　　　　　　6-3-25

三、细节与运用

通道和长长的玻璃走廊相连，这条玻璃走廊的光影和风景交织在一起，将单调无聊的长廊变成一个富有戏剧性、体验感的空间（图6-3-29）。类似的廊道还有日本富士河口湖拉维斯塔客房楼和公共区相连的长走廊，但采用了封闭的手法，每隔一段距离便设有一个凹窗，光线从狭窄的窗中映照进来，晚上则依靠人工源来渲染气氛（图6-3-30）。

图6-3-23 印度洛迪酒店（原安缇新德里）客房走廊外部光线
图6-3-24 斯里兰卡杰威茵灯塔酒店的光影
图6-3-25 阿布扎比的安纳塔拉凯瑟尔艾尔萨拉沙漠度假酒店
图6-3-26 迪拜的卓美亚皇宫酒店的柱廊
图6-3-27 欧贝罗伊撒尔哈氏酒店总图
图6-3-28 欧贝罗伊撒尔哈氏酒店的摩尔风情的柱廊

6-3-26

6-3-27

6-3-28

世界各地的经典建筑多善于把握自然的光影，给我们带来很多启发，因此在设计中恰当地运用光影，会极大地增添空间的魅力。比如欧贝罗伊阿玛维拉酒店的柱廊光影源自拉贾斯坦的古堡，摩洛哥菲斯的萨莱伊酒店柱廊的光影源自摩尔的宫殿，安纳塔拉西双版纳度假酒店大堂四面回廊的光影来自古老的傣式寺庙（图6-3-31），北方长城宾馆三号楼的格栅光影源自中国传统漏窗（图6-3-32）。这些由不同的格栅形成的光影营造出了浓浓的地域风情。

图 6-3-29 奥地利辛格运动水疗酒店从主体建筑到水疗的玻璃连廊
图 6-3-30 富士河口湖拉维斯塔酒店的连廊
图 6-3-31 安纳塔拉西双版纳度假酒店的格栅
图 6-3-32 北京北方长城宾馆三号楼的格栅光影

6-3-29

6-3-30

6-3-31

6-3-32

人工光影涉及室内装饰、照明设计、景观设计等专业，是酒店设计中一个非常重要的方面。通常傍晚和夜间是酒店中客人最多的时候，人工照明对酒店格外重要，而且夜景照明往往将建筑衬托得更加生动，我们看到许多订房网站主打的图片都是酒店的黄昏或夜景。由于这部分的内容涉其他专业领域，所以本书不作展开，只从三个方面简单概述影响空间质量的人工照明。它们分别是泛光照明、灯具照明和移动照明。

1）泛光照明

通过投影可突显建筑形体，但需隐藏好灯具。如果建筑的外部形态具有雕塑美（通常的砖石结构建筑，或有大片雕刻的建筑）则宜用泛光照明来凸显建筑的体块感和肌理。如果建筑的室内有逻辑清晰的结构也宜采用泛光照明勾勒出结构之美。比如摩洛哥拉苏丹娜沃利迪耶酒店的泛光照明凸显这座古堡建筑的体块感（图 6-3-33）；巴厘岛宝格丽酒店水疗中心的泛光照明将这座百年木结构老房子细腻的木雕立体地展现出来（图 6-3-34）；宝格丽度假酒店与腾冲和顺柏联酒店的室内照明则将木结构的轮廓清晰地勾勒出来，突出了建筑结构的逻辑之美（图 6-3-35、图 6-3-36）。

图 6-3-33 摩洛哥的拉苏丹娜沃利迪耶酒店外立面投影照明
图 6-3-34 巴厘岛宝格丽度假酒店 SPA 的泛光照明
图 6-3-35 巴厘岛宝格丽度假酒店大堂夜景照明
图 6-3-36 腾冲和顺柏联酒店大堂天花投影照明

6-3-33

6-3-34

6-3-35

6-3-36

2）灯具照明

　　有特色的灯具作为空间的主角,会将人们的主要视线集中于它,如果灯具非常独特别致,则装修装饰可以相对简单。如果大厅中只有一组装饰灯具,通常用投影照明作为补充。在大厅中的视觉焦点部位,华丽的古典灯具起到了画龙点睛的作用。同样在户外,有鲜明特色的灯具本身也能营造出极具特色的风情场域(图6-3-37～图6-3-40)。比如印度季节性移动的终极旅行营,其餐厅是一个大帐篷,正中间有一组古印度风情的吊灯成为视觉中心并渲染了空间的气氛,无需其他装饰(图6-3-40右)。我们在第五章第四节列举了许多能为酒店带来奢华感的古典灯饰的案例。

图 6-3-37 青岛涵碧楼酒店的灯具
图 6-3-38 巴厘岛宝格丽度假酒店沿路两侧的吊灯
图 6-3-39 巴厘岛宝格丽度假酒店餐厅照明
图 6-3-40 其他有特色的灯具照明
图 6-3-41 焦特普尔 RAAS 酒店的火烛照明
图 6-3-42 阿布扎比的安纳塔拉凯瑟尔艾尔萨拉沙漠度假酒店移动照明
图 6-3-43 迪拜巴卜阿尔沙姆斯度假酒店照明
图 6-3-44 普拉湾丽思卡尔顿酒店路灯
图 6-3-45 安纳塔拉凯瑟尔艾尔萨拉沙度假酒店室内照明
图 6-3-46 巴厘岛科莫香巴拉度假村室外路灯
图 6-3-47 巴厘岛科莫香巴拉度假村室外路灯

6-3-37

6-3-39

6-3-38

6-3-40

三、细节与运用

3）移动照明

可移动的照明是渲染酒店空间气氛的重要手段，有火炬、蜡烛、油灯等天然能源照明，也有模仿这些形式的现代光源，有的光源位置固定，也有的临时摆放，这种照明形式会令人产生原始、古老、手工等联想，因而非常符合精品酒店的气质。比如印度德为伽赫古堡酒店每晚在地面上摆放鲜花和蜡烛，让客人体验古代的王公贵族般的享受。这种移动性的灯具和光源在许多精品酒店的交通和庭院空间中应用广泛，比起固定光源，往往更有情调，让客人产生尊贵感并更能享受其中。移动光源与精品酒店气质十分匹配（图 6-3-41 ～图 6-3-47），因此在精品酒店中应用得非常普遍。

6-3-41

6-3-42

6-3-43

6-3-44

6-3-45

6-3-46

6-3-47

图 6-4-0　阿布扎比安纳塔拉凯瑟尔艾尔萨拉沙漠度假酒店

前三节规划与环境、风情与风格、细节与运用浅及了许多精品酒店规划和建筑设计上细致入微的做法。本节作为本章的收尾：一方面总结了精品酒店规划要点，建立起由整体到局部，由布局到流线，由流线到客人体验的构架；另一方面在本书的结尾以要点速览的方式为酒店设计的相关参与者提供简单易懂的设计步骤作为参考。

要点与总结

整体与局部
布局与流线
流线与体验
要点之速览

1. 整体与局部

　　对于设计者来说，梳理酒店的空间层次，明白酒店整体和局部的关系非常必要。空间层次的架构是保障空间设计有的放矢的前提，而明晰整体和局部的空间逻辑及相应的营造手法，可以确保酒店设计在有效的掌控中完善、成型。他们有助于空间丰富有趣、层次多样，并起到小中见人的效果。比如阿布扎比安纳塔拉凯瑟尔艾尔萨拉沙漠度假酒店十字形的轴线控制了建筑群的整体秩序，夯土外墙进一步刻画了酒店的整体感，但每个局部又呈现出丰富多彩的变化。纵轴线一系列收放自如的空间营造出阿拉伯宫殿特有的仪式感（图4-0-7、图4-0-8），横轴线高低起伏的街巷空间渲染出沙漠村落的神秘（图6-4-1），延伸出去一组组的院落是典型的阿拉伯园林风格（图6-4-0），多姿多彩的局部空间被组织在一个完整的序列中。

图 6-4-1　阿布扎比安纳塔拉凯瑟尔艾尔萨拉沙漠度假酒店

6-4-1

1) 空间逻辑的建立

　　无论是酒店的规划、建筑、景观，还是室内的设置，都要清晰地知道酒店打造的重点在哪，便于设计时集中力量，以快捷有效的方式理清酒店的设计构架，突出精品酒店的气氛与意象。以建筑为例，在第四章酒店序列中提到了营造感染客人的情绪，可将大堂视做酒店的一处高潮，进入酒店前的大门或门楼就需要处理得相对低调，以更好的凸显客人行进到大堂时所感受到的震撼，若是进入大堂前就将这份情绪提前消耗，等到达大堂时会出现审美疲劳，

这个例子说明酒店规划时主次分明的重要。酒店设计在明确了核心价值以及观景布局和功能布局后，就应该明晰各布局的空间营造等级及相应的处理手法。比如前面提到的马拉喀什拉苏丹娜精品酒店，营造的核心是将五个院子以"一核、四辅、廊串联"的方式打造，首先五个院落是此古城酒店的特殊价值，因此在灯光、配饰、布置等细节处理上就需格外用心，以区别于其他空间，其中"一核"为酒店最大的院落，设置了泳池、餐厅、弹唱区等公共空间，而其他四个院落的层级次之，但也各有主题。私密静僻的水疗院；绿茵盎然的绿植院；紧凑

的传统尺度的摩洛哥风情院；四方带有一汪水池的休闲客厅院。它们各具特色，最后由昏暗的连廊将院子串联成整体。还有笔者设计的巍山云栖·进士第精品酒店，作为对历史传统院落的改造项目，同样梳理了酒店的结构特色，将酒店的整体构架和主次关系梳理为"一路径、九场景、十合院、一节奏"通过一条路径将九个场景跌宕起伏的连结在一起，并串联起四个传统云南合院，最后形成一个节奏完整的酒店空间，酒店设计的核心就落在了这九个场景上（图6-4-2~图6-4-6）。

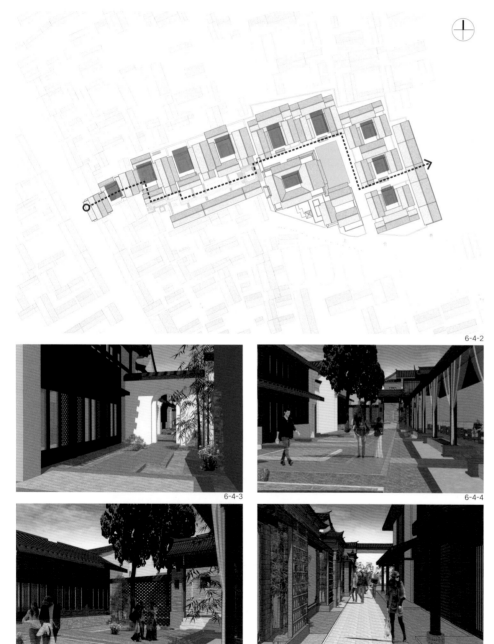

6-4-2

6-4-3

6-4-4

6-4-5

6-4-6

图 6-4-2 巍山云栖·进士第精品酒店空间逻辑图
图 6-4-3 巍山云栖·进士第精品酒店路径场景一
图 6-4-4 巍山云栖·进士第精品酒店路径场景二
图 6-4-5 巍山云栖·进士第精品酒店路径场景三
图 6-4-6 巍山云栖·进士第精品酒店路径场景四
图 6-4-7 塔马多特堡酒店室外花园的空间层次

2）空间层次的营造

大的空间秩序和空间级别确立后，就应开始着手规划各个层级需要重点打造的空间场景，也就是客人行进过程中视野内的空间层次。一方面在视线范围内半遮半掩的景观具有一定的吸引性，遮掩中的未知会激起客人追寻完形的好奇心，想要一探究竟；另一方面遮掩的方式可以建立新的层次，使空间要素更为丰富有趣。比如摩洛哥马拉喀什塔马多特堡酒店的室外部分，当客人穿出城堡边的植物矮墙，可以看到藏身其后的动人场景，湛蓝的泳池为室外环境的中景，大阿特拉斯山则作为远景，近景由巨大高差而形成的水景构成。远中近景的空间构架建立后，泳池周围有秩序环绕的层层高起的植物和休憩座椅，并间接辅以帐篷等景观元素，避免室外环境一览无余的单调。到了夜晚，草丛间的灯光使得室外环境更加迷人（图 6-4-7）。

本书第五章隐秘性中提到阿曼的花园设计时，因花园植物低矮，周围客房被一览无余，而景观并无特色，使得酒店的精品品质降低，显得大而无趣。此案例的目的在于说明酒店园区内需有丰富的空间及景观层次，避免一览无余的重要性。在空间设计中，应该只展现当下需要向客人交代的景观，而非全盘托出，缺乏神秘感。如本书在观景设置章节中提到的，除非是震撼人心的大场景会用到开门见山的方式，对于酒店园区而言，最佳的方式是移步异景，逐渐展示空间的内容，客人通过游走中的画面拼贴出对酒店的整体印象。这样的方式除了增加空间层次，还可以增加私密感。比如我们在巍山云栖·进士第酒店的行进过程中需穿过的一处较狭长的空旷庭院，庭院本身的空间层次不多，仅有 3 棵较高的古树。而对于这个酒店来说，此处为酝酿感情的空间，不应大展大露，在设计中结合现有古树，增加了树木种植的密度，以遮掩视线，增强隐秘感，营造出亲切的空间。

另一种空间层次的营造手法是露，露即留有线索，表面看与"遮"是反义，但是效用也会让人产生空间上的联想。如无锡寄畅园，园子虽小，其中的水面却看似深远无限，仿佛整个园子都环绕在水中。在水岸的一些转折收尾处设置廊桥，露出一小块水面暗示湖水还在继续，让身处其中的游人产生了桥后还有大片水面的错觉。将此手法用于酒店设计可以提升空间层次，一旦使用大有神益。如甲米的丽思卡尔顿酒店、印度的欧贝罗伊乌代维拉酒店在许多景观端头都以小院的方式来营造，圈出的一方小天地总会让人产生之后还有无限空间的错觉，对于场地不大的酒店来说十分受用。

6-4-7

2. 布局与流线

本书在第二章至第四章不断的出现了功能布局、观景布局与交通布局的相互关系，现在从两方面来对比阐述。

1）功能布局与观景布局

酒店前期踏勘基地时，最主要的环节就是需标记清楚基地内不同位置能观看到的景致。比如我们做过的一个秦岭项目，就是在实地踏勘中标记，哪些地方能看山，哪些地方能看森林，哪些地方视野开阔，哪些地方有特殊的树木，哪些地方高差大，这些信息的记录会直接影响酒店的功能布局。景观最好的位置，多数会留给大堂、餐厅、泳池和客房这些主要空间，能让人静下心来欣赏美景，感受震撼的同时涤荡心灵。乌布安缦达瑞就将正对山脊的位置留给了酒店的公共区，包含了大堂、餐厅、大堂吧和泳池，其中酒店最好的景观点留给了带泳池的餐厅。分配给客房的景观，按照类型分为可看山谷的客房、可观梯田的客房和没有外部

自然风景只能观看内部人工景观的花园客房（图 6-4-8～图 6-4-10）。可观阿特拉斯雪山的马拉喀什塔马多特堡酒店由于利用了旧有古堡作为酒店，房间的景观已经定型，只有部分房间可观山。因此酒店将最好的景观给了后加的室外泳池和庭院花园，泳池倒映着蓝天，近

处的传统村落和雪山尽收眼底（图 6-4-7）。巴厘岛苏瑞酒店处在海边一片祥和景象的乡村农田中，建筑布局按照周围环境的景观，线性排列成两排，一排客房与酒店公共区直接与沙滩接壤，推门即海，便于观看海景，另一排客房则面向田野和远处的火山（图 6-4-11～图 6-4-13）。

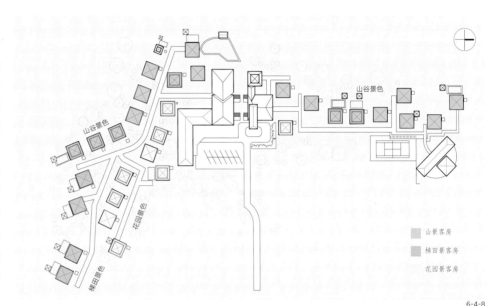

山谷景色

山景客房
梯田景客房
花园景客房

6-4-8

6-4-11

6-4-12

6-4-13

6-4-9

6-4-10

2）观景布局与交通布局

在第三章大堂的位置这一小节里就表达过，观景布局先于交通流线的要点，提到日本富士河口湖拉维斯塔酒店的酒店大堂设置在可观富士山的二层，而非常见的交通层。还有阿丽拉贾巴尔阿赫达度假村、拉萨瑞吉酒店的大堂都远离入口，设置在观景位最好的酒店深处，客人通过酒店入口的电瓶车方能到达。空中花园酒店也因地形高差大，垂直方向基本靠斜向电梯输送客人至不同的标高；摩洛哥拉苏丹娜的沃利迪耶酒店的公共部离外部道路的直线距离很近，但是酒店为了让客人领略潟湖的美景，进入大堂的流线几乎绕着酒店用地一周，先进入一处植被丰富的花园，再沿着潟湖一侧的堤坝，望着美景和远处的栈桥徐徐前行，沿途设置了沙滩阳伞、室外酒吧、室外泳池、半地下的花园餐厅，最后才看见古堡的大堂和客房（图6-4-14～图6-4-18）。因此，快捷的交通并不是精品度假酒店的需求，相反，延长客人驻足停留的时间，才是精品酒店的设计目标。

6-4-14

6-4-15

6-4-16

6-4-17

图6-4-8 巴厘岛乌布安缦达瑞酒店客房观景布局图
（图片来源：巴厘岛乌布安缦达瑞酒店提供）
图6-4-9 巴厘岛乌布安缦达瑞酒店花园景观客房
（图片来源：巴厘岛乌布安缦达瑞酒店提供）
图6-4-10 巴厘岛乌布安缦达瑞酒店山谷景观客房
（图片来源：巴厘岛乌布安缦达瑞酒店提供）
图6-4-11 巴厘岛苏瑞酒店北观火山
（图片来源：巴厘岛苏瑞酒店提供）
图6-4-12 巴厘岛苏瑞酒店客房观景布局图
图6-4-13 巴厘岛苏瑞酒店南观大海
（图片来源：巴厘岛苏瑞酒店提供）

图6-4-14 拉苏丹娜沃利迪耶酒店的潟湖美景
图6-4-15 拉苏丹娜沃利迪耶酒店花园入口
图6-4-16 拉苏丹娜沃利迪耶酒店沿湖堤坝
图6-4-17 拉苏丹娜沃利迪耶酒店室外泳池
图6-4-18 进入拉苏丹娜沃利迪耶酒店的交通流线

6-4-18

3. 流线与体验

一个有趣的现象，我们初到一处精品酒店，常常会不知不觉迷了路，不知身处何处，会觉得酒店很大，包罗万象，丰富异常。殊不知，待完全熟悉了酒店的路线后，才会恍然大悟也就这一亩三分地。另外，前文也提到，精品酒店不以交通的快捷为目标，而是尽量要让客人放慢脚步，长时间停留，因此处理好流线与客人的关系对精品酒店来说颇为重要。

1）客人流线的延长

本书第四章的空间序列中提及了许多延长路线方式，常用的大致有三，一为折叠，二为成环、三为多向（图6-4-19）。典型的案例有印度欧贝罗伊乌代维拉酒店、上海璞丽为路线折叠类型；摩洛哥拉苏丹娜的沃利迪耶酒店则属于成环的类型，引导客人几乎围着酒店行进一周；而安纳塔拉绿山度假酒店则是多向的类型，酒店以十字形的路径呈现，增加客人的在路径中的往返次数。本书对于路径的具体延长方式已多处提及，主要目的多是引导客人尽可能的观景，可制造一些利于调动观景情绪的情境。安缦达瑞酒店的情境是使客人回归平静，通过转折的柱廊将客人视线停留在院中的神牛上，暗示地域文化的乡村内核。曼达帕丽思卡尔顿度假酒店的情境则是让客人感受惊奇，路线延长的手法在酒店设置的三段场景分别现身，高处为十字延长，以入口为中心散开，向前观山观崖、向左观水观亭、向右观庙塔，中段则为折叠延长，步行路线顺着等高线横向折叠，观工艺品、观田野、观文化谷仓，最低段则成环设置，越过田野、经过SPA、来到溪谷餐厅，观河谷、观竹建筑、观庙宇。自然、文化、艺术不断的在其间穿插，同时展示，让客人身处其中，感受铺面而来的新奇感（图6-4-20）。

图 6-4-19 路线延长方式模式图
图 6-4-20 曼达帕丽思卡尔顿度假酒店行走流线

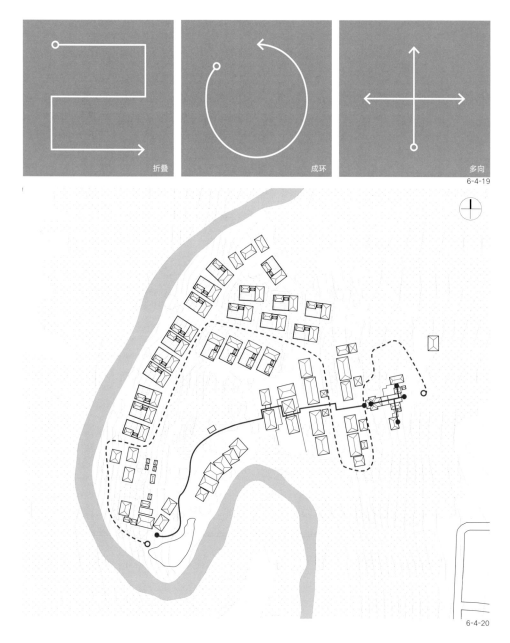

折叠　成环　多向

6-4-19

6-4-20

四、要点与总结

2）客人流线的放缓

让精品酒店的客人脚步放缓的原则即是在路线上设置丰富的场景，使得客人愿意驻足停留。就好比女孩爱逛街，若喜欢的店铺并排而置，每间都会忍不住进入闲逛，短短几米的距离可能就要耗费个把小时！精品酒店虽不至于此，但道理相通。在客人的行走流线上设置精品店、橱窗、艺术品，舒适的休憩空间、美丽的景致都是放缓客人速度的有效手段。这些放缓步伐的设置方式大致有两种：一为置于视线对焦处，成为客人行进中视线的对景，引导客人不由自主的被景致摄了魂魄，缓慢前往；二为设置于行进路线的一侧，以一种出其不意的惊喜出现，客人一时触动停留观赏。马拉喀什拉苏丹娜精品酒店就是一个将这两种手法搭配运用得当的优秀案例。在第五章价值感的开篇便对它的空间引导方式进行了详细的描述，酒店以五处由柱廊串联的摩洛哥庭院为核心，通过柱廊或过渡空间一侧透出的天光与昏黄柔和的室内光线对比，引导客人不由自主的从昏黄走向光明（夜晚时，庭院的灯光处理也与其他室内空间有所区别，通过对比产生引导）。行走的路线一侧设置有透光橱窗、精致古董、历史照片、布满古老家具的休闲空间，行走的过程中伴随着不期而遇的心动，使得客人无法奋步疾行（图5-1-1～图5-1-3）。巴厘岛安缦达瑞酒店在公共区、道路和小组团中都践行着放缓客人行走速度的理念，行进过程中穿过古朴的过街楼，经过布满荷叶的幽静小池塘，伴着此起彼伏的蛙叫声，有梯田、发呆亭、神像，组合大堂的中心有代表巴厘岛文化的神牛（图6-4-21～图6-4-24）。

6-4-21

6-4-22

6-4-23

6-4-24

图 6-4-21 巴厘岛安缦达瑞室外庭院对视的景观设置
图 6-4-22 巴厘岛安缦达瑞室外庭院路径一侧设置的池塘
图 6-4-23 巴厘岛安缦达瑞通往客房的路径焦点设置
图 6-4-24 巴厘岛安缦达瑞大堂庭院的神牛
（图片来源：巴厘岛安缦达瑞酒店提供）

4. 要点之速览

最后，将本书提到的设计方法再做一次全面的归纳总结，得出以下八项原则，以单字总结提炼设计要点，力求一目了然，清晰明确，便于精品酒店的相关参与者快速浏览、了解。

1）以观景至上原则为首要

此为精品酒店设计要清晰明确的首要原则。无论酒店身处何处，以何种类型出现，观景都必不可少，观山、观水、观城，观世界万千。根据本书对观景条件的分析，我们将观景至上的设计要点提炼成"用""观""转"三种方式。

用：利用现有、借用周边

精品酒店在选址及项目前期调研时，必须清晰了解基地内外都有哪些景观资源可以利用，哪些位置的景观最佳。这样才算完全掌握了项目基地的特征，为后期功能及流线的排布打下基础。

观：有景观景、无景造景

在了解可利用的景观资源后，观景的方式便可在设计师及相关人员的头脑中建立，或开敞、或遮掩、或直接展示、或循序渐进。若是没有外部景观可用，就需思考如何造景，取长补短。酒店的景观一定是营造精品酒店的第一要务。

转：观景劣势、转为优势

当环境中存在劣势观景条件时，除了规避还有一个方法就是有效转化，因为这种劣势从某种程度来说是基地中独一无二的元素，若利用得当，是树立酒店独特个性的有效手段。

2）观景布局统领功能交通

此为精品酒店设计要清晰明确的第二项要点。观景的内容及方式确定后，以它为核心统领功能和交通的布局，是规划得以开展的关键

步骤。本书在第二章至第四章不断出现过观景布局统领功能流线的案例，我们对观景统领的这部分的设计要点通过"参""先"两方面来总结。

参：功能布局参考观景布局

酒店的观景逻辑即是使用功能组织的逻辑。功能的排布依照观景的主次和有无观景内容等层级逻辑来排布，一般把景色最好的位置留给客人经常驻足停留又舒适便于久呆的地方，如大堂、餐厅、客房。其他功能则依据与观景的关系强弱来排布。

先：观景布局先于交通布局

由于精品酒店通往观景目的地的交通可以依靠电瓶车来完成，因此观景地的交通便捷性在此并不重要。许多精品酒店都有需要客人通过一段漫长且曲折的道路才能到达相应观景空间的情况，另外，这种方式也从某种程度上为客人增加了观景时的惊喜。

3）整体局部空间层次梳理

此为精品酒店设计要清晰明确的第三项要点。我们可以这么理解：观景是精品酒店的灵魂，功能排布则是五脏六腑，那么空间层次的形成即是精品酒店的骨骼。我们用"构""遮""露"三点来总结。

构：主次有致、营造逻辑清晰

精品酒店的空间结构是设计的骨架，它将酒店的主次景观划分清晰，使得设计者明确何处需重点打造，何处只需简单处理作为空间的过渡。这样的营造逻辑可保证规划、建筑、室内设计、景观设计的整体性，对于一些细节的处理也可形成自上而下的参照，对于客人来说，也能在居住过程中体会到使用的方便和观景过程的一气呵成。

遮：层次丰富、避免一览无余

在空间逻辑的建构好后，落到某处空间的营造时。为了全力确保观景的丰富性，避免观景的过程单调无趣，可以采用一些方法。第一个方法即局部以"遮"的方式来处理，"遮"指半遮半掩，"遮"这一点对于中国人来说，非常容易理解，就是我国传统园林的景观视线控制手法中提到的障景、框景等。

露：露出线索、制造空间联想

第二个方法则是"露"，对于游走其间的客人来说就是在空间感受上留有线索，充分调动人的想象力，引导客人产生酒店别有洞天的想象。或者采用类似园林设计中的借景手法，将园外的风景也作为酒店的一部分，混淆与酒店的界限。"露"在很多时候会和"遮"的手法配合使用。

4）延长客人驻足停留的时间

此为精品酒店设计要清晰明确的第四项要点。主要探讨的是规划设计带给客人在酒店中行走及停留时的感受，尤其是精品酒店规划部分需要特别注意的细节处理，也是客人对酒店体验给予加分的内容。我们用"长""缓"两点来总结。

长：路线设计适当延长

适当地延长客人的行走路线，一方面有利于增加客人在酒店某处的逗留时间，另一方面则能营造空间较大、丰富多样的错觉，使得客人能在行走过程中饶有兴致地欣赏酒店美景。

缓：客人行走速度放缓

放缓客人的脚步，本质上与延长路线所要达成的效果相同，此外还能进一步增加酒店的价值感、归属感、舒适感等。使得客人可以更多地感受到酒店想传达的关于气质和人文等方面的内容。

5）体量与观景此消彼长

此为精品酒店设计要清晰明确的第五项要点，具体到了建筑设计的层面，主要揭示精品酒店的建筑单体或群体与环境之间的博弈关系，简要总结为：

融：观景强则建筑弱、反之亦然

建筑形体处理的终极目标是要与环境融合，尽量减小建筑的突兀感。体量的整体控制和风景挂钩，在环境优美的选址中，建筑的体量就应该尽量缩小、化解，与环境相辅相成，当环境一般时，则可根据酒店的纳客容量，适当增加体量。

6）明确酒店的建筑风格

此为精品酒店设计要清晰明确的第六项要点，表明建筑以何种形式呈现，它是客人建立对酒店初步印象以及喜好判断的关键要素。因此对于精品酒店来说，酒店的风格至关重要，不可或缺。简要总结为：

和：紧扣核心、符合区位文化

提倡酒店需要有风格，虽然与现今流行的现代建筑应尽量弱化风格的观点并不完全一致，但也是精品酒店建筑有别于其他建筑类型的一个突出的特点。精品酒店的风格直接影响客人的观感体验，提醒着客人身处何地，并激励他们对了解酒店文化的渴望，完成为客人进行文化传输的使命。另外，它不但可以增加在地感，还能增加价值感、体验感等与观感相关的要素。

7）营造氛围必须的小细节

此为精品酒店设计要清晰明确的第七项要点，是深入到建筑设计、景观设计、室内设计甚至是酒店管理等方面的细节内容，简要总结为：

浓：材质、色彩、光影塑造性格

深入到设计细节，我们就会通过材质色彩和光影等来进一步塑造酒店的性格，使之更加感性和动人，这些设计元素通常是与室内设计和景观设计相辅相成的，通过这样全面综合地调动设计手法，精品酒店度假天堂的气氛就会更加浓郁。

8）地域文化要素必不可少

此为精品酒店设计要清晰明确的第八项要点。"一家好的精品酒店理应传达强烈的地方感，时刻提醒着客人身处何处，体会着地方文化带来的心灵洗涤"，这是本书第一章开篇便提及的对于精品酒店评判必不可少的标准。我们将文化的应用总结为"用""落"两点。

用：活用现有、巧用潜藏

要用什么样的文化？以及如何用？是精品酒店在面对文化时该有的设问。对于文化的定位首先要参考酒店的核心价值理念，属于追思忆古、现代潮流、还是地域自然？追思忆古多存在于历史建筑和历史景观环境下的精品酒店，他们的文化要素丰富多样，可谓信手拈来。传统构件、传统材料、传统手工艺、传统装饰、传统物件等都是可用的题材，能非常容易的做到回溯往昔的地域文化表达；现代潮流多存在于以现代设计为主的酒店中，主要靠具有国际价值的建筑师来表达文化价值；地域自然是目前精品酒店占比最大的一个文化类别，地方建筑形式、地方材料、地方手工艺、地方装饰、地方物件等都是标明酒店在地性的文化手段。隐藏文化的挖掘相对有些难度，不似前者题材丰富，唾手可得。多需一个对于相关文化非常了解的个体或团队来操作，他们对当地的传说、故事、民俗、生活方式、地域美学了如指掌。

落：有的放矢、落至实处

本书在第五章价值感的"对于本体价值的挖掘和运用"中就提到过对追思忆古类酒店的文化利用方式，提出"历史信息要有所凸显和取舍，不要画蛇添足，将有价值的东西变得廉价"，讲的就是有的放矢，而且文化的传达方式最终要以摸得着看得见的体验来传达。当酒店中有多条文化线索，或线索薄弱时，就要遵循核心价值理念的判断来设置。

酒店附录

Ac Hotel Bella Sky Copenhagen
万豪哥本哈根贝拉天空 AC 酒店
丹麦 哥本哈根

Ahilya Fort
阿喜亚城堡酒店
印度 马赫什瓦

AhnLuh Luxury Resorts and Residences
朱家角安麓
中国 上海

Amanbagh
安缦巴格
印度 拉贾斯坦

Amandari
安缦达瑞
印度尼西亚 巴厘岛

Aman Sveti Stefan
安缦斯威提·斯特凡酒店
黑山共和国 布达瓦

Amantaka
安缦塔卡
老挝 琅勃拉邦

Aman Dayan
安缦大研
中国 丽江

Aman Fayun
安缦法云
中国 杭州

Aman Yihe
安缦颐和
中国 北京

Anantara Al Jabal Al Akhdar Resort
安纳塔拉绿山度假酒店
阿曼 尼日瓦

Anantara Qasr Al Sarab Desert Resort
安纳塔拉凯瑟尔艾尔萨拉沙漠度假酒店
阿联酋 阿布扎比

Anantara Xishuangbanna Resort
安纳塔拉西双版纳度假酒店
中国 云南

Anatolian Houses
阿纳托利安邸
土耳其 卡帕多奇亚

Alila Jabal Akhdar
阿丽拉贾巴尔阿赫达度假村
阿曼 尼日瓦

Alila Villas Uluwatu
乌鲁瓦图阿丽拉别墅酒店
印度尼西亚 巴厘岛

Alila Yangshuo Guilin
阿丽拉阳朔糖舍酒店
中国 广西

Al Maha A Luxury Collection Desert Resort
迪拜阿玛哈豪华精选沙漠水疗度假酒店
阿联酋 迪拜

Aristi Mountain Resort & Villas
阿里斯缇山区度假酒店
希腊 阿里斯缇

Atlantis The Palm Dubai
亚特兰蒂斯酒店
阿联酋 迪拜

Avala Resort & Villas
阿瓦拉度假别墅
黑山共和国 布德瓦

Avani Bentota Kesor Resort & Spa
本托塔阿瓦尼度假酒店
斯里兰卡 本托塔

Avani Kalutara Resort
塔鲁特拉阿瓦尼度假酒店
斯里兰卡 塔鲁特拉

Avani Luang Prabang Hotel
阿瓦尼臻选酒店
老挝 琅勃拉邦

Bab Al Shams Desert Resort & Spa
巴卜阿尔沙姆斯度假酒店
阿联酋 迪拜

Banyan Tree Lijiang
丽江悦榕庄
中国 云南

Banyan Tree Tengchong
腾冲悦椿温泉酒店
中国 云南

Barcelo Brno palace
巴瑟罗布尔诺宫殿酒店
捷克 布尔诺

Baumaniere
鲍曼尼尔酒店
法国 普罗旺斯莱博

Bawa House
巴瓦庄园
斯里兰卡 本托塔

Bentota Beach Hotel
本托塔沙滩酒店
斯里兰卡 本托塔

★ Beiji Village Wood Hotel
北极村度假木屋宾馆
中国 漠河

Belmond Sanctuary Lodge
贝尔蒙德桑科图瑞酒店
秘鲁 马丘比丘

Belmond Hotel Monasterio
贝尔蒙德修道院酒店
秘鲁 库斯科

Belmond La Residence D'angkor
贝尔蒙德吴哥宅邸
柬埔寨 暹粒

Blossom Hill Lang Zhong
阆中花间堂
四川 阆中

Blue Water Hotel
碧水酒店
斯里兰卡

Bolian Resort&Spa Heshun
腾冲和顺柏联酒店
中国 云南

Bolian Resort And Spa Jingmai
澜沧景迈柏联酒店
中国 云南

Brunton Boatyard
布伦顿船屋酒店
印度 科钦

Bulgari Resort Bali
宝格丽度假酒店
印度尼西亚 巴厘岛

Burj Al Arab Jumeirah
阿拉伯塔卓美亚酒店（帆船酒店）
阿联酋 迪拜

Cache Boutique Hotel
昆明彩云里凯世精品酒店
中国 云南

Casa Andina Premium Arequipa
卡萨安迪娜酒店
秘鲁 阿雷基帕

Chateau Eze
艾泽城堡酒店
法国 艾泽

Clouds Estate
云村公寓
南非 斯泰伦博斯

Club Villa Bentota
本托塔俱乐部酒店
斯里兰卡 本托塔

Como Shambhala Estate
科莫香巴拉度假村
巴厘岛 乌布

Earl's Regency Hotel
艾特肯斯彭斯酒店
斯里兰卡 康提

Emirates Palace Abu Dhabi
阿布扎比皇宫酒店
阿联酋 阿布扎比

Four Points By Sheraton Ljubljana Mons
蒙斯福朋喜来登酒店
斯洛文尼亚 卢布尔雅那

Four Seasons Grand-Hotel Du Cap-Ferrat
费拉角四季酒店
法国 费拉角

Four Seasons Resort Bali At Sayan
山妍四季度假酒店
印度尼西亚 巴厘岛

Finca Cas Sant
芬卡卡斯桑特酒店
西班牙 马略卡岛

Fragrant Hill Hotel
北京香山饭店
中国 北京

Gondwana Game Reserve
冈瓦纳猎区酒店
南非 莫塞尔

Grand Hotel Kempinski High Tatras
凯宾斯基高塔特拉山大酒店
斯洛伐克 高塔特拉山

Grand Hotel Lviv Luxury & Spa
科沃夫豪华温泉大酒店
乌克兰 利沃夫

Grand Nikko Bali
巴厘岛日航酒店
印度尼西亚 巴厘岛

Gran Hotel Son Net
松奈格兰大酒店
西班牙 马略卡岛

Green Village
绿色度假村
印度尼西亚 巴厘岛

Hameau Albert 1Er
阿尔伯特一世酒店
法国 阿尔卑斯山

★ Hefu Village Hotel
黟县何府乡村酒店
中国 安徽

Heritance Ahungalla
阿洪加拉遗产酒店
斯里兰卡 加勒

Heritance Kandalama
坎达拉玛遗产酒店
斯里兰卡

Heritance Tea Factory
茶厂遗产酒店
斯里兰卡 努瓦纳艾利

Hospes Maricel Mallorca & SPA
玛里瑟尔水疗酒店
西班牙 马略卡岛

Hoshino Resorts Fuji
星野虹夕诺雅富士度假酒店
日本 富士山

Hoshino Resorts Karuizawa
星野虹夕诺雅轻井泽度假酒店
日本 东京

Hoshino Resorts Kyoto
星野虹夕诺雅京都度假酒店
日本 京都

Hotel Augustiniansky Dum
奥古斯汀尼斯基康体温泉酒店
捷克 卢哈乔维采

Hotel Deutsches Haus
德意志豪斯酒店
德国 丁克尔斯比尔

Hotel Kempinski Palace Portorož
波尔托罗宫凯宾斯基酒店
斯洛文尼亚 波尔托罗

Hotel La Tour Hassan
哈桑大楼酒店
摩洛哥 拉巴特

Hotel Lone
罗恩酒店
克罗地亚 罗维尼

Hotel Luxe
卢克斯酒店
克罗地亚 斯特里普

Hotel Paracas, A Luxury Collection Resort
帕拉卡斯豪华精选度假酒店
秘鲁 帕拉卡斯

Hotel Sahrai
萨莱伊酒店
摩洛哥 菲斯

Hotel Tamanoyu
玉之汤酒店
日本 长野

Imperial Palace
皇宫酒店
法国 安纳西

Inkaterra La Casona
因卡特拉拉卡萨纳酒店
秘鲁 库斯科

Intercontinental Tahiti Resort & Spa
洲际大溪地度假酒店
大溪地 波拉波拉

Intercontinental Xishuangbanna Resort
西双版纳洲际度假酒店
中国 景洪

Intercontinental Sydney
悉尼洲际酒店
澳大利亚 悉尼

Je Mansion
健壹公馆
中国 北京

Jetwing Lighthouse
杰威茵灯塔酒店
斯里兰卡 加勒

Joy Fairyfand Hotel
丹巴喜悦秘境酒店
中国 四川

Jumeirah Al Naseem-Madinat Jumeirah
卓美亚阿纳西姆古城度假酒店
阿联酋 迪拜

Jumeirah Al Qasr - Madinat Jumeirah
卓美亚皇宫酒店
阿联酋 迪拜

Jumeirah Dar Al Masyaf - Madinat Jumeirah
卓美亚达累斯萨拉姆马斯亚福度假村
阿联酋 迪拜

Ju Ting Hotel Liujiang
柳江居停度假酒店
中国 四川

Jz Hotel Emei Mountain
峨眉山蓝光己庄酒店（原蓝光安纳塔拉度假酒店）
中国 四川

Kasbah Tamadot
塔马多特堡酒店
摩洛哥 马拉喀什

Kempinski Hotel Berchtesgaden
贝希斯特加登凯宾斯基
德国 贝希斯特加登

Ksar Ighnda
柯萨易吉安达酒店
摩洛哥 瓦尔扎特

Kumarakom Lake Resort
库玛拉孔湖畔酒店
印度 喀拉拉邦

La Chevre Dor
金羊酒店
法国 艾泽

La Dimora Di Metello
拉迪莫拉石头酒店
意大利 马泰拉

Las Dunas
拉斯登纳斯酒店
秘鲁 伊卡

La Maison De Tanger
丹吉尔精品民宿
摩洛哥 丹吉尔

La Sultana
拉苏丹娜精品酒店
摩洛哥 马拉喀什

La Sultana Oualidia
拉苏丹娜沃利迪耶酒店
摩洛哥 沃利迪耶

La Vista Fuji Kawaguchiko
富士河口湖拉维斯塔酒店
日本 富士

Lao Lao Jia
姥姥家民宿
中国 北京

Les Bories & Spa
波利斯温泉酒店
法国 吕贝隆

Lezainanluo Boutique Hotel
乐在南锣精品酒店
中国 北京

Limneon Resort & Spa
利蒙温泉度假酒店
希腊 卡斯托利亚

Lina Ryad & Spa
丽娜莱德 Spa 酒店
摩洛哥 舍夫沙万

Lingshan Vihara
灵山精舍
苏州 无锡

Mandapa A Ritz-Carlton Reserve Bali
曼达帕丽思卡尔顿度假酒店
印度尼西亚 巴厘岛

Mercure Luxor Karnak
卢克索美居卡纳克酒店
埃及 卢克索

Meteora Hotel At Kastraki
卡斯特拉吉酒店
希腊 米特奥拉

Mövenpick Resort & Spa Dead Sea
死海瑞享水疗度假酒店
约旦 死海

Mövenpick Resort Petra
佩特拉瑞享度假村
约旦 佩特拉

Muzaka
穆扎卡精品民宿
阿尔巴尼亚 贝拉特

Naksel Boutique Hotel & Spa
纳克斯尔精品酒店
不丹 帕罗

Norden
诺尔丹营地
中国 甘南

Oasis The Secret Luxury Hotel
吾乡寻幽 - 隐奢
中国 大理

Oberoi Amarvilas
欧贝罗伊阿玛维拉酒店
印度 阿格拉

Oberoi Rajvilas
欧贝罗伊拉杰维拉酒店
印度 斋浦尔

Oberoi Sahl Hasheesh
欧贝罗伊撒尔哈氏酒店
埃及 赫尔格达

Oberoi Udaivilas
欧贝罗伊乌代维拉
印度 乌代浦尔

Oubaai Hotel Golf & Spa
奥巴艾高尔夫和 Spa 度假村
南非 乔治

Package
深藏
中国 大理

Park Hyatt Siem Reap
暹粒柏悦酒店
柬埔寨 暹粒

Palais De Mahe
马埃宫酒店
印度 蓬迪切里

Palazzo Versace
范思哲豪华度假酒店
澳大利亚 黄金海岸

Paradise Road.the Villa Bentota
本托塔天堂之路别墅
斯里兰卡 本托塔

Paresa Resort
帕瑞莎度假村
泰国 普吉岛

Pashan Garh Taj Safari Lodge
潘那自然保护区帕山伽赫客栈
印度 潘那自然保护区

Phulay Bay Ritz-Carlton
普拉湾丽思卡尔顿
泰国 甲米

Puerta América Madrid
希尔肯门美洲酒店
西班牙 马德里

Pullman Riga Dld Town
里加老城铂尔曼
拉脱维亚 里加

Qi Xiu Hotel
新绎七修养生酒店
中国 河北

Qt Sydney
悉尼 Qt 酒店
澳大利亚 悉尼

RAAS Devigarh
德为伽赫古堡酒店
印度 拉贾斯坦

RAAS Jodhpur
焦特普尔 RAAS 酒店
印度 焦特普尔

Radisson Resort Temple Bay
寺湾丽笙度假酒店
印度

Raffles Seychelles
塞舌尔莱佛士
塞舌尔 普拉兰岛

Rant Francesc Hotel Singular
非凡桑特弗兰西斯可酒店
西班牙 马略卡岛

Rawla Narlai
罗拉纳莱酒店
印度 拉贾斯坦

Rayavadee
瑞亚韦德度假村
泰国

Residence & Spa At One&Only Royal Mirage Dubai
One&Only 皇家幻境豪华度假村酒店
阿联酋 迪拜

Riad Fes
里亚德菲斯酒店
摩洛哥 菲斯

Saraye Ameriha
萨拉依阿麦里哈酒店
伊朗 卡尚

Scandic Holmenkollen Park
斯堪的克霍门科伦公园酒店
挪威 奥斯陆

Schlosshotel Kronberg - Hotel Frankfurt
克伦贝格城堡酒店
德国 法兰克福

Sheraton Bali Kuta Resort
库塔喜来登酒店
印度尼西亚 巴厘岛

Siam Kempinski Hotel Bangkok
暹罗曼谷凯宾斯基饭店
泰国 曼谷

Singer Sporthotel And Spa
辛格运动水疗酒店
奥地利 贝旺

Six Senses Yao Noi
阁瑶岛六善
泰国 阁瑶岛

Six Senses Qingchen Mountain
青城山六善
中国 四川

Sofitel Legend Metropale Hanoi
索菲特传奇新都城酒店
越南 河内

Songtsam Benzilan
松赞奔子栏酒店
中国 云南

Songtsam Cizhong
松赞茨中酒店
中国 云南

Songtsam Green Vally
松赞绿谷酒店
中国 云南

Songtsam Lijiang
丽江松赞林卡酒店
中国 云南

Songtsam Meili
松赞梅里酒店
中国 云南

Songtsam Tacheng
松赞塔城酒店
中国 云南

Songtsam Xianggelila
香格里拉松赞林卡酒店
中国 云南

Soori Bali
巴厘岛苏瑞酒店
印度尼西亚 巴厘岛

Spice Village
香料度假村
印度 佩瑞亚自然保护区

Steigenberger Drei Mohren
德尔莫赫勒施泰根博阁酒店
德国 奥格斯堡

St. Regis Hotels & Resorts Lhasa
拉萨瑞吉
中国 拉萨

Sunyata
既下山
中国 大理

Svatma
思维特马酒店
印度 坦贾武尔

Taj Mahal Palace
泰姬宫酒店
印度 孟买

Tambo Del Inka, A Luxury Collection Resort & Spa
喜达屋豪华精选酒店
秘鲁 乌鲁班巴

Tea Bush Ramboda
橡树雷查布什酒店
斯里兰卡 拉马伯达

The Bali
贝勒酒店
印度尼西亚 巴厘岛

The Chedi Muscat
佛塔酒店
阿曼 马斯喀特

The Dolder Grand Hotel
苏黎世多尔德酒店
瑞士 苏黎世

The Emepror Beijing Qianmen
皇家驿站酒店
中国 北京

The Fernery Lodge & Chalets
弗努尔瑞小屋旅馆
南非 东开普敦

★ ***The Gratewall Hotel***
北京北方长城宾馆三号楼
中国 北京

The Lalit Temple View
拉利特寺景酒店
印度 克久拉霍

The Lalu Qingdao
青岛涵碧楼
中国 青岛

The Laxmi Niwas Palace
拉克西米尼沃斯宫酒店
印度 比卡内尔

The Lodhi
洛迪酒店（原新德里安缦）
印度 新德里

The Lost Stone Villas&Spa
腾冲石头纪温泉酒店
云南 腾冲

The Racha
拉查酒店
泰国 皇帝岛

The Rainforest Ecolodge – Sinharaja
辛哈拉贾雨林生态酒店
斯里兰卡 辛哈拉贾

The Ritz - Carlton, Bangalore
班加罗尔丽思卡尔顿
印度 班加罗尔

The One
南园人文客栈
中国台湾 新竹

The Palace Of The Lost City At Sun City Resort
太阳城度假区迷失城宫殿酒店
南非 皮兰内斯堡保护区

The Puli
上海璞丽酒店
中国 上海

The Serai Chikkamagaluru
色瑞咖啡园度假村
印度 奇克马加卢尔

The Temple House
博舍
中国 成都

The Therme Vals
瑞士 7132 瓦尔斯温泉酒店
瑞士 瓦尔斯

The Villas At Ayana Resort
阿雅娜度假别墅
印度尼西亚 巴厘岛

The Ultimate Travelling Camp
终极旅行营
印度 不同地点

The Waterhouse At South Bund
上海水舍酒店
中国 上海

Ubud Hanging Garden
乌布空中花园酒店
印度尼西亚 巴厘岛

Umaid Bhawan Palace
乌麦・巴哈旺皇宫酒店
印度 焦特普尔

Villa Rothschild Kempinski
罗斯柴尔德凯宾斯基别墅酒店
德国 法兰克福

Visalam
维萨拉姆别墅酒店
印度 切提那度

W Guangzhou
广州 W 酒店
中国 广州

Wanda Vista Resort Sanya
三亚海棠湾开维万达文华度假酒店
中国 海南

Wanda Vista Resort Xishuangbanna
西双版纳万达文华度假酒店
中国 景洪

Wellnesshotel Schönblick
美景健康酒店
德国 埃赫施塔特

★ ***Weishan Boutique Hotel***
巍山云栖・进士第精品酒店
中国 云南

Whistling Dune Bay
鄂尔多斯响沙湾莲花酒店
中国 内蒙古

Wildflower Hall, An Oberoi Resort, Shimla
欧贝罗伊野花大厅酒店
印度 西姆拉

Wushe Hotel
大理无舍精品酒店
中国 云南

Xiyue Mijing Hotel
丹巴喜悦秘境酒店
中国 四川

Xandari Riverscapes
先达瑞精品船屋
印度 喀拉拉邦

Xy.yun House
云庐
中国 桂林

Zein-O-Din Caravanserai
Zein-O-Din
伊朗 亚兹德

Zhi Resort Riverside
长白山在之禾度假酒店（原紫玉度假酒店）
中国 长白山

★ ***Zhu Jiang Di Jing Hotel***
北京珠江帝景酒店
中国 北京

注明：“★”号为本书作者设计的酒店